仕組みを知って上手に防除

病気・害虫の出方と農薬選び

米山伸吾・草刈眞一・柴尾 学
[著]

農文協

まえがき

　スーパー、デパート、青果販売店では、多種多様な農産物が販売されている。店頭に並ぶそれら農産物に、消費者は、形が整っていて、しかもあまり農薬が使われていないものを求めることが多い。ちょっとした虫食いのある野菜がときには店頭に並んで目に触れる機会もあるが、病気になって腐敗したり、曲がったり、奇形になったものは店頭に並ばないから、消費者の目に触れる機会はほとんどない。そのため、植物に発生する病気は社会的にあまり理解されていないように思う。

　害虫の被害はおおむね物理的な食害であるのに対し、病気は目に見えない病原菌などに侵された作物が、その侵害に反応した状態なので、腐敗したり、枯れたときには、それ以前に病原菌に侵されていた場合がほとんどである。植物に発生する病気は、防除してもその効果がわかりにくく、栽培者は苦労することになる。

　本書では、病原菌—ウイルス、細菌、糸状菌（カビ）—が圃場で生育中の作物に侵入・感染し、腐敗や奇形、あるいは枯死などを引きおこす過程を、多種多様な発生環境との関係で図示し、その中での防除タイミングのとらえ方を示した。また、害虫についてもその被害症状と生活史、防除時期などを図示し、平易に解説した。またそれとは別に、診断眼をみがくために類似した病気や害虫の区別を図解した。

　そのうえで、実際の防除にあたって有効な薬剤が的確に選択されるよう、殺菌剤と殺虫剤それぞれの作用性（効果発現の仕組み）を詳細に解説した。

　また、イネ、野菜、果樹の代表的な作物について、病害虫被害の発生時期やその特徴、発生生態を解説し、防除適期を示すとともに、防除薬剤を一覧表に整理した。そこでは系統別の薬剤選択ができるようRACコードを新しく付記し、ローテーション散布の一助とした。天敵や生物農薬の活用と併せ、薬剤耐性菌や抵抗性害虫の発生に配慮した薬剤利用の情報として役立てていただきたい。

　本書は2006年に初版が出版されて多く活用されてきたが、その後の防除技術、農薬情報などをあらため、新版として発行することとなった。旧版に続き貴重な電子顕微鏡写真を快く貸与された元千葉大学の雨宮良幹先生、また病気・害虫防除の実態について多くのご助言を頂いた茨城県農業総合センター農業研究所の渡辺健所長に厚くお礼を申し上げる。さらに今回の再版にあたっても、筆者らのわがままをお聞き頂いた編集者にお礼を申し上げる。

　平成30（2018）年5月1日

米山 伸吾
草刈 眞一
柴尾 学

●農薬の登録適用の拡大と失効について

　農薬の登録適用拡大は毎日行なわれている。また営業的な理由などからしばしば登録が失効になる。

　本書では、本書が執筆された時点で登録のある農薬を記している（2018年4月30日現在）。したがって、本書出版以後に新たに登録された農薬、もしくは適用拡大された病害や害虫については取り上げず、また失効した農薬も削除されていない。

　実際の使用にあたっては以上の点に留意のうえ農薬を選ぶとともに、ラベルに記載の対象病害、害虫にのみ使用してください。

病気・害虫の出方と農薬選び

目次

まえがき…1

第1編 病気・害虫の出方の仕組み　　7

1 病気の発生と発病環境────8

1 ヒトの免疫機能は植物にはあてはまらない……8
2 病気が発生しやすい環境……8
　1. 気温…8
　2. 湿度…8
　3. 降雨…9
　4. 風…9
　5. 土壌pH…9
　6. 肥料…9
　7. 土壌水分…9
　8. 土壌中の生物的要因…9
　9. 施設栽培…11
3 病原菌の侵入方法……11
　1. 気孔、水孔などの自然開口部から侵入…11
　2. 傷口部分から侵入…11
　3. 植物の表皮から侵入…12
　4. 根部から侵入…12
4 環境による発病のグループ……14
　1. 高温…14
　2. 低温…14
　3. 多湿（とくに水分過多）…14
　4. 乾燥……14
　5. 季節性…14

2 害虫の発生と加害環境────15

1 害虫の食性……15
2 害虫が発生しやすい環境……15
　1. 気温…15
　2. 湿度…15
　3. 光…16
　4. 発生回数と休眠…16
　5. 生育分布と環境…16
　6. 施設栽培…16

3 病気・害虫の出方と防除適期────17

1 病気……17
　1. モザイク病…17
　2. 黄化えそ病…19
　3. 青枯病…19
　4. 斑点性の細菌病…20
　5. べと病…21
　6. 疫病…21
　7. うどんこ病…22
　8. 菌核病…22
　9. さび病…24
　10. 苗立枯病…24
　11. カビによる斑点性の病気…25
　12. 灰色かび病…26
　13. 半身萎凋病…26
　14. つる割病、萎凋病…27
　15. 根頭がんしゅ病…29
　16. 細菌によるかいよう病、がんしゅ病…29
　17. 縮葉病、ふくろみ病…30
　18. 赤星病…31
　19. 胴枯病、腐らん病、輪紋病…32
　20. 白紋羽病…33
2 害虫……34
　1. アブラムシ類…34
　2. ハダニ類…34

3. コナジラミ類…36
　　　4. ハモグリバエ類…37
　　　5. アワノメイガ…37
　　　6. アオムシ（モンシロチョウ幼虫）…38
　　　7. タバコガ類…38
　　　8. ヨトウムシ（ヨトウガ）…40
　　　9. ネキリムシ類…41
　　　10. チャコウラナメクジ…41
　　　11. ハマキムシ類…42
　　　12. ケムシ類…42
　　　13. シンクイムシ類…43
　　　14. 吸蛾類（アケビコノハ）…44
　　　15. カミキリムシ類…45
　　　16. カイガラムシ類
　　　　　（マルカイガラムシ類）…45
　　　17. スカシバ類…46

4　うまく防除できない理由をさぐる――47

1　診断を誤った場合……47
2　防除法を誤った場合……48
3　防除適期をはずした場合……48
　　　1. 地上部病害…48
　　　2. 地下部病害…48
　　　3. 害虫…49
4　薬剤がかからない場合……49
5　特効薬の選択を間違えた場合……49
6　同じ病名でも病原菌は別という失敗……50
7　間に合わせ散布で失敗……50
8　耐性菌と抵抗性害虫……50

5　病害・虫害の診断眼をみがく――52

1　病原体による病徴の違い……52
　　　1. ウイルス、ウイロイド…52
　　　2. 細菌…53
　　　3. ファイトプラズマ…53
　　　4. 糸状菌（カビ）…53
　　　　　①変形菌類…53
　　　　　②鞭毛菌類…53
　　　　　③子のう菌類…54
　　　　　④担子菌類…54
　　　　　⑤不完全菌類…54
2　病害の見分け方……55
　　　1. ウイルス病、ウイロイド病…55
　　　2. ファイトプラズマ病…55
　　　3. イネいもち病の
　　　　　進行型と停滞型病斑…55
　　　4. 青枯病とほかの
　　　　　萎凋性病害との区別…56
　　　5. 根にコブを生じた場合…56
　　　6. 黒腐病と黒斑細菌病との区別…57
　　　7. 軟腐病と腐敗病との区別…57
　　　8. ジャガイモの粉状そうか病と
　　　　　そうか病との区別…57
　　　9. ハクサイのえそモザイク病と
　　　　　ゴマ症との区別…58
　　　10. キュウリのべと病と
　　　　　斑点細菌病との区別…58
　　　11. トマトの輪紋病と
　　　　　環紋葉枯病との区別…58
　　　12. キュウリの斑点病と
　　　　　炭疽病との区別…59
　　　13. ネギの黒斑病と葉枯病との区別…59
　　　14. ニンジンの根腐病と
　　　　　しみ腐病との区別…59
　　　15. ホウレンソウの
　　　　　立枯れ性病害の区別…60
　　　16. 苗立枯病の病原菌の種類と症状…60
3　害虫被害の見分け方……61
　　　1. ネギのウイルス病と
　　　　　ネギアザミウマとの区別…61
　　　2. ネキリムシ類とタネバエと
　　　　　コガネムシ類との区別…62
　　　3. ヨトウムシ（ヨトウガ）とアオムシ
　　　　　（モンシロチョウ幼虫）との区別…63
　　　4. 葉裏のアブラムシ類と虫コブを
　　　　　つくるアブラムシ類との区別…63
　　　5. ケムシ類とイラガ類との区別…64
　　　6. カミキリムシ類とスカシバ類、
　　　　　クキバチ類との区別…64

第2編 農薬の殺菌、殺虫の仕組みと耐性菌、抵抗性害虫の発生　65

1 病原菌と殺菌剤────66
1. 殺菌剤の種類と殺菌作用……66
2. 予防薬（接触型）と治療薬（浸透型）……67
3. 残効性……67
4. 耐性菌対策と混合剤……72
5. 化学合成殺菌剤と生物農薬……73
   1. 化学合成殺菌剤…73
   2. 生物農薬…74

2 殺菌剤の作用機作とメカニズム────76
1. 核酸合成阻害剤……76
2. 有糸分裂阻害剤……76
3. 呼吸阻害剤……76
4. アミノ酸・タンパク質合成阻害剤……77
5. 浸透圧シグナル伝達……77
6. 脂質および細胞膜合成系……77
7. ステロール合成阻害剤……78
8. 細胞壁合成阻害剤……78
9. メラニン合成阻害剤……78
10. 宿主植物抵抗性誘導剤……79
11. 多作用点接触活性……79
12. 作用機作不明……79

3 害虫と殺虫剤────80
1. 殺虫剤の種類……80
2. 殺虫剤が昆虫体内に取り入れられる仕組み……80
   1. 昆虫体内への侵入…82
   2. 植物体内への浸透…82
   3. 昆虫の気門封鎖（窒息）…82

4 殺虫作用のメカニズム────83
1. 接触剤の作用発現過程……83
   1. 殺虫作用の3つの要因…83
   2. 抵抗性害虫…83
   3. 選択毒性…83
2. 殺虫剤の作用機構……84
   1. 神経と筋肉を標的とするグループ…84
   2. 成長と発育を標的とするグループ…85
   3. 呼吸を標的とするグループ…85
   4. 中腸を標的とするグループ…85
   5. その他…85

5 殺虫剤を使いこなす────86
1. 主要な殺虫剤の特徴……86
2. 殺虫剤の使い方……89

第3編 農薬選びと防除の仕組み方　91

1 薬剤耐性菌・抵抗性害虫を減らす防除対策────92

2 各作物の防除の基本と農薬選定の考え方────93

1 イネ……93
1. 種子消毒…93
2. 育苗箱における防除…96
3. 本田での防除…98
4. 病気…98
5. 害虫…103
6. 混合剤の使い方…104
7. 投げ込み剤と側条施用剤…104

2 野菜類……104

A 果菜類

a. トマト────106
1. 病害…106

　　　　2. 害虫…114
　b. ナス ──────────── 117
　　　　1. 病害…117
　　　　2. 害虫…121
　c. ピーマン ──────────── 123
　　　　1. 病害…123
　　　　2. 害虫…125
　d. キュウリ ──────────── 126
　　　　1. 病害…127
　　　　2. 害虫…130
■ B 葉菜類
　a. キャベツ ──────────── 130
　　　　1. 病害…131
　　　　2. 害虫…133
　b. ハクサイ ──────────── 135
　　　　1. 病害…135
　　　　2. 害虫…137
　c. レタス ──────────── 138
　　　　1. 病害…138
　　　　2. 害虫…140
　d. ネギ ──────────── 141
　　　　1. 病害…142

　　　　2. 害虫…143
■ C 根菜類
　a. ダイコン ──────────── 145
　　　　1. 病害…145
　　　　2. 害虫…146
　b. ニンジン ──────────── 146
　　　　1. 病害…147
　　　　2. 害虫…147
　c. ジャガイモ ──────────── 149
　　　　1. 病害…149
　　　　2. 害虫…150

（3）*果樹*……151
　a. ナシ ──────────── 151
　b. ブドウ ──────────── 155
　　　1●大粒種（ピオーネ・巨峰：
　　　　ハウス栽培）…155
　　　2●小粒種（デラウェア）…160
　c. モモ ──────────── 161
　d. リンゴ ──────────── 164
　e. カキ ──────────── 169
　f. ミカン（温州ミカン） ──────────── 172

第4編　農薬の上手な使い方　177

1	剤型の選び方……178
2	展着剤の使い方……179
	1. 作物によって違う
	薬剤の付着度…179
	2. 展着剤の種類…179
3	混合剤の使い方……179
4	薬剤の希釈濃度……179
5	農薬の薄め方、溶かし方……181
	1. 上手な薬剤の混合法…182
	2. 混合する場合の注意点…183

6	農薬散布の基本……183
	1. 病気は全面、害虫は部分に…183
	2. 散布のタイミング…183
	3. 噴口は上向きに、
	上下左右に動かす…183
	4. 散布時の注意…184
	5. 農薬の飛散による
	周辺作物への影響防止対策…184
7	薬剤のローテーション……184

●農薬の作用機構分類
　1　IRAC コード表……185　　2　FRAC コード表……188

写真協力●雨宮良幹・木村 裕・松井正春　　イラスト●米山伸吾・木村 裕　　レイアウト・DTP●條克己

第1編 病気・害虫の出方の仕組み

文 米山伸吾

1 病気の発生と発病環境

病原菌はウイルス、ファイトプラズマ、細菌および菌類（いわゆるカビ：糸状菌）で、わが国の植物には、これらによって約6000種もの病気が発生する。このうち約70〜80％が菌類によって発病し、残りの約20〜30％の病害はウイルス、ファイトプラズマ、細菌によって発病する。

1 ヒトの免疫機能は植物にはあてはまらない

地球上のヒトはすべて同じ病原菌に侵されて、同じ症状の病気になる。ヒトをはじめとした動物には血液やリンパ液が流れていて、一度病気になると、その病原菌に対する抗体が体内にでき、回復後には同じ病原菌が侵入しようとしても、それを攻撃して排除しようとする機能が働く。いわゆる免疫作用で、健康であればその免疫力が強く働いて、病気にならない。そこで、植物もヒトと同じように健全に育てれば病気に強くなる、と考える人が多く、それを信じているが、植物には、血液もリンパ液も流れていないので、ヒトのような免疫作用はない。くり返して同じ病気にかかるし、途中で治って動物のように元どおりになることはない。

植物はヒトとは異なり、すべての植物がすべての病原菌には侵されない。1種類の植物は、数種類の病原菌に侵されるだけで、大部分の病原菌には侵されない。逆に一つの病原菌は1種類の植物か、数種類の植物しか侵す能力がない。すなわち、植物と病原菌との間には、侵す、侵されるという関係が遺伝的に決まっているのである。

したがって、いくら有機農法で作物を丈夫に育てたとしても、病気や害虫の被害を受けるので、それらを防除しなくてはならない。

2 病気が発生しやすい環境

作物が発病する場合、病原菌が活動しやすい環境は種類によって以下のように異なる。

1- 気温

病原菌の種類によって、好適な気温が異なる。ムギ類の雪腐病は積雪下で感染、発病するが、ナス科などの青枯病は25〜30℃、疫病は20℃前後か、それ以上のときに発病しやすい。野菜類のべと病は冷涼多湿な条件下で発病しやすいが、ウリ科の黒点根腐病やトマトの輪紋病などは高温多湿で多発する。
このように病気の種類ごとに発病しやすい温度条件が異なるので、これらの病気の発生生態を十分に認識して防除する。

2- 湿度

空気中に含まれる水分量が同じ場合、気温が高くなれば相対湿度は低くなり、気温が低くなるにしたがって相対湿度は高くなるので、葉面上などに露を結ぶようになる。細菌やべと病、ピシウム属菌は、こうした高い湿度状態を好み、一定時間の水滴の存在が病原菌の分生子の発芽を容易にし、付着器がよく形成されるので植物への侵入が容易になる。
ウリ類などの斑点細菌病は、葉に侵入したあとに湿度100％の状態が6時間以上、2〜3日間くり返されるか、24時間継続すると、

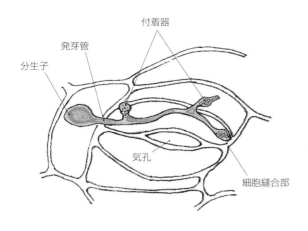
発芽管は付着器を形成した後、
細胞縫合部より侵入

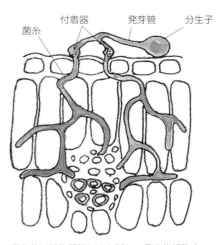
侵入後は細胞間隙にまん延し、その後細胞内
に侵入して栄養分を吸収して増殖

図1-1　病原菌の侵入

大型の角形病斑を形成する。しかし、この湿度100％が毎日3時間くらい持続したとしても、6時間以下であれば微小な病斑にとどまる。

3- 降雨

降雨は病斑上に形成された病原菌の分生子が飛散するのに役立ち、作物の表面を濡らして病原菌の発芽、付着器の形成、そして侵入を容易にする。とくに粘性が高く、風のみでは分生子が離脱できず飛散もしない炭疽病菌は、雨を伴った風によって容易に飛散する。ハウスなどの施設内で炭疽病の発生が極端に少ないのは、苗のときに感染していたものがハウスに持ち込まれて発病するもので、分生子の飛散による感染は少なくない。

土壌病害のうち疫病やピシウム属菌による病気は、発病地の病原菌を含んだ土壌が降雨によって流出し、無病畑が汚染畑になる場合が多い。

4- 風

風は細菌や糸状菌（カビ）などの病原菌を、遠く離れたほかの場所に飛散させる。また葉が互いに擦れて茎葉に傷をつけ、細い毛茸も折れ、傷口感染する細菌の侵入を容易にする。

5- 土壌pH

アブラナ科の根こぶ病は土壌pH5.7で激しく発病するが、pH7.8では発病しない。これに反してジャガイモのそうか病は土壌pH5.2以下では発病しないが、pHが高くなると発病しやすくなる。

6- 肥料

一般的にチッソ質肥料の多施用により発病が助長される傾向がある。これに対してチッソ質肥料が不足すると、ナス科の輪紋病（別名：夏疫病）や青枯病などの発生は少なくなる傾向がある。

7- 土壌水分

ピシウム属菌や疫病菌などの遊走子は、土壌中の薄い膜状の水分の中を遊泳するので、土壌水分が高いと発病が多くなる。

8- 土壌中の生物的要因

土壌中では葉面と同じように植物に病原性をもたない細菌や硝酸化成菌などの細菌、放線菌、糸状菌（カビ）、線虫、原生動物といっ

た多種多様な微生物が、互いに競い合い、助け合い、殺し合ったりしながら生存している。そうした中で植物の土壌病原菌は作物の根への侵入、感染の機会を伺っている。

このような多種多様な微生物を活性化させたり、土壌の通気性を改善して作物の生育を良好にさせたりするために有機物が施用される。その結果、蛍光性の細菌（Pseudomonas シュードモナス属菌）が増殖して作物の生育が促進されたり、病原菌に拮抗性を有する微生物が増殖して、土壌病害が抑制されることがある。しかし、このような現象はむしろ例外的で、必ずしも有機質を土壌に施用したからといって拮抗菌が増えて土壌病害が抑制されるわけではない。有機質に拮抗性の微生物が多く生息していると考えるのは都合がよすぎた考えで、あまりにも短絡的すぎる。

他方、土壌病害の防除に有効な薬剤による土壌消毒に対して、一般には否定的に語られることが多い。つまり消毒の結果、土壌中の微生物が全滅するから、生態系と環境の破壊によって土壌が劣化するというのである。しかし、硝酸化成菌のように、土壌中には作物に無害で劣悪な環境に耐えて生存する微生物は死滅せずに生き残るし、多種類の微生物が生存している有機物を施用することで、消毒された土壌でも消毒時以前のような微生物相に復活することが科学的に調査されている。

休耕期間にイネ科の植物を畑全面に生育させると、細菌が増殖して土壌が細菌型になる。これらの細菌によって、土壌病原菌の大部分を占めている糸状菌（カビ）が生育しにくくなり、発生が抑えられる例が少しある程度で、イネ科を作付けしても多くの場合は野菜類などの土壌病害は発生する。

これに対してキチン質であるカニ殻を土壌に施用すると、病原菌に拮抗性を有するキチナーゼを産生する細菌や放線菌が増殖するため、被害の大きいフザリウム属菌の量が少なくなり、それによる病気が減少することが実

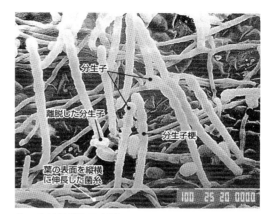

キュウリうどんこ病菌

ネギ黒斑病菌

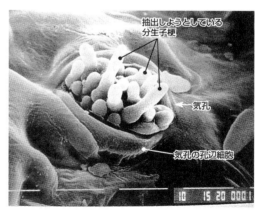

トマト葉かび病菌

葉上を縦横に菌糸が伸長、まん延して病斑がつくられると分生子梗が伸び、その先端部に分生子が形成される。これがやがて離脱して空気中に飛散し、第二次伝染する
（元千葉大学園芸部・雨宮良幹原図）

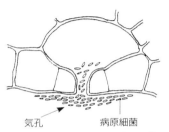

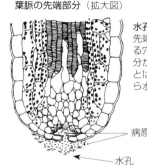

気孔感染：気孔の周辺に病原細菌が集積してから侵入する

水孔から滲み出た水滴

水孔感染：水孔で病原細菌が集積してから組織内に侵入する

葉脈の先端部分（拡大図）

水孔の構造：葉脈の先端部分にあいている穴で、植物体の水分が多いと蒸散作用とは別に、この穴から水滴がにじみ出る

病原細菌
水孔

図1-2　自然開口部からの細菌の侵入、感染方法

証されている。

9- 施設栽培

ハウスでは同じ野菜が連作されることが多い。また、冬季には暖房によって病原菌の活動に適する温度が保たれ、閉鎖的な環境下であるため相対湿度が常に高く、病原菌胞子の発芽にとって好都合である。こうしたことからハウスは、病原菌が作物に侵入し、発病しやすい環境にある。

とくにトマトかいよう病、葉かび病、キュウリ黒星病、べと病や、多くの野菜類の灰色かび病、菌核病が多発生しやすい。また、トマトは連作によって根にTMV（タバコモザイクウイルス）が土壌伝染するため萎れ症状がひどくなる。

3 病原菌の侵入方法

病原菌も生き物である以上は、どんなことをしても作物に侵入し、そこから栄養を吸収して増殖し、次世代に子孫を残さなければならない。あらゆる機会をとらえて、作物に侵入しようとするのは当然である。

一般的に病原菌は植物の傷口から侵入すると信じられているようであるが、もし傷口のみが侵入門戸であるならば、生物が地球上に生まれて以来の長い年月の間に、病原菌は絶滅してしまっていたであろう。病原菌は長年の進化の過程を経て、以下のような各種の侵入方法を獲得して植物を侵すようになった。

しかし、細菌は植物表面のクチクラを分解する酵素を分泌しないので、傷口か気孔あるいは水孔などから侵入する。また、細菌には有効な薬剤が少ないので、作物に傷をつけないような栽培管理を行ない、その発生を抑えることが重要なことである。

1- 気孔、水孔などの自然開口部から侵入

すべての細菌と糸状菌の一部は、植物に備わっている気孔や水孔などの自然開口部から侵入する（図1-2）。さび病菌のうち夏胞子と、べと病菌の遊走子や、うどんこ病菌（クチクラからも侵入）、白さび病菌、リゾクトニア属菌（クチクラからも侵入）などの菌は、ほかの部分から侵入する場合もある。

細菌は表皮細胞を溶解する酵素を分泌しないので、気孔、水孔など自然開口部や傷口からしか侵入できない。

2- 傷口部分から侵入

ウイルス、細菌およびファイトプラズマは、すべて傷口からしか侵入できない（図1-3）。

しかしウイルスは、これ以外に害虫や土壌線虫、土壌菌類により、ファイトプラズマは

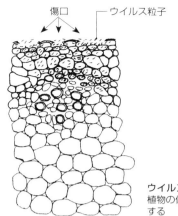

ウイルス接触伝染：植物の傷口から伝染する

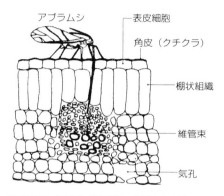

ウイルスのアブラムシ媒介伝染：発病した植物を吸汁してウイルスを保毒してから、健全植物に移動して吸汁するとウイルスが伝播される

図1-3 ウイルスの伝染、媒介方法

害虫によって媒介される。糸状菌はおもにほかの方法で侵入、感染するが、たまたま飛散して付着した部分に傷があれば、そこからでも侵入する。

3- 植物の表皮から侵入

　糸状菌（カビ）の多くはワックスを溶解する酵素を出したり、表皮のクチクラの成分であるクチン、セルローズやペクチンなどを分解するペクチナーゼなどの酵素を分泌したり、侵入菌糸の先端に圧力をかけて表皮細胞を押し破ったり、菌糸が集団になって無理やり表皮から侵入する能力をもっている（図1-4）。

　侵入した菌糸は内部の細胞壁成分を分解するセルラーゼ、ヘミセルラーゼやペクチン分解酵素を生産して侵入、まん延する。

4- 根部から侵入

　細菌による土壌病害の青枯病は、土壌中で根に生じた傷口や二次根（不定根）が発生するときに生じる破壊孔の傷口から侵入、感染する。また糸状菌（カビ）による萎凋病、つる割病、半身萎凋病などは、根の先端の根冠細胞の縫合部から侵入、感染するほか、二次

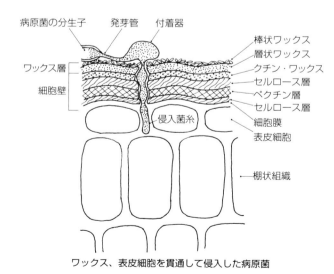

ワックス、表皮細胞を貫通して侵入した病原菌

図1-4 菌類（糸状菌）の侵入、感染方法（植物の表皮から）

表皮感染（圧力をかけて感染）：菌糸塊を形成した菌糸は表皮細胞を押し破って組織内に侵入する

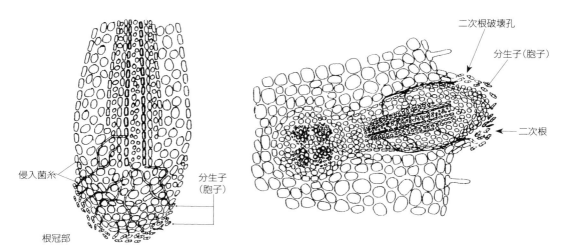

根冠部感染（土壌病害）：土壌中の病原菌が根の先端の根冠に集積して、その細胞間隙より侵入、感染する

二次（不定）根の破壊孔からの感染（土壌病害）：土壌中で、二次根が発根するときに生じる破壊孔より侵入、感染する

図1-5　菌類（糸状菌）の侵入、感染方法（根部から）

（不定）根が発生するときに生じる破壊孔からも侵入する（図1-5）。

このようにして根から侵入感染する病原により発病し、萎れるキュウリ、メロン、スイカなどのつる割病を回避するために、現在全国的に接木栽培が行なわれている。わが国では古くからスイカではユウガオが台木とされており、1970年頃から夏キュウリの品種を冬季から栽培するためにカボチャを台木とする接木栽培の研究が行なわれた（丸山慎三、1979年茨城園試特別研究報告第5号）。この研究と同時にもっとも被害が大きくて産地移動の原因にもなった、キュウリつる割病の発生生態とカボチャ台木への接木キュウリの発病回避機構が明らかになった（米山伸吾1976年茨城園試特別研究報告第2号）。

これらの基礎〜応用的な研究によって現在、台木としてキュウリではカボチャ（新土佐、鉄かぶとなど）、スイカではユウガオなど（ユウガオの多品種や多くの種類のカボチャ）、ハウスメロンではメロン共台（R-2、園研台木3号、ダブルガードなど）、マスク

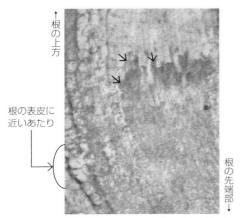

キュウリ−根から侵入した病原菌の菌糸が細胞の中を上方へ伸長している

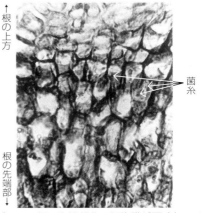

台木カボチャ−根の先端部分の細胞膜が厚くなって（厚膜化）、病原菌の侵入を阻止している

型メロンではカボチャ（白菊座、しらきく、新土佐など）を台木として、つる割病の発病が回避され、全国的に安定した栽培が行なわれるようになった。

4 環境による発病のグループ

1- 高温

細菌、糸状菌（カビ）はそれぞれの種類によって生育に適する温度が異なる。一般的に細菌は高温性の病害であるが、キュウリなどウリ科の斑点細菌病などは湿度とも関連して比較的低温の時期に発生しやすい。

高温性の病害をあげておくと、以下の通りである。

細菌病：青枯病、軟腐病
糸状菌病：輪紋病（トマト、ジャガイモ、ナシ、リンゴなど）、夏疫病、疫病（ピーマン、カボチャ、果樹類など）、黒点根腐病（ウリ科）、白絹病（野菜、草花、果樹類）

2- 低温

ムギなどの雪腐菌核病は低温積雪下で発病しやすいが、一般的に低温を好む病原菌は少ない。施設での越冬栽培などは、夜間は暖房され、生育に必要な最低温度は保たれている。このため冬季でも防除困難な病気が発生する。

しかし、これらの病原菌は温度はもちろんであるが、ハウスを閉め切ることによる多湿が発病を助長しているとみてよい。

以下、低温および多湿によって発生しやすい病害をあげておく。

細菌病：かいよう病
糸状菌病：灰色かび病、菌核病、黒星病、葉かび病、もち病、幼果菌核病、半身萎凋病、べと病、疫病、褐色根腐病

3- 多湿（とくに水分過多）

疫病菌、ピシウム属菌などの遊走子は水中を遊泳して作物体に付着し、取り付いて発病させる。細菌や遊走子は1000分の2～20㎜（2～20μm）くらいの大きさなので、土壌粒子の表面に目に見えないくらい薄くついた水があれば容易に移動もできる。

水分過多を好む病原菌は、以下の通りである。

細菌病：ほとんどの細菌病
糸状菌病：疫病、ピシウム属菌による根腐病などや、べと病、根こぶ病

4- 乾燥

大部分の病原菌は多湿条件でよく増殖するが、うどんこ病菌はただ一つ例外的に乾燥を好む典型的な病気である。しかし、湿度のある条件下でも発病する。

5- 季節性

湿度条件の関係とともに、作物の生育状況との関係で、季節によって発病しやすい病害がある。

早春：トマトのモザイク病の前年の発病地では根のみが感染して萎れ、気温が上昇してくると葉にモザイクを生じて萎れは回復する。おもにハウスの越冬栽培で発生する。
春季：細菌病－かいよう病
糸状菌病－半身萎凋病、ごま色斑点病、炭疽病、疫病、萎縮病、幼果菌核病、赤星病、さび病、つる割病、萎凋病、立枯病、菌核病、灰色かび病など
夏季：細菌病－青枯病、軟腐病
糸状菌病－うどんこ病、さび病、黒点根腐病、輪紋病、白絹病
秋季：黄化病（ハクサイ）

2 害虫の発生と加害環境

1 害虫の食性

害虫は種類によって加害（好む）植物が決まっている（表1-1）ので、それを加害するが、その植物がなければ、次に好む植物を加害する。植物は、害虫を寄せ付けない性質をもっていない。

2 害虫が発生しやすい環境

害虫の発生やその活動は、環境に影響される。害虫の発育は温度などに左右され、さらに年間の発生回数は温度のほか、日長時間とも関係する。

1 - 気温

害虫の種類によって好適な温度は異なる。マサキの害虫ユウマダラエダシャクの幼虫の発育零点（発育最低温度）は−3℃であるが、ニカメイチュウの卵、幼虫は12℃、ナシヒメシンクイムシの幼虫は10℃、アメリカシロヒトリは9.4℃である。一般的に北方系の害虫が南方系に比して、発育零点は低い。

2 - 湿度

湿度は温度と同様に害虫の発育と活動に重要であり、水稲害虫のニカメイチュウは21〜33℃の発育適温であれば、湿度90〜100％の範囲で卵の95％が孵化するので、成虫は高湿な水田に産卵する。

これに対してクリ、カシなどの葉を食害するクスサンは、気温18〜28℃で、湿度68〜100％のときに90％以上の卵が孵化し、やや乾燥を好む。

表1-1 害虫と食性の範囲（害虫が加害する植物の種類）　　　　　　　　　（松本ら1995年より改変）

食　性	害虫名	加害植物
単食性 （1種類の植物だけを加害）	マメシンクイガ カキノヘタムシガ（カキミガ＝成虫名） トビイロウンカ クリタマバチ	ダイズ カキ イネ クリ
狭食性 （特定の一つの科の植物だけを加害）	コナガ アオムシ（モンシロチョウ＝成虫名） アゲハ キアゲハ タマネギバエ キボシカミキリ	アブラナ科植物 アブラナ科、フウチョウソウ科植物 ミカン科植物 セリ科植物 ユリ科植物のうちのネギ属 クワ科植物
広食性 （多くの科の植物を加害）	ヨトウムシ類 モモノゴマダラノメイガ ミカンコミバエ（日本では1986年に根絶） チチュウカイミバエ ヤサイゾウムシ	20科80種以上の植物 28科30種以上の植物 40科160種以上の植物 45科40種以上の植物 28科25種以上の植物

3- 光

　害虫は短日、長日になると発育を停止して、卵、幼虫、蛹および成虫の状態で休眠するものがある。

　卵休眠はアブラムシ類など、幼虫休眠はニカメイチュウ、ナシヒメシンクイムシなど、蛹休眠はモンシロチョウ（アオムシ）、ヨトウムシ、タネバエ、アゲハなど、成虫休眠はヤサイゾウムシ、ウリハムシ、カメムシ類などでみられる。

　長日で活動するアブラムシ類、バッタ類、ニカメイチュウ、モンシロチョウ（アオムシ）、アゲハなどは短日になる冬季に休眠し、逆に短日で活動するヤサイゾウムシ、ユウマダラエダシャク、ミノウスバなどは長日の夏季に休眠する。

4- 発生回数と休眠

　害虫は種類および生息地域によって1年間の発生回数がほぼ決まっている。年1回発生する一化性のものにはクリタマバチ、ヤサイゾウムシ、チャバネアオカメムシ、イネミズゾウムシなどがある。2回以上発生する多化性のものには、2回がニカメイチュウ、3回以上はハスモンヨトウ、ナシヒメシンクイムシ、アブラムシ類、ハダニ類などがある。カミキリムシ類、ハリガネムシ類などのように一世代に数年を要する害虫もいる。発生回数は温度、短日や長日など休眠が誘引されることにより決まる。

5- 生育分布と環境

　害虫は温度との関係で低温地域と高温地域に棲み分けられる。

　年平均気温14℃の線を境にして、低温域にはオオニジュウヤホシテントウが、高温域にはニジュウヤホシテントウが生息している。しかし、近年の地球規模の温暖化によって、高温域の害虫が少しずつ北方に生息範囲を広げる傾向がある。

6- 施設栽培

　従来であれば冬季の低温に耐えられない害虫や休眠すべき害虫が、ハウスなどの施設栽培によりアザミウマ類、コナジラミ類、アブラムシ類、ハモグリバエ類などの害虫がそれらの施設内で加害しながら越冬することがある。

　また、本来は露地の低温では休眠、越冬できない害虫が、低温になる前に施設内に入り込んで休眠、越冬し、春になってから活動することがある。

葉を浅く食害し、階段状の食痕を残すニジュウヤホシテントウ。近年の温暖化で北方に生息範囲を広げる傾向にある（木村裕原図）

③ 病気・害虫の出方と防除適期

おもな病気と害虫の発生生態と、その仕組みを図解した。ほかの病気、害虫の発生も、ほぼこの図解と共通する。防除にあたっては、これらの発生生態をよく理解し、病気では「伝染環」、害虫では「生活環」の遮断しやすい部分を重点的に防除すれば効果的である。

1 病気

① モザイク病

発生時期：春～秋（アブラムシ類が発生しやすい時期）。
症状：葉が緑色濃淡のモザイク状になり、形も細くなったり、厚ぼったくなったりする。また小さなえそ斑を生じたり、株全体が萎縮して奇形になる。果実の肥大が悪く、収穫が不可能になる（図1-6）。
発生条件：病原ウイルスはアブラムシ類によって媒介される。アブラムシ類がモザイク病になった雑草や野菜の汁を吸うとウイルスを体内に保毒した後、健全な株の汁を吸うときにウイルスを媒介する。このほか病気の株に触れた手指で健全株に触れても伝染する。
防ぐポイント：発病してからでは有効な薬剤はない。予防のためにアブラムシ類を防除する。寒冷紗をかけたり、薬剤を土壌混和するか散布する。発病した場合は、管理作業中の接触による伝染に注意し、発病株は見つけ次第、根から抜き取り、土中深く埋めるか処分する。

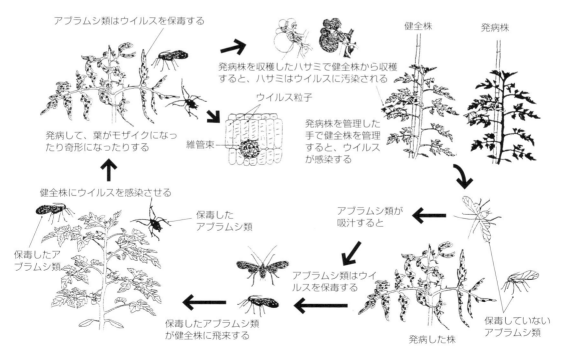

図1-6 モザイク病の伝染の仕方と防ぎ方（トマトの例）（米山原図）

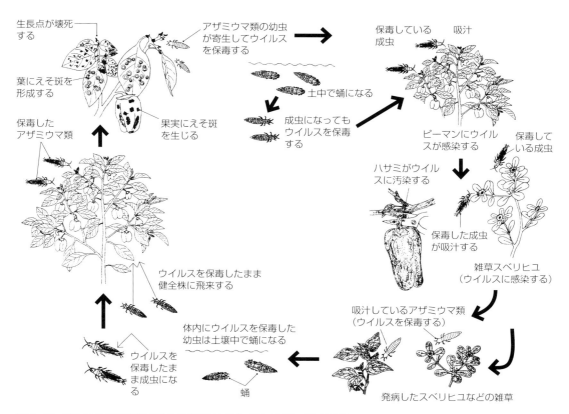

図1-7 黄化えそ病の伝染の仕方と防ぎ方（ピーマンの例）（米山原図）

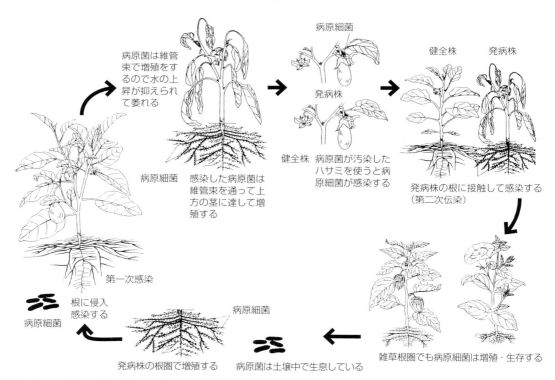

図1-8 青枯病の伝染の仕方と防ぎ方（ナスの例）（米山原図）

② 黄化えそ病

発生時期：春〜秋（アザミウマ類が発生する時期）。

症状：葉が黄化して、褐色のえそ斑を生じて枯れる。果実には不規則な褐色斑紋を生じ、芯止まり状になって枯れたり、ピーマンでは生長点付近の葉が濁った黄色になって枯れ、ひどいと葉が萎れて株が枯れる（図1-7）。

発生条件：病原のウイルスはアザミウマ類によって媒介される。幼虫が発病した雑草や野菜に寄生して汁を吸うとき保毒する。その後、土中で蛹になってから成虫となり、健全な野菜の汁を吸うときにウイルスを媒介する。

防ぐポイント：発病してからでは有効な薬剤はない。アザミウマ類を防除して予防する。近紫外線除去フィルムでハウスを被覆すると、アザミウマ類がハウス内に入らないので有効である。アザミウマ類に適用のある薬剤を散布して防除する。発病株は抜き取って処分する。

トマト、ピーマンなどの野菜やキクなどの草花などにも発病する。

③ 青枯病

発生時期：晩春〜秋の高温時期（地温17〜30℃）まで、とくに夏発生しやすい。

症状：順調に育っていた野菜が急に日中萎れ、2〜3日のうちに葉が緑色のまま枯れる。根は暗褐色に腐敗し、地際部の茎の維管束も褐変して、そこから汚白色の汁が滲み出る（56ページ図1-47）。

このような萎れは、水のやり過ぎとか、肥料のやり方のまずさのせいにしがちなので注意する（図1-8）。

発生条件：地下水位が高かったり、排水不良

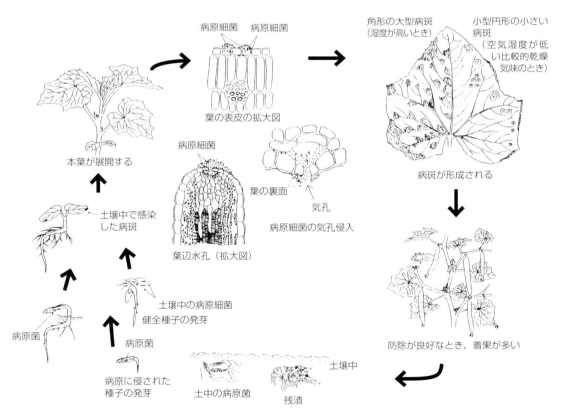

図1-9　斑点細菌病の伝染の仕方と防ぎ方（キュウリの例）（米山原図）

の畑や比較的重粘な土壌で発生しやすい。病原細菌は地中70〜80cmの深さまで生息しているので、ナス、トマトのような根が深くまで伸びる野菜で被害が大きい。高温時期に発生しやすい。

防ぐポイント：発病してからでは有効な薬剤はないので予防に努める。高うねにしたり、畑の排水を良好にして発病しにくい条件にする。発病株は抜き取って処分する。発病地に栽培する場合は、抵抗性品種を選ぶ。一度発生した畑では同じ野菜を連作せず、なるべくイネ科作物と輪作する。土壌を適用のある薬剤で消毒すると有効である。

④ 斑点性の細菌病

発生時期：春〜秋、15〜30℃くらいで、降雨が多い年。

症状：病斑部分と健全部分との境に黄色のカサができ、やや水が滲みたような状態になる。また葉脈で区切られた角形で褐色の病斑、あるいは葉脈に沿って樹枝状の病斑ができたり、葉の周囲のみ1mmほどの幅が褐色になったり、黒色の小斑点（キャベツ）や、結球表面が淡褐色ないし暗褐色に軟化、腐敗（レタス）したりする（前ページ図1-9）。

発生条件：病原細菌が土粒とともに葉に跳ね上がり、目に見えない傷口や葉の水孔などから侵入する。その後、湿度が高かったり、雨が降ると病斑がさらに拡大する。

防ぐポイント：発病した葉を摘除し、地表に落ちた枯れ葉とともに集めて土中に埋めるか、処分する。適用のある無機銅剤や抗生物質剤を発病前から散布する。

目に見えなくても病原細菌は全体に広がっているので、発病した部分だけ散布しても効果は低い。

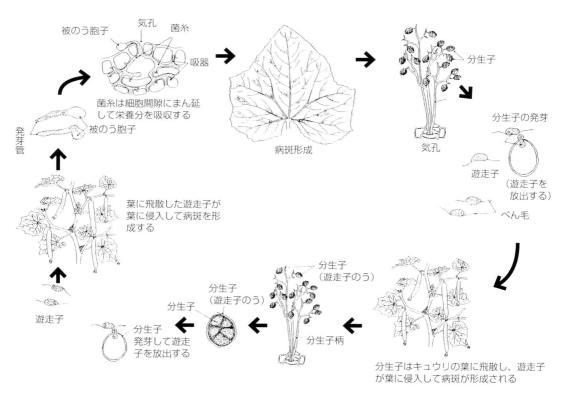

図1-10　べと病の伝染の仕方と防ぎ方（キュウリの例）（米山原図）

⑤ べと病

発生時期：初春〜秋で、とくに初夏から気温20〜24℃くらいの時期（盛夏を除く）。

症状：葉の表面に、葉脈で区切られたやや角形の黄色い病斑ができて、裏側には霜状でやや褐色のカビを生じる（図1-10）。

発生条件：地下水位が高く排水不良の畑や降雨で発生しやすい。降雨の回数が多いと激発する。また密植や茎葉が繁茂しすぎることも多発の原因となる。病原菌の伝染は、午前9時頃〜午前中に盛んである。

防ぐポイント：畑の排水をよくし、なるべく密植を避け、繁茂した茎葉は摘除して通風をよくする。発病した葉は摘除して土中に埋めるか、処分する。ビニールなどによる雨よけは有効である。発病初期から適用のある薬剤を散布すると効果が高い。

⑥ 疫病

発生時期：多湿、降雨が多いとき（気温18、19〜25℃くらいで多発）。

症状：この病原菌は地球上のあらゆる地域、土壌に生息していて、多湿のときや土壌水分が多かったり、葉が直接雨にあたったり、灌水が多いと多発生する。葉のほか茎、根が侵されると株が萎れて枯れたり、果実が軟化、腐敗する。畑が大雨で冠水すると大発生する（図1-11）。

防ぐポイント：20cmくらいの高うねにして、畑の排水を良好にする。株元にポリマルチをしたり、カヤやムギワラなどを敷いて、土の粒が作物に跳ね上がらないようにする（イナワラは多湿の原因になるので不可）。発生したら適用のある無機銅剤などを散布する。

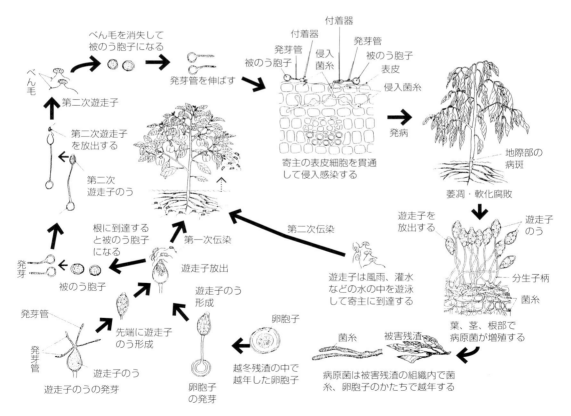

図1-11　疫病の伝染の仕方と防ぎ方（ピーマンの例）（米山原図）

⑦ うどんこ病

発生時期：晩春～晩秋（気温17～26℃）、盛夏でも多発生する。

症状：葉全面が白色のカビで覆われる病気で、ひどいと葉が黄化して枯れる。葉が奇形になったり、キュウリでは曲がりの発生原因にもなる。これはうどんこ病のために光合成が阻害され、果実に十分な栄養分が流れなくなるためである（図1-12）。

発生条件：ほかの病気と違って、この病気だけがやや乾燥気味のときに発生しやすい。病気になった葉に触れると白い粉がパッと飛び散るが、これは病原菌の分生子で、健全な野菜に付着すると伝染して発病する。この病原菌は生きている植物にしか寄生しない。

防ぐポイント：なるべく密植を避け、茎葉が繁茂したときは適宜整理する。また多発生した葉は、摘除して土中に埋めるか、処分する。

適用のある薬剤の散布は有効であるが、多発生してからでは防除しにくい。発病初期に防除するのがコツである。

⑧ 菌核病

発生時期：20℃前後の気温で、比較的降雨が多いときに発生しやすい。

症状：葉、茎などが淡褐色になって白色綿毛状のカビを生じて軟化、腐敗し、のちにその部分に黒色で、ネズミの糞状の不整形の塊（菌核）が形成される（図1-13）。

発生条件：晩冬～初夏のハウスのキュウリ、トマト、ナスなどで被害が大きい。露地では4月頃から梅雨時に発生する。とくにナタネ梅雨と呼ばれる時期に、茎葉が過繁茂になると発生しやすい。気温20℃前後か、それよりやや低い気温を好み、咲き終わった花弁や生育が弱った葉、茎、果実に発生して綿毛状のカビを生じる。

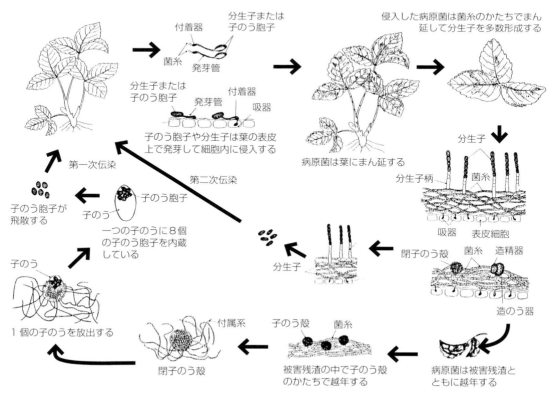

図1-12　うどんこ病の伝染の仕方と防ぎ方（イチゴの例）（米山原図）

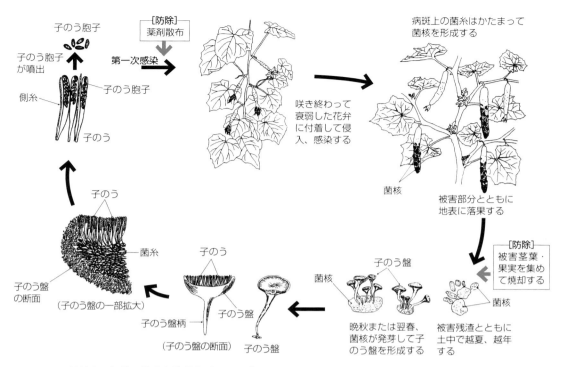

図1-13 菌核病の伝染の仕方と防ぎ方（米山原図）

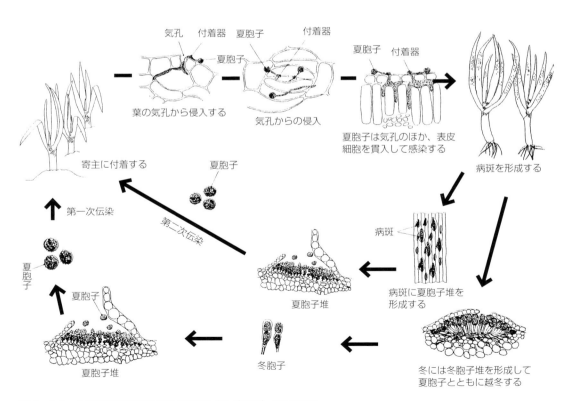

図1-14 さび病の伝染の仕方と防ぎ方（ネギの例）（米山原図）

防ぐポイント：栽培中には茎葉が過繁茂にならないように、適宜葉をつみ取って通風をよくする。初発生が見られたら適用のある薬剤を散布する。

⑨ さび病

発生時期：春～秋の多湿時。
症状：ダイダイ色のさび病はネギ、タマネギ、ニラ、ラッキョウ、ニンニク、エダマメなど多くの野菜に、白さび病はダイコン、カブ、ハクサイ、キャベツなどのアブラナ科野菜にのみ発生する。葉にイボ状の小さい斑点ができる。ダイダイ色のさび病と白さび病が同じ野菜に発生することはない（前ページ図1-14）。
発生条件：ダイダイ色のさび病は10～20℃で、湿度100％の多湿状態が6時間続くと発生しやすい。さび病のネギに触れるとダイダイ色の粉が付着するが、これは病原菌の夏胞子で、伝染源になる。

マメ科のさび病は15～24℃で発生し、葉に褐色の粒状の斑点をつくる。アブラナ科野菜の白さび病は、ダイダイ色のさび病菌とは種類が異なり、冷涼な時期に葉裏に発生する。
防ぐポイント：畑の排水を良好にし、チッソ肥料をやり過ぎないように管理する。ダイダイ色のさび病は多発生すると防除しにくいので、発病初期に適用のある薬剤を、かけむらのないように散布する。アブラナ科の白さび病は適用のある薬剤を散布すれば、比較的容易に防除できる。

⑩ 苗立枯病

発生時期：育苗期間中で一年中発生（ただし地温17～28℃くらいまで）。
症状：発芽した苗が萎れたり、地際部が水に滲みたようになったり、褐色に細くなったり、根が腐敗して倒れる（図1-15）。

おもに4種類の病原菌（フザリウム菌、リゾクトニア菌、ファイトフトーラ菌、ピシウ

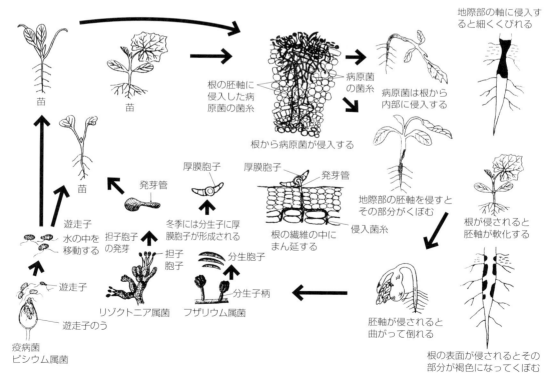

図1-15　苗立枯病の伝染の仕方と防ぎ方（苗の例）（米山原図）

ム菌）によって発生する。ファイフトーラ菌はピシウム菌にやや似ている。

発生条件：育苗期に水をかけ過ぎたり、雨が多かったり、畑の排水が悪かったりすると発生しやすい。同じ野菜の連作とは関係なく、どんな畑や土壌にでも発生する。種子が保菌していたり、土壌中に生息している病原菌によって発病する。

防ぐポイント：この病気になったら、防除は難しい。消毒済みの種子を用いるか、土壌を消毒するか、新しい土に播種する。原因になる病原菌は4種あり、有効な薬剤もそれぞれ異なるが、発生する前か、発生の初期に適用のある薬剤を用いる（詳しくは109ページ表3-10参照）。

⑪ カビによる斑点性の病気

発生時期：春～秋、湿度が高いと多発生する。
症状：黒斑病、褐斑病、輪紋病、斑点病、炭疽病、黒星病など多くの病気で、いろいろな病原菌が野菜に発生すると、それぞれの病原菌特有の斑点を形成して、葉や茎などを枯らす。黒斑病は黒色円形で同心輪紋のある病斑を、白斑病はやや灰白色の円形病斑を、炭疽病は淡褐色で破れやすい病斑を形成する（図1-16）。

発生条件：一度発生した畑で同じ病気がくり返し発生しやすい。発病した野菜の残渣とともに病原菌が土壌中に残り、越冬して翌年の伝染源になるためである。また病原菌は空気中を飛散して次々と伝染していく。

防ぐポイント：空気がこもらないように密植を避け、風通しのよい状態で育てる。多湿条件で病原菌が活動しやすい。発生初期に防除する。多発生してからでは防除しにくくなる。発病初期に適用のある薬剤を、畑全面にかけむらのないよう丁寧に散布する。

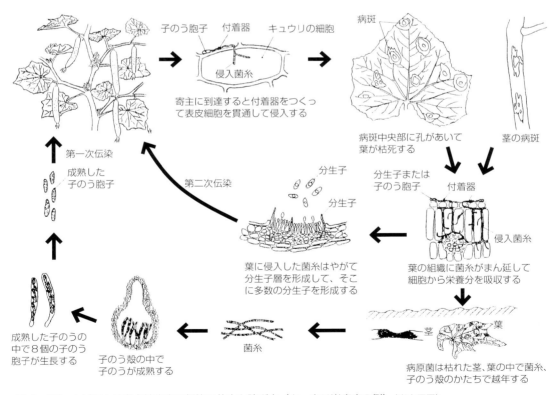

図1-16　カビによる斑点性病害の伝染の仕方と防ぎ方（キュウリ炭疽病の例）（米山原図）

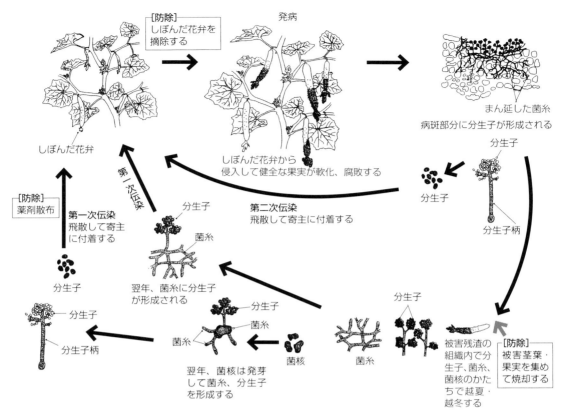

図1-17　灰色かび病の伝染の仕方と防ぎ方（米山原図）

⑫ 灰色かび病

発生時期：梅雨期で比較的低温が続き、降雨が多い年に多い。

症状：葉に大型、淡褐色ではっきりしない輪紋をつくり、湿度が高いと灰色〜褐色のカビが生じる。咲き終わってしぼんだ花弁から侵入して、果実の先端から上方が軟化、腐敗し、灰色のカビが密生する。多くの作物で病斑部が不整形に軟化し、そこに灰色のカビが密生するのが特徴である（図1-17）。

発生条件：冬〜初春のハウス栽培で多発生し、露地栽培での発生は少ない。梅雨期で比較的低温で降雨が多い時期にキュウリ、トマトや、レタスなど葉もの野菜にも発生する。23℃前後の気温と多湿が発生条件である。

防ぐポイント：雨にあてないようにし、茎葉が過繁茂にならないように管理する。発生初期に適用のある薬剤を散布する。多発生してからの防除は難しい。

⑬ 半身萎凋病

発生時期：春〜梅雨期。早春や秋季で地温が20℃前後の比較的低温時期に発生しやすい。

症状：症状の出始めには、葉の片側半分が黄化するが、発病してもすぐには枯れない。はじめは日中に何となく萎れて、朝夕には回復する。果実がたくさんつくと萎れがひどくなり、収穫すると萎れが回復する傾向がある（図1-18）。

　ハクサイでは葉が黄色になって、外側の葉が垂れ下がり葉ボタン状になる。ダイコンは輪切りにすると維管束がリング状に黒変する。

発生条件：土中に生息している病原菌が根から侵入し、水分の通る組織の機能を壊すことで発病する。病原菌は小さい粒状の菌核の形

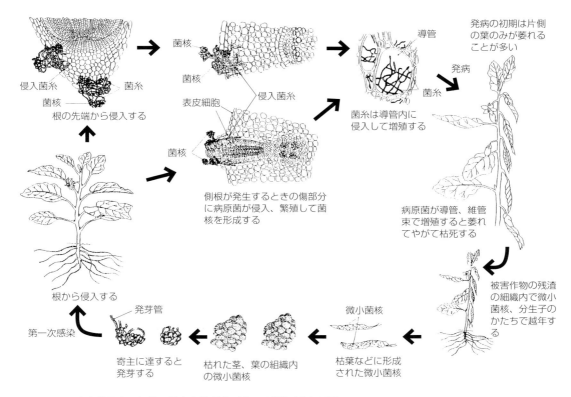

図1-18　半身萎凋病の伝染の仕方と防ぎ方（ナスの例）（米山原図）

で土中で越冬し、翌年の伝染源になる。春先のような低温時期に感染し、発病する。
防ぐポイント：野菜の連作を避ける。発病した土壌を適用のある薬剤で土壌消毒する。種子はなるべく抵抗性品種を用いる。

　発病した株は根ごと抜き取って土中深くに埋めるか、処分する。

⑭ つる割病、萎凋病

発生時期：晩春～秋（盛夏を除く）、地温15～25℃で多発生。
症状：トマトやほかの野菜では萎凋病、立枯病、ウリ科ではつる割病という。日中に萎れ、朝夕は回復することをくり返し、やがて葉が黄化して枯れる。根が褐変、腐敗し、地際の茎の維管束が病原菌の毒素によって機能を失って褐変する（次ページ　図1-19、56ページ図1-47）。

発生条件：フザリウム菌というカビが病原菌で、トマトの菌はキュウリには寄生しない。この菌は前年の被害株とともに土中で越冬し、翌年、根から侵入する。水の通る導管に侵入して毒素を出し、その細胞を死滅させて作物を枯らす。雑草の根のまわりや、未熟な有機質を施用すると発生しやすくなり、連作すると多発生する。

防ぐポイント：発病してからの有効な薬剤はない。前年と異なる野菜を栽培し、できれば適用のある薬剤で作付け前に土壌を消毒する。また、抵抗性品種を栽培するか、接ぎ木苗を植える。

　有機質肥料は十分に完熟したものを施用し、畑に石灰を多量に施してpHを7～8くらいに高くすると発病が抑えられる。発病株は根とともに抜き取り、土中に埋めるか、処分する。

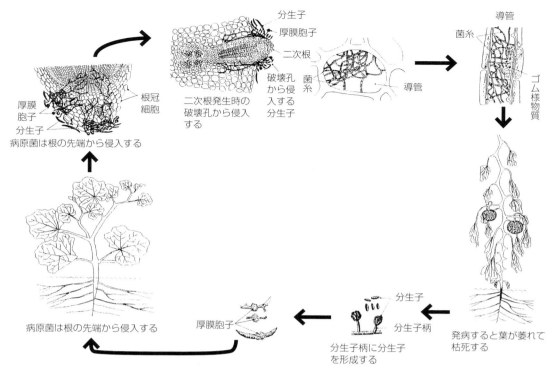

図1-19 つる割病の伝染の仕方と防ぎ方（メロンの例）

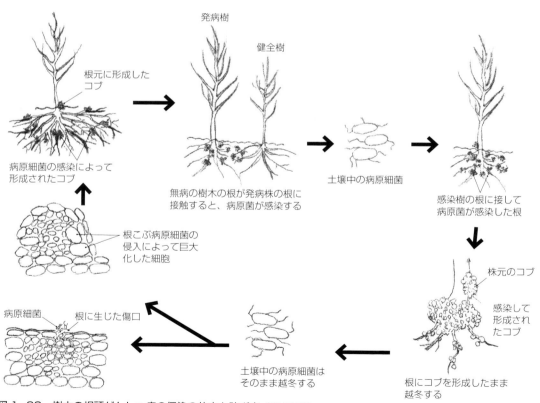

図1-20 樹木の根頭がんしゅ病の伝染の仕方と防ぎ方（米山原図）

⑮ 根頭がんしゅ病

発生時期：春〜秋季。
症状：本病はウメ、バラ、サクラなどの多くの果樹や樹木に発生し、根や幹の地際部に表面がざらついた大小のコブを形成して、地上部の生育が不良になる（図1-20）。
発生条件：土壌中の病原細菌が根に生じた微細な傷口から侵入した後、細胞間隙で増殖しながら刺激物質を分泌する。根の細胞、組織はこの物質に刺激されて細胞が異常に肥大増殖し、巨大細胞になるために組織がコブを形成する。

病原菌は高い土壌湿度を好み、排水不良地を好むので、水分の多い土壌で多発する。発病した苗を植えると、ほかの苗にも伝染する。若い苗木が発生しやすい。

防ぐポイント：発病した土地には植えないようにし、排水不良地はそれを改善する。一度発生したり、発生のおそれのある土壌は、適用のある薬剤で土壌消毒する。または無病健全な苗を植える前に生物農薬のバクテローズ水和剤で根部を浸漬すると有効である。

コブ部分を削除する場合は、コブのみでなく、なるべくその上方から切除し、切り口に石灰を塗りつける。

⑯ 細菌によるかいよう病、がんしゅ病

発生時期：春〜梅雨期。
症状：葉に円形か不整円形の病斑を形成して穴があいたり、新しい芽の付近が葉焼け状に黒変して落葉する。

かいよう病は、果実に小型円形でかいよう状の小斑を多数生じる。ヤマモモではコブを

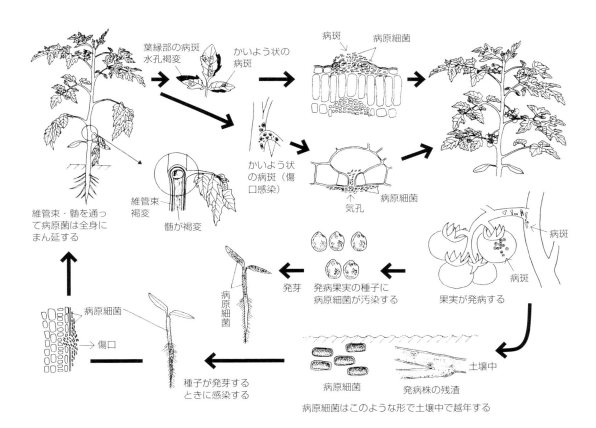

図1-21　トマトかいよう病の伝染の仕方と防ぎ方（米山原図）

つくり、ビワではがんしゅ状の病斑をつくる（前ページ図1-21）。

発生条件：被害葉、果実が土中に混入するとその中の病原細菌が土中で越冬する。翌年、これらの病原細菌が雨滴などによって土粒とともに幹、枝、葉に跳ね上がって、付近の気孔や微細な傷口から侵入する。

これとは別に枝、幹に生じた病斑内の病原細菌が滲み出て、越冬芽に侵入したり、降雨で枝、葉、果実へ飛散して侵入、感染する。

防ぐポイント：病原細菌は水を好むので、排水の悪い土地や、水をやり過ぎたり、葉の水滴がいつまでも多湿にならないよう心がける。幹、枝、葉、果実に微細な傷をつけないように注意する。

発病初期に適用のある薬剤を散布する。

⑰ 縮葉病、ふくろみ病

発生時期：春季（展開後の葉、ふくろみ病は幼果～肥大期）。

症状：葉では葉縁から膨らんだり、縮んだりして紅色、黄色の奇形となり、枯れる。

ふくろみ病は幼果が長楕円形～扁平になって異常肥大し、やがて黒変して落果する（図

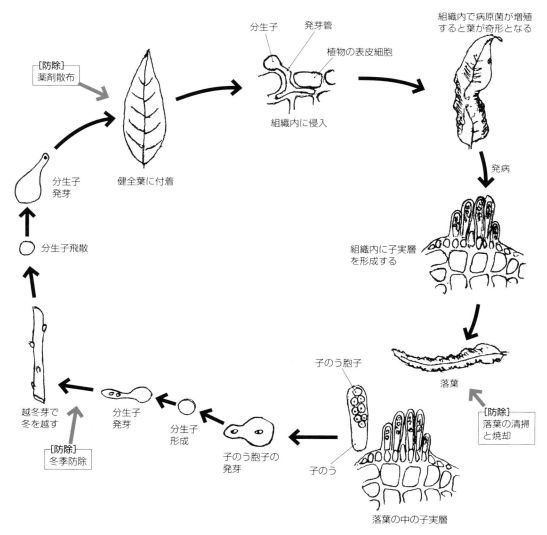

図1-22 縮葉病の伝染の仕方と防ぎ方（米山原図）

1-22)。

発生条件：発病した部分の病原菌が冬季に越冬芽などで越冬し、翌春萌芽した新葉や幼果に飛散して、その表皮細胞の間隙から侵入する。やがて組織内にまん延増殖する過程で毒素を分泌し、それに反応して葉が奇形になったり、幼果が異常肥大する。発病の条件は空気湿度（相対温度）が高く、降雨が多いことである。

防除のポイント：発病したまま枝についている新梢、葉やミイラ状になった果実を摘除し、地上に落ちた被害葉、被害果実を集めて処分する。排水不良地の排水を改善し、枝、葉が過繁茂にならないよう管理する。発病前から適用のある薬剤を散布する。

⑱ 赤星病

発生時期：春～初夏。
症状：ナシ、リンゴ、カリン、セイヨウナシでは赤色円形の病斑を生じ、ウメでは新葉全体が橙赤色になって奇形になる。本病病原菌はさび病菌なので、ほかの作物では一般的には橙黄色、さび色でイボのようにやや隆起した小斑点を多数生じる（図1-23）。

発生条件：さび病菌は生きた植物にしか寄生できない活物寄生菌で、その生活の仕方は二通りである。

ネギなどのさび病（23ページ図1-14）やイチジク、ブドウなどのさび病菌は同一の植物の上で夏胞子をつくり、冬季は冬胞子をつくってそこで越冬し、翌年それが伝染源になってそのまま発生をくり返す。

赤星病は5月頃に病斑部の裏側に形成された銹子腔内の銹子胞子がビャクシンに飛散する。初春になってそこに冬胞子堆をつくり、そこで形成された担子胞子がナシ、リンゴなどに飛散して赤星病を発生させる。本菌はこのように異種寄生菌である。

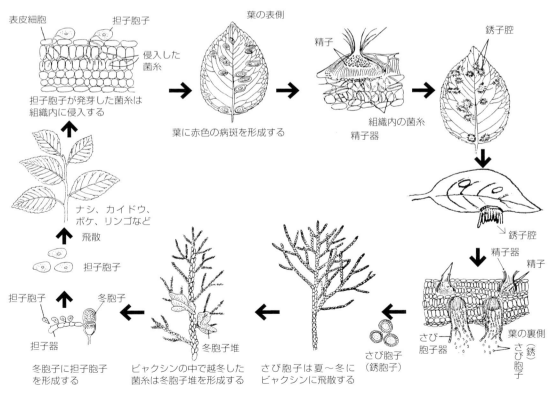

図1-23　赤星病の伝染の仕方と防ぎ方（ナシの例）（米山原図）

防除のポイント：同一の植物のみに寄生する場合は、その発病した葉を摘除して処分する。異株寄生菌の場合は冬季に寄生する植物（中間宿主という）を取り除けば、伝染環が断たれるので防除できる。中間宿主と発病する作物との関係は複雑であり、降雨で発生が多くなるので、密植を避け、枝葉が過繁茂にならないように管理する。

発病初期に適用のある薬剤を散布する。

⑲ 胴枯病、腐らん病、輪紋病

発生時期：周年（冬季を除く）、輪紋病の果実感染は収穫前。

症状：幹や枝の樹皮が暗褐色になり、縦長の病斑で表面がザラザラになって、ダイダイ色、黄色、黒色の小粒点が目立つようになる。降雨時にはこれらの小粒点から5mmくらいのひも状の塊が滲み出る（図1-24）。

発生条件：病原菌は幹、枝のザラザラした部分の小粒点（子のう殻または分生子殻〈柄子殻〉）の中で越冬し、翌年そこから子のう胞子または分生子（柄胞子）が飛散して第一次伝染する。一方で降雨時に小粒点に形成されたひも状の塊から分生子（柄胞子）が流れ出

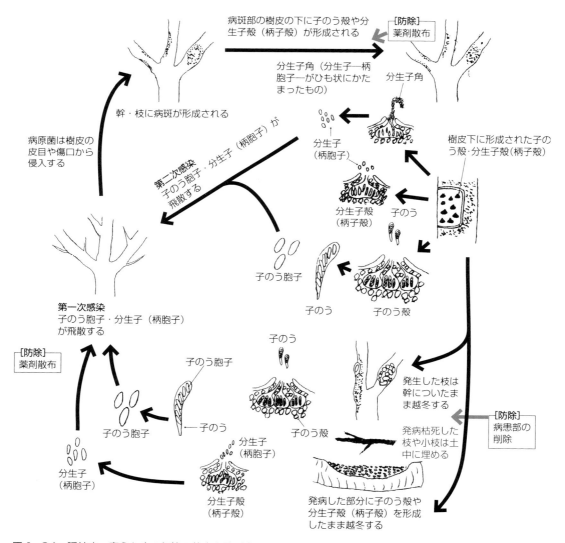

図1-24　胴枯病、腐らん病の伝染の仕方と防ぎ方（米山原図）

て、ほかの枝や果実に飛散、付着する。ナシ、リンゴなどは付着した菌によって、出荷時の運搬中に輪紋が形成されて発病し、市場や店頭で梱包を開いたときに輪紋病が発見される。排水不良のほか、枝葉が過繁茂になったり、スプリンクラーで樹の上から灌水すると発病しやすい。

防ぐポイント:発病した幹、枝を切除するか、病斑部分を削除して処分する。削除跡に適用のある薬剤を塗布する。排水不良を改善し、枝葉が過繁茂にならないよう管理する。リンゴでは休眠期に適用のある薬剤で十分に防除しておく。輪紋病の場合は枝のイボ皮部を重点に削除したり、適用のある薬剤を散布する。

⑳ 白紋羽病

発生時期：周年。
症状：地際部の幹や根の樹皮表面に束状になった太い白色の菌糸がまとわりつき、あるいは膜状になる。根は褐色〜黒褐色に腐敗し、ほかの菌が二次的に寄生すると悪臭を放つ。樹全体は生気がなくなりひどいと枯れる（図1-25）。
発生条件：腐敗した根についたまま土壌中で越冬した病原菌が、翌春新たな根に感染する。

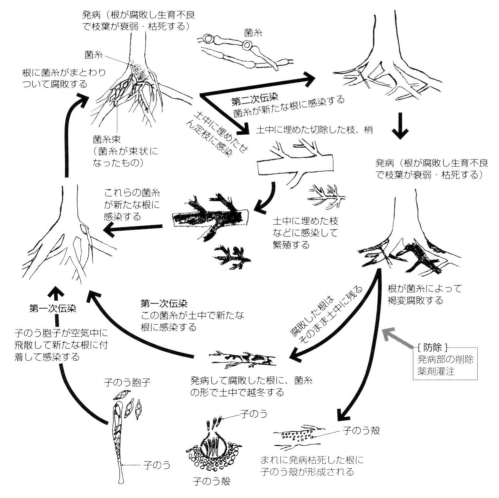

図1-25　白紋羽病の伝染の仕方と防ぎ方（米山原図）

また、せん定した枝などを土壌に混入すると、それらに病原菌が寄生して繁殖する。病原菌は根の表面に子のう殻を形成し、そこから子のう胞子が飛散して伝染源になる。この病原菌は森林や新しく開墾した畑ではほとんど発生せず、熟畑や庭園地で被害が大きい。

防ぐポイント：発病株の被害根は土とともに抜き取り処分する。土中に埋めてはいけない。発病地は適用のある薬剤で土壌消毒する。軽度の発病株は根を露出させて被害根を切除した後、適用のある薬剤を塗布し、さらに適用のある薬剤を灌注して土を埋め戻す。

2 害虫

① アブラムシ類

発生時期：4〜11月頃に発生する。

加害様相：新しく伸びた茎や芽、新しい葉、花に発生して吸汁加害するため、生育が著しく抑制される。また多くのウイルス病を媒介する（図1-26）。

発生条件：早春から秋に発生する。越冬した卵から最初に雌虫が孵化し、その雌虫が、その後は胎生で雌虫を産む。そして秋まで胎生で雌虫を産み、それらが吸汁する。

秋になると雄虫も出現して雌虫と交尾し、産まれた卵はムクゲなどの冬芽で越冬する。アブラムシ類は高温期の盛夏には雑草などに発生する。

防ぐポイント：育苗時や播種後には防虫ネットで被覆して飛来侵入を防ぐ。

ハウスなどでは入り口や開口部に防虫ネットを展張して防ぐ。露地栽培ではうねにシルバーポリフィルムでマルチをすれば、一定程度飛来侵入を防げるが、ある程度茎葉が繁茂してきたら効果がなくなる。

適用のある薬剤を土壌混和したり、散布する。

② ハダニ類

発生時期：春〜晩秋に発生し、比較的乾燥した条件で多発生しやすい。

加害様相：葉裏に発生して吸汁するので、加害された葉はその表面に白い斑点が無数に生じる。多発生するとクモの巣状の網を張って群生する（図1-27）。

発生条件：春〜秋に発生し、梅雨明け後に多発生する。ハダニ類はクモの仲間で、風に乗って移動する。高温乾燥を好み、室内やベラン

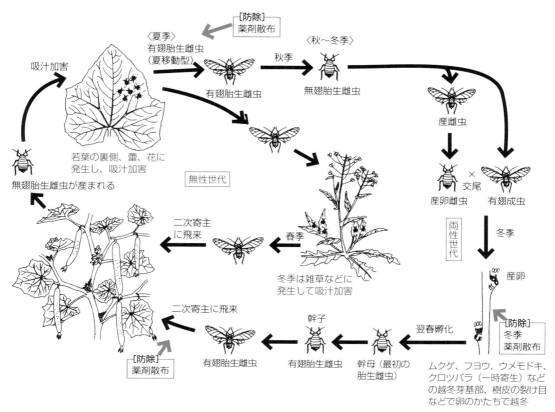

図1-26 ワタアブラムシの生活環と加害（キュウリのワタアブラムシ）（根本・米山原図）

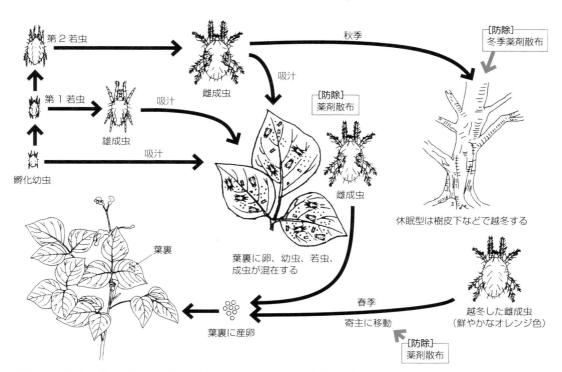

図1-27 ナミハダニの生活環と加害（インゲンマメのナミハダニ）（根本・米山原図）

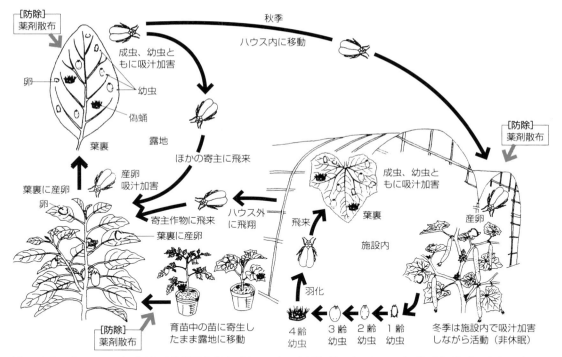

図1-28 オンシツコナジラミの生活環と加害（ナス、キュウリなどのオンシツコナジラミ）（根本・米山原図）

ダ、軒下など雨のあたらない場所で多発生する傾向がある。

　ナミハダニには黄緑型と赤色型があり、赤色型は休眠をしないものが多い。しかし、バラや果樹に発生する赤色型は、東北以北では休眠しやすく、東海以西では発生が少ない。卵から産卵までは、27℃ではほぼ10日間である。

防ぐポイント：ハダニ類の発生の多いイチゴやナシ、あるいはチャ園に隣接した場所では、ほとんどの野菜や果樹などが被害を受けるので防除を徹底する。

　適用のある薬剤を散布する。同一薬剤のみを散布すると薬剤抵抗性が発達して効果がなくなる。作用性の異なる系統の薬剤をローテーション散布する（122ページ表3-22参照）。

③ コナジラミ類

発生時期：冬季以外はいつでも発生し、夏季には露地でも発生する。

加害様相：葉裏から吸汁、加害し、多発生すると排泄物に黒色のすす病が発生して、果実などが汚れる。吸汁されて葉が萎れたり、生長が阻害されて作物が衰弱する。

　オンシツコナジラミはキュウリ、メロンの黄化病ウイルスを、タバココナジラミはトマトの黄化葉巻病ウイルスを媒介する（図1-28）。

発生条件：冬季は活動を停止するが、ハウス内では冬季でも発生する。幼虫は1枚の葉に固着して吸汁し、成虫になり飛翔する。

　オンシツコナジラミは卵から成虫までの期間は14℃で52日、16℃で43日、18℃以上になると期間が短くなり、24℃で22日、26℃で20日である。

防ぐポイント：黄色に誘引されるので、黄色粘着トラップを吊して捕殺する。ハウスでは天敵としてオンシツツヤコバチを放飼する。

　適用のある薬剤を土壌混和するか、葉裏にかけむらのないよう丁寧に散布する。

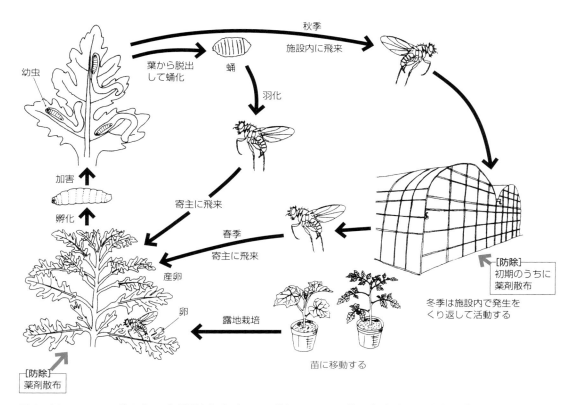

図1-29 マメハモグリバエの生活環と加害（シュンギクのマメハモグリバエ）（根本・米山原図）

④ ハモグリバエ類

発生時期：春季〜秋季に発生し、ハウスでは一年中発生する。

加害様相：作物の葉肉に幼虫が潜行してトンネル状に食害する。その跡が斑紋となり、絵を描いたようになるので、別名「エカキムシ」とも呼ばれる（図1-29）。

発生条件：ハウスでは一年中発生するが、露地では春季〜秋季に発生する。卵は表皮のすぐ下に産みつけられ、孵化して幼虫になり、3齢幼虫を経て蛹になって成虫になる。マメハモグリバエでは卵から成虫までの期間は15℃で48日、20℃で25日、25℃で17日、30℃では13日である。ただし30℃以上になると、卵から蛹までの死亡率が高くなる。雌1頭の産卵数は、15℃では25個であるが、30℃では400個にもなる。

防ぐポイント：播種後〜育苗中は防虫ネットを被覆する。ハウスは入り口や開口部にネットを展張して成虫の飛来侵入を防ぐ。天敵としてイサエアヒメコバチ、ハモグリコマユバチなどを放飼する。適用のある薬剤を散布する。

⑤ アワノメイガ

発生時期：暖地で5〜9月、寒地で7〜8月に発生する。

加害様相：トウモロコシでは、孵化幼虫が葉や雄穂を食害してから茎内に食い進み、雌穂内に達して子実を食害する。トウモロコシではもっとも被害の大きい害虫である（次ページ図1-30）。

発生条件：老齢幼虫が刈り株などの茎内で越冬し、そこでそのまま蛹になる。春に羽化してトウモロコシの雄穂に飛来し、葉の裏側に塊状に産卵する。孵化した幼虫は葉や茎を食害して茎内で蛹となる。これが羽化してふたたび雄穂に飛来する。このようにして暖地で

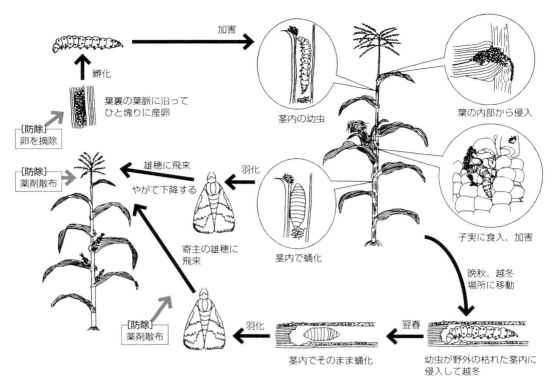

図1-30 アワノメイガの生活環と加害（トウモロコシのアワノメイガ）（根本・米山原図）

は3～4回発生をくり返すので（寒地では1回）、被害は連続しておこる。

防ぐポイント：穂が出揃った10日後に雄穂を切除し、中の幼虫が茎内へ侵入するのを阻止する。越冬虫が潜んでいる被害作物を土中深く埋める。トウモロコシの播種時期を早めると被害は少ない。雄穂が出揃ったときに、適用のある薬剤を散布すると効果が高い。

⑥ アオムシ（モンシロチョウ幼虫）

発生時期：春、秋に発生し、気温の高い夏は減少する。

加害様相：若齢幼虫は摂食量が少なく、被害は目立たないが、4齢以降の老齢幼虫は摂食量が多く、被害が大きい（図1-31）。

発生条件：成虫はアブラナ科野菜に産卵し、孵化すると幼虫が食害する。終齢幼虫は、作物体や枯れ草に糸で固定して蛹になる。成虫はダイコン、菜の花などに訪花して蜜を吸い、アブラナ科野菜に産卵する。暖地では年に7～8回、寒地では年に2～3回発生する。夏は食草が減少して個体数も減少するが、秋にふたたび増加し、幼虫態や蛹態で越冬する。

防ぐポイント：キャベツなどのアブラナ科野菜を栽培しない時期を設定する。また、畑のまわりに背の高いトウモロコシを栽培するとよい。

天敵となるクモ類、ゴミムシ類、テントウムシを殺虫しない、選択性殺虫剤やBT剤を散布するようにする。

⑦ タバコガ類

発生時期：6月中旬に第1回の成虫が発生し、その後11月まで2～4回発生する。

加害様相：果菜類の果実に食入して幼虫は摂食し、次々とほかの果実に移動して加害する。幼虫期間のほとんどを果実内に潜入して加害するので、防除が難しい。

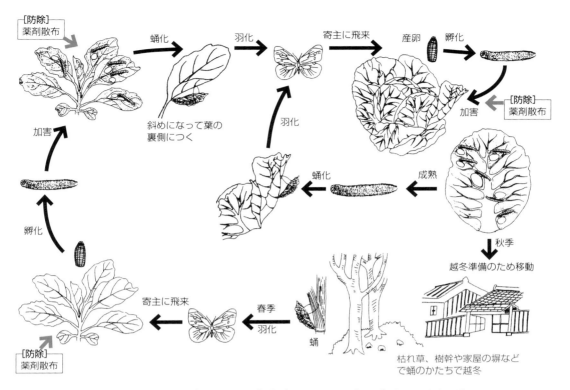

図1-31　アオムシ（モンシロチョウ）の生活環と加害（キャベツのアオムシ）（根本・米山原図）

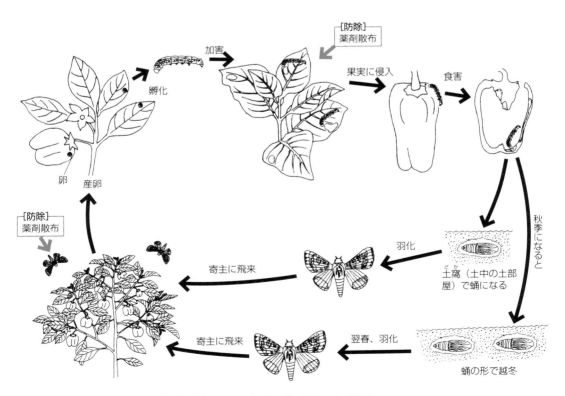

図1-32　タバコガの生活環と加害（ピーマンのタバコガ）（根本・米山原図）

タバコガはナス科だけを加害する。ナス科以外の被害はオオタバコガの可能性が高い（前ページ図1-32）。

発生条件：産卵は生長点近くのいろいろな部分に行なわれ、3～5日で孵化した幼虫は茎葉を加害し、中齢以降に幼果に食入する。終齢幼虫は果実を脱出して土中で蛹になる。タバコガの30℃での幼虫期間は15～16日、蛹期間は11～12日、孵化から成虫まで27～28日で、蛹で越冬する。

防ぐポイント：新しい食痕や虫糞を見つけたら、その周辺の幼虫を捕殺し、被害果は土中深く埋めるか、処分する。育苗中などは防虫ネットを張るか、黄色蛍光灯をつける。

適用のある薬剤のうち脱皮阻害剤やＢＴ剤を散布する。

⑧ ヨトウムシ（ヨトウガ）

発生時期：春季の5～6月頃と、秋季の9～10月頃の年2回発生する。

加害様相：若齢幼虫はハクサイの外葉1～2葉をスカシ状に食害するので目立たないが、3齢幼虫くらいになると食害量が増大し、終齢幼虫になると日中は葉陰などに潜み、夜間に結球内部を暴食する。アスパラガスでは新しく萌芽した茎も加害するので、被害が大きい（図1-33）。

発生条件：典型的な広食性で、幼虫はイネ以外はほとんどの作物を食害する。第2回発生の幼虫が老熟すると土壌中で蛹になって越冬し、翌春成虫になって1回に数百個の卵を葉裏に塊状に産みつける。盛夏期には夏眠するが、寒地ではしない。終齢幼虫は日中は株元、

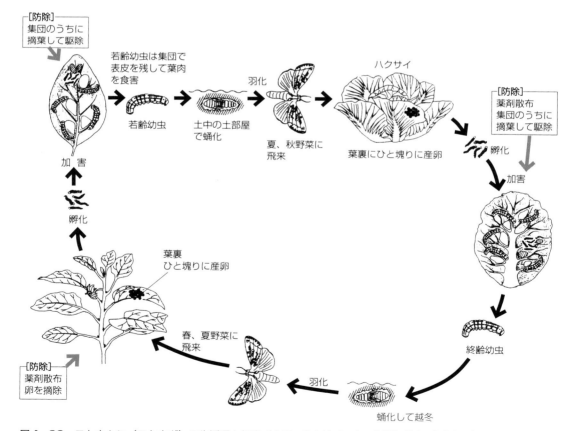

図1-33 ヨトウムシ（ヨトウガ）の生活環と加害（ナス、ハクサイ、キュウリなどのヨトウムシ）（上田・米山原図）

結球葉内、土壌の浅い部分に潜み、夜間に活動して食害する。

防ぐポイント：作物を寒冷紗や不織布で被覆して成虫の産卵を防止する。集団で加害している幼虫を除去するか、卵塊を見つけたら取り除く。適用のある薬剤を幼虫発生初期に散布すれば効果が高い。中老齢の幼虫は葉陰などに潜んでいるので、丁寧に散布する。

⑨ ネキリムシ類

発生時期：春、秋に発生が多く、盛夏期には少ない。

加害様相：定植後や発芽間もない野菜類の茎や葉を食害して、切断する。またアブラナ科野菜では新芽の生長点が食害され、芯止まりになる（図1-34）。

発生条件：春と秋に発生し、盛夏は少ない。関東、北陸、東北地方はタマナヤガ、東海以西の暖地はカブラヤガが優占種で、これらの幼虫が加害する。カブラヤガは老齢幼虫、蛹で越冬するが、タマナヤガは休眠性がなく、耐寒性が乏しい。通常は年に2～3回、もしくは4～5回発生して産卵し、幼虫が夜間に加害する。

防ぐポイント：畑のまわりの雑草繁茂地で産卵するので、除草を行なう。適用のある薬剤を土壌に混和したり、あるいは土中に潜んでいる幼虫を捕殺する。

被害の発生時期にベイト剤を株元の土壌に混和する。

⑩ チャコウラナメクジ

発生時期：梅雨期の6～7月と秋、および湿り気の多い畑や場所に発生する。

加害様相：幼体は葉裏から表皮を残して食害し、新葉や花蕾も食害される。アブラナ科などの葉菜類はヨトウムシ類の食害に似ている。キュウリ、ナスなどの果菜類は穴をあけたように食害される。直接の食害のほか、葉や果実の表面にチャコウラナメクジが這った

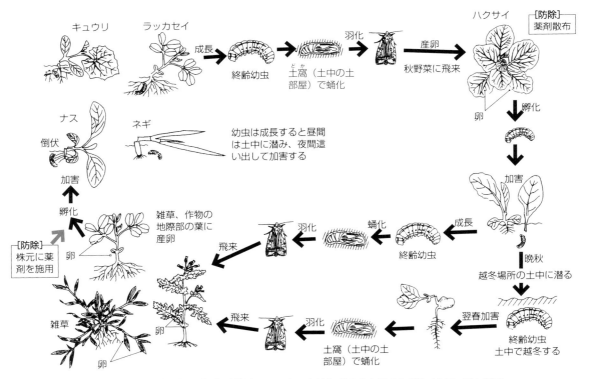

図1-34　ネキリムシ類の生活環と加害（ダイコン、キュウリなどのネキリムシ類）（上田・米山原図）

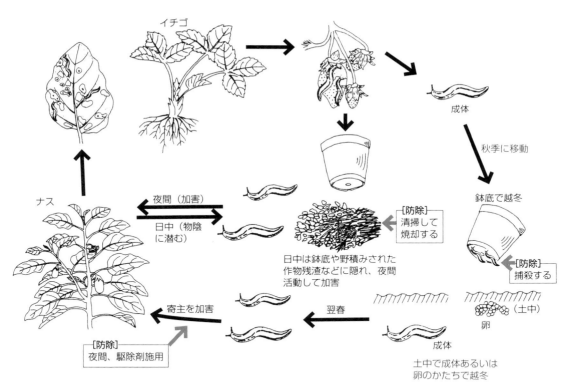

図1-35 チャコウラナメクジの生活環と加害（ナス、イチゴなどのチャコウラナメクジ）（上田・米山原図）

痕が銀色の粘着物になり、黒い排泄物がついて汚れる（図1-35）。

発生条件：土壌や作物残渣の中、または鉢の底などで成体が越冬し、11〜4月に産卵する。卵は40日くらいで孵化して秋までに成体になる。チャコウラナメクジの生息温度は15〜25℃で、ハウス内では冬季も活動するが、野外では4〜10月の夜間に活動する。

防ぐポイント：チャコウラナメクジは多湿を好むので、頻繁な灌水を控え、畑の排水に努めて乾くようにする。常発地ではメタアルデヒド剤などを散布するか、夜間に捕殺する。

⑪ ハマキムシ類

発生時期：春〜秋に数回発生をくり返す。
被害様相：幼虫が葉を綴り合わせて葉をボロボロに食害し、成長するにつれて食害量が増える。
発生条件：成虫はおもに夜間飛翔して葉裏に数十個の卵をひと塊りに産みつける。孵化した幼虫は口から糸を吐き出して葉を綴り合わせて、その中に潜んでいる。約1カ月後にそこで蛹になり、やがて成虫となりふたたび産卵する。春〜秋の間に何回も発生をくり返すので、夏季にはいろいろな大きさの幼虫が見られる（図1-36）。

防ぐポイント：綴られた葉を開いて中の幼虫を捕殺する。かなり敏速に逃げ回るので注意する。オクラに発生するワタノメイガは中に数匹いることがあるのでよく調べる。多発生した場合には、適用のある薬剤を綴られた葉にもかかるよう丁寧に散布する。

⑫ ケムシ類

発生時期：春〜秋に2〜3回発生をくり返す。
被害様相：成虫は夜間活動して葉裏に数百個の卵をひと塊りに産卵する。孵化幼虫は群がって葉を食害する。

オビカレハやアメリカシロヒトリは口から吐き出した糸で葉から葉に張り渡してクモの

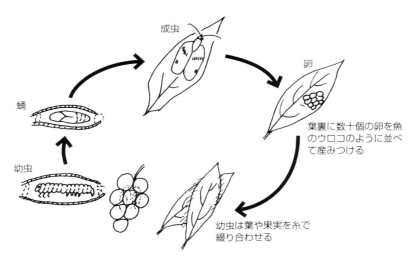

図1-36 ハマキムシ類の生活環と加害（木村原図）

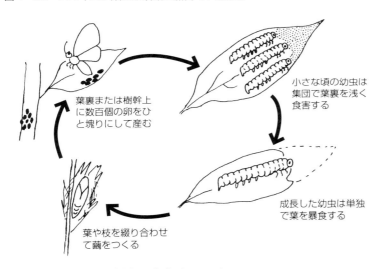

図1-37 ケムシ類の生活環と加害（木村原図）

巣のような状態にして食害する。

アメリカシロヒトリやチャドクガの幼虫は数十匹のケムシが横一列に並んで食害する（図1-37）。

発生条件：オビカレハやチャドクガは卵の状態で越冬して、春に成虫になって飛翔し、産卵する。葉を食害して十分に成長した幼虫は、葉を綴り合わせた中や、樹皮の裂け目で蛹になり、それから成虫になって産卵する。

防ぐポイント：孵化直後の幼虫は集団で食害しているので、幼虫のいる枝を切り取って処分すれば、一度にたくさんの幼虫を処分できる。チャドクガのように毒棘毛をもったケムシ類がいるので、手で直接つかまないように注意する。チャドクガは脱皮の抜け殻も、触れるとかぶれるので注意して処分する。

ケムシ類は幼虫が小さいうちは薬剤が効果的なので、適用のある薬剤を若齢幼虫に撒布する。

⑬ シンクイムシ類

発生時期：4～7月頃。

被害様相：成虫は夜間に飛翔して新芽のすき間や果実の表面に卵を1個ずつ産みつける。

孵化した幼虫はすぐに新芽の中に食入し、内部を食害して空洞にする。蕾は食入されてもすぐには枯れないが、開花せず、やがて枯れる。

ツツジのベニモンアオリンガは、1匹が次から次へと新しい芽や蕾に移動して食入する。ナシヒメシンクイやモモシンクイガなど

果実に侵入したシンクイムシ類の幼虫は内部を食害する（図1-38、図1-39）。

発生条件：新芽、果実に侵入した幼虫は、ほぼ1カ月後に新梢や蕾の中で蛹になる。また果実に侵入した幼虫は果実から脱出して、樹皮の裂け目などで糸を綴り合わせた中で蛹になり、越冬する。春4月頃になるとこれらが成虫となり産卵する。

防ぐポイント：新芽や蕾あるいは果実の中に食入した後では防除が難しい。新芽が伸長し始めたら、よく観察して、被害を認めたら直ちに適用のある薬剤を散布する。

成虫は毎日産卵するので、1週間〜10日後に再度散布する。ナシ、モモなどでは散布後に袋をかけると食入防止になる。大規模果樹園では性フェロモン剤（134ページ表3-30参照）を設置するとよい。

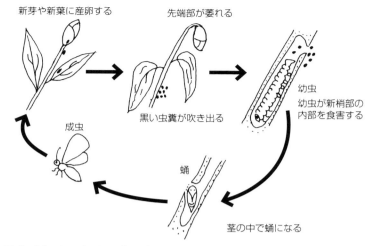

図1-38　シンクイムシ類の生活環と加害（新芽の茎に食入する場合）（木村原図）

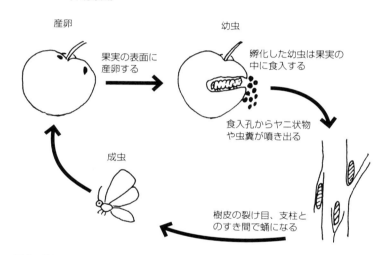

図1-39　シンクイムシ類の生活環と加害（果実を加害する場合）（木村原図）

⑭ 吸蛾類（アケビコノハ）

発生時期：春〜秋で年に3〜4回発生する。被害は初秋〜晩秋。

加害様相：収穫直前の果実の一部が2〜3cmの円形で海綿状になって変色し、小さな穴があいていて、ときには汁が滴り落ちる（図1-40）。

発生条件：大型の成虫が日没直後から夜明けの間に周辺の山林から飛来して、収穫直前の果実に尖った口吻を突き刺して果汁を吸い、昼間は山林に戻る。幼虫は山林のアケビ、カミエビなどの葉を食害し、年に3〜4回発生する。

防ぐポイント：山林のアケビなどの葉を食害する幼虫を捕殺する。成虫は夜間、飛翔活動するので薬剤防除は難しい。果樹園全体に5〜10mm前後の防風ネットを張って飛来侵入を防止する。網目が細かければカメムシ類の飛来侵入も防止される。

40Wの黄色蛍光灯を7灯/10a、果実の収穫前から設置し、果実表面付近が1lx程度になるようにして、日没から夜明けまで点灯すると、加害が防止される。

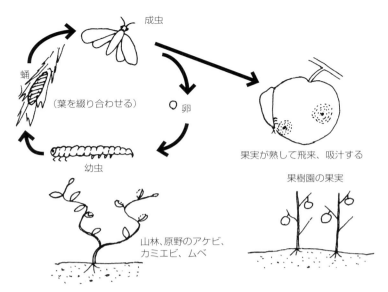

図1-40 吸蛾類（アケビコノハ）の生活環と加害（木村原図）

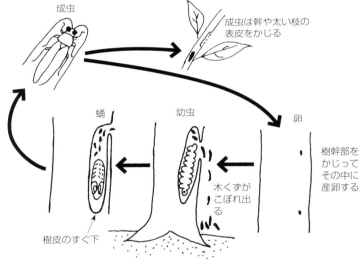

図1-41 カミキリムシ類の生活環と加害（木村原図）

⑮ カミキリムシ類

発生時期：成虫は5～7月に発生して樹幹に産卵する。

加害様相：成虫は触角が長い甲虫で5～7月、おもに根際の幹や太い枝の表皮を食害するので樹が弱る。幼虫は樹の内部を食害し、幹の樹皮の割れ目からノコクズのような黄褐色の木クズや虫糞を吹き出すので、株元に木クズの山ができる（図1-41）。

発生条件：5～7月に成虫は幹や枝の表面に穴をあけて、その中に1個ずつ産卵する。クリやイチジクでは直径1～2mmの円形に樹皮を食害して産卵する。孵化した幼虫は樹皮のすぐ下をトンネルを掘るように食害して成長し、1～3年後に新しい成虫になって飛び立つ。

防ぐポイント：樹の表面を食害している成虫を捕殺する。幹、枝の産卵孔を見つけたら、硬い棒などで卵を押しつぶす。また樹幹の食入孔がわかればその穴に薬剤を注入する。幼虫は枯れた樹の中でも十分に成長できるので、枯死木は切り倒して処分する。

⑯ カイガラムシ類（マルカイガラムシ類）

発生時期：春～秋（年に2～3回発生）。

加害様相：カイガラムシ類はその種類が多く、白色、暗褐色、黄褐色、紫褐色で貝殻状、ロウ状あるいは綿のようであり、爪で簡単に剥がれるものもある。被害も発生生態も種により異なるが、ここでは多くの樹木、果樹類に発生するマルカイガラムシ類について記す。

風通しの悪い幹、枝の表面が白色のロウ状物で覆われる。ときには全体が真っ白になることもある（図1-42）。

発生条件：多くの場合、幹、枝についたまま雌成虫で越冬し、翌春ハエのような雄成虫が飛来して交尾し、円盤状の貝殻の中に数百個の卵を産む。孵化した幼虫は殻から這い出し適当な場所にとどまると脚が退化して、そこでロウ物質を分泌して殻をつくり、吸汁、加害する。

雄になる幼虫は白色の細長いロウ状物の殻の中で蛹になり、やがてハエのような成虫になり、飛び出す。

防ぐポイント：苗木に付着して広がることが多いので、苗木についたロウ状の殻をこすり落とす。また、冬季に機械油を散布して防除する。

孵化幼虫が殻から這い出すときをねらって、適用のある薬剤を散布する。幼虫は1カ月間ほど発生が続くので、その期間に適宜防除する。冬季にロウ状の殻をブラシなどでこすり落とす。

⑰ スカシバ類

発生時期：成虫は6〜9月に産卵し、孵化幼虫はすぐ幹に食入する。
被害様相：幼虫が枝や樹幹に食入すると、枝の分岐部や幹の割れ目から半透明〜褐色のヤニ状の液体が流出する（図1-43）。
発生条件：幹の中で越冬した幼虫は、蛹になっ

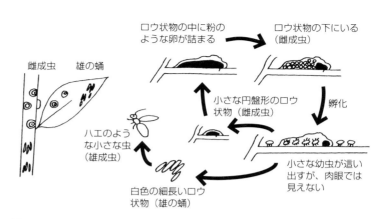

図1-42 カイガラムシ類（マルカイガラムシ類）の生活環と加害 （木村原図）

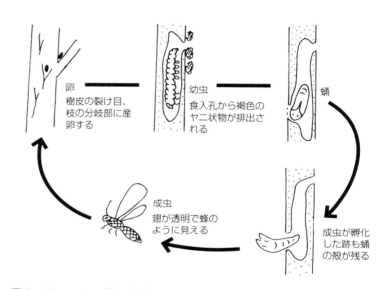

図1-43 スカシバ類の生活環と加害 （木村原図）

た後、6〜9月に成虫になって飛び出し、樹皮の割れ目などに産卵する。やがて孵化した幼虫はすぐ幹に食入する。年に1回の発生である。

防ぐポイント：樹幹からヤニを吹き出した部分を削り取って、幼虫を捕殺する。6〜9月の成虫発生期、秋季または春季の樹皮下の越冬幼虫に適用のある薬剤を散布する。

面積の広い果樹園では性フェロモン剤（134ページ表3-30参照）を使用すれば予防効果が高い。1〜2本の果樹で使用しても防除効果は低いので注意する。

④ うまく防除できない理由をさぐる

1 診断を誤った場合

　キュウリの斑点細菌病もべと病も葉面に角形病斑を形成する病害である。斑点細菌病では、はじめ葉裏が油に滲みたような角形病斑となるのが特徴で、べと病とは区別できる。また、べと病は多湿条件下で、葉裏に霜状の灰色で、やや褐色のカビを生じる特徴がある。

　防除剤としては、斑点細菌病にはカスミンボルドー、マイコシールド、アグリマイシン100などの抗生物質剤やこれらの薬剤と銅剤との混合剤、スターナ、オリゼメートなどの有機殺菌剤が登録されている。

　べと病についてはメタラキシルM（リドミルゴールド）、ジアゾファミド（ランマン）、ホセチル（アリエッティ）、アミスルブロム（ライメイ）などの薬剤がある。べと病の防除時期には、黒星病、うどんこ病、灰色かび病も同時に防除する必要があり、これらに対応した薬剤としてベジセイバー、アミスター20フロアブル、ストロビーフロアブルなど有機殺菌剤の単剤、また混合剤のプロポーズ顆粒水和剤を使うと対応できる。さらに、多作用点阻害剤と銅剤混合剤のベフドーでは、べと病のほか褐斑病、菌核病、炭疽病、斑点細菌病にも対応する。有機酸菌剤の単剤は連用すると耐性菌発生のおそれがあるが、多作用点阻害剤や銅剤では、耐性菌発生の可能性は少ない。

●葉では…
キュウリ炭疽病と黒星病——黒星病は円形の病斑で葉が破れるが、病斑そのものはあまり拡大しない。比較的低温時期に発生する。一方、炭疽病は円形、褐色病斑である点が似ているが、降雨期に発生して中心部が破れやすい。炭疽病は露地で発生し、病斑にははっきりしない輪紋を生じ、中心部が淡灰色になって破れる。低温期以降〜夏季に発生する。
ネギ黒斑病と葉枯病——黒斑病は紫色に近いが、葉枯病は黒色で低温期に発生する。

●茎と葉では…
メロンえそ斑点病とつる枯病——えそ斑点病は葉の葉脈に沿って不規則な褐色病斑を生じ、小斑点を生じたり、モザイクになる。これに対し、つる枯病は葉の縁にクサビ形の病斑が見られ、葉脈に沿って病斑が形成されたのちに病斑上に黒色小粒点を生じるが、えそ斑点病では生じない。

●根では…
トマト褐色根腐病と萎凋病——褐色根腐病は根の表面にマツの幹のようなヒビが入るのに対して、萎凋病は根が褐色に腐敗し、根を輪切りにすると維管束が褐変している。

●果実では…
キュウリ斑点細菌病と黒星病、炭疽病——斑点細菌病は水浸状斑点で、そこから汚白色の分泌液が滲み出る。黒星病はくぼんだ小さい病斑で、中心部に灰黒色のカビを生じる。

　炭疽病は淡褐色不整形のくぼんだ病斑で、鮭肉色のカビを生じ、さらに病斑の中心部が破れる。

2 防除法を誤った場合

　トマトのハウス越冬栽培では2月下旬〜3月頃から、露地栽培では4〜5月頃から何となく茎葉の生気がなく、一見したところ萎凋病か根腐萎凋病、あるいは半身萎凋病の初期の病徴に似た病害が発生することがある。萎凋病や根腐萎凋病、半身萎凋病であれば根が侵されて茎の維管束が褐変しているが、この生気がなくて萎れているように見える病気は、細菌によるかいよう病である。育苗中に感染して茎の表面に病原細菌が繁殖し、腋芽かきでついた傷跡から感染して発病したものである。とくに本葉第1葉から第10葉くらいの腋芽の摘除跡から感染すると、茎の髄が褐変して萎れ、ひどくなると枯れる。

　このように萎れ始めてからでは、防除のしようがないので、腋芽摘除では、その基部部分を10cmくらい残して切除する。切り口から感染した病原細菌が下方に移行する前に残した側枝が萎れて枯れるので、病原細菌がそこに閉じ込められ、発病の進みを免れられる。

　防除法を誤ると、かいよう病が発生し、その後の栽培をあきらめた多くの例がある。

3 防除適期をはずした場合

　いくら適用のある特効薬を用いたとしても、病原菌が100％殺菌されるわけではない。たとえば発病初期の病原菌数を100として、薬剤散布で95％の効果があったとしても、残り5個の病原菌が存在する。しかし、多発生して1万の病原菌数になれば残るのは500個である。すなわち、初期発病の100倍である。多発生してからでは、いくら防除しても防除が困難になるわけである。

① 地上部病害

　キュウリのべと病は降雨が続いた場合に多発生し、病斑の裏側に病原菌を多数形成する。発生初期に防除すれば比較的容易に防除できるが、多発生状態になると葉に多数の病原菌が形成され、防除は困難である。

　べと病同様、疫病では、病勢進展が早いことから環境条件下においては数日で圃場全体に広がることがあり、初期防除がきわめて重要になる。

　また、うどんこ病では、致命的な被害が少ないことから初期の発生を放置しがちになり、被害をまん延させることが多く、防除が難しくなる。

　こうした病害に対して効果的な特効剤として、べと病、疫病にはランマン、ライメイ、ベトファイター、ゾーベックエニケードなどが、うどんこ病にはトリフミン、ラリーといったエルゴステロール阻害剤やプロパティ、ガッテンなどの薬剤が知られているが、多発条件下で連用すると耐性菌が発生し、効力が低下し、十分防除できないこともある。被害発生初期に薬剤を散布し、被害まん延を防止することが重要である。

　また、トマト疫病やナス褐色腐敗病などは防除が少し遅れると致命的な被害となることから、無機銅剤、ジマンダイセン、ダコニールなどを予防散布する。または、発生を認めたら初期のうちにライメイ、ランマン、ザンプロDM、ゾーベックなどのべと疫剤を散布することが重要となる。

② 地下部病害

　土壌中で病原菌が根から侵入するので、発病前に土壌消毒をするか、発病初期に土壌に薬剤を施用するが、発病初期の土壌処理で防

除が可能な病害は、ほとんどない。

苗立枯病の場合は播種後に適用のある薬剤をジョウロで灌注するが、苗立枯病は4種類の病原菌が発病に関与するので（24ページ図1-15参照）、病原菌が明らかでない場合は適用の有無を調べ、汎用性のあるオーソサイドを用いる（109ページ表3-10）。

③ 害虫

とくにアブラムシ類、ハダニ類などは、発生初期に防除することが重要である。多発生してからでは薬剤抵抗性のため防除が困難となるので、初期防除を徹底する。

4 薬剤がかからない場合

病気では、初期段階で部分的に発病していても、病原菌はすでに畑全面に飛散しているので、発病部分のみの散布では効果がない。

しかし、畑全面に散布しても防除が困難な場合がある。たとえば、レタスの収穫期近くになると、土壌に接する下葉ですそ枯病が発病する。その場合は、葉の裏側の土壌と接した部分に薬剤を散布しなければ効果がない。

ネギのさび病は葉のどの部分にも発病するが、葉が丸いので、薬剤を一方からのみ散布したのでは、反対側にかけむらが生じる可能性がある。かけむらができないように前後左右から散布しなければならない。

5 特効薬の選択を間違えた場合

農薬取締法の改正後、適用以外の農薬使用は禁じられている。殺菌剤、殺虫剤の多くは幅広く病原菌、害虫を抑制する能力があるが、殺菌剤については特定の病原菌のみに効果を示す薬剤もいくつか知られる。とくに、細菌の防除剤、べと病、疫病の防除剤、さび病など担子菌類の防除剤、それと生物農薬（殺虫剤を含めて）は、病害虫の適用範囲が比較的狭いといえる。

例えば、トマトの葉かび病の防除に対してトップジンMを散布しても、同時に発生している疫病は防除できない。この場合、葉かび病に効果のある薬剤とダコニールの混合剤であるベジセイバーや、単剤で両者の効果を有するアミスター20フロアブルのような薬剤を使う必要がある。逆に、疫病に重点があるのであれば、ブリザードのようなべと疫剤とダコニールの混合剤を発病初期に使うのがよい。また、ダコニール1000のような多作用点阻害剤といわれる万能薬を予防散布して発生を未然に防ぐ方法もある。

キュウリのうどんこ病防除のとき、炭疽病や褐斑病の防除も準備したいことがある。キュウリでは、広範囲の病害に効果のあるイミノクタジンアルベシル酸塩剤（ベルクート）と銅剤の混合剤ベフドーや、呼吸阻害剤のピリベンカルブ（ファンタジスタ）との混合剤であるファンベルは、うどんこ病を含めて多種の病害に対応する。

うどんこ病の対策では、エルゴステロール阻害剤に耐性菌が発生し効力低下が指摘されているが、ピリオフェノン（プロパティ）、フルチアニル（ガッテン）、イソフェタミド（ケンジャ）、キノキサリン（モレスタン、パルミノ）のほか、殺虫剤であるトルフェンピラド（ハチハチ）と使うことでも防除ができる。

最近の防除薬剤は、混合剤も多く販売されている。本書では各作物ごとに混合剤も多く掲載している。一般名を参考にすると、どの薬剤との混合か確認でき、複数病害へ対応する薬剤選択が可能となる。

6 同じ病名でも病原菌は別という失敗

アブラナ科野菜に発生する白さび病は卵菌目菌の感染による病害で、コマツナでは、葉が侵されて致命的な障害となる。この「さび病」という病名は、ネギのさび病、キクの白さび病もあるが、こちらは担子菌類の感染によって発生する別の病害である。

アブラナ科の白さび病、べと病など卵菌目によって発生する病害には、ザンプロDMフロアブルやリドミルゴールドMZ水和剤、ピシロックフロアブルなどのべと疫剤が使われるが、これらはアブラナ科の白さび病やネギのべと病には効果があっても、さび病は防除できない。

担子菌類により発生するネギのさび病やキクの白さび病には、サプロール乳剤、ラリー乳剤、アフェットフロアブルが登録されている。また、アミスター20フロアブルはネギのさび病やべと病、コマツナ、ハクサイの白さび病、キクの白さび病に、メジャーフロアブルは、ハクサイの白さび病、ネギの白さび病に防除効果があり、それぞれを用いなければならない。

7 間に合わせ散布で失敗

これはよくある例である。ヒトが薬を飲むと、その薬剤の有効成分は血液によって全身に行き渡るので、病気が治療される。しかし作物にはヒトのような血液がないので、浸透移行性の薬剤以外、葉や茎の一部に散布してもその薬剤は作物全体に行き渡らない。あたり前のことであるが、薬剤は丁寧に葉裏も含めて作物全体にかけむらのないよう散布しなくてはならない。ほかにどうしても片付けなければならない管理作業があれば、それを先に行なったのち、薬剤散布はゆっくり時間をかけて丁寧に行なうように心がける。

また、浸透移行性のある薬剤であっても、必ずしも防除に十分な薬量が移行するわけでない。浸透移行性を過信してはならない。

8 耐性菌と抵抗性害虫

多くの殺菌剤は病原菌の呼吸や代謝、生理作用を遮断、あるいは攪乱して殺菌する。しかし自然界には、その遮断や攪乱をかいくぐって生存できる性質の病原菌が、ごく少数生存している。薬剤散布で物質の代謝や生理の経路が遮断されて病原菌が死滅すると、遮断されない性質をもっている菌群が繁殖して、発病してくるようになる。

このような現象は、ハウスのように外界との接触がほとんどなかったり、イネのように広大な面積に栽培されていたり、果樹類のように棚や防風垣で隔離されているような場合に問題になることが多く、一般の露地野菜畑でもしばしば問題となる。

殺虫剤の場合でも、アブラムシ類、ハダニ類、あるいはコナガのように卵-幼虫-蛹-成虫の発育期間が短く、年間の発生回数が多い害虫で薬剤が効かなくなる現象がおこる。

たとえば、ある殺虫剤を2000倍で散布したとする。大部分の害虫はこれによって死滅するが、なかには生き残る個体が少数出る。これら生き残りも当然、産卵し、幼虫が孵化する。孵化した幼虫はまた加害する。これに同じ殺虫剤を2000倍で散布し続けると、生き残る個体数が前に比べて少し多くなる。こ

のように同じ殺虫作用の薬剤を散布し続けると、いつかはほとんどが生き残ってしまうことになる。殺虫剤に対する抵抗性の遺伝子が蓄積されるとみてよい。

　対策は、作用性の異なる殺虫剤をローテーション散布することである。場合によっては、地域ぐるみで天敵昆虫など生物農薬の導入や性フェロモン剤を用いる。これらは広域で用いないと防除効果が低く、また天敵昆虫は露地での効果は低い。

　具体的にハダニ類については表3-22（122ページ）を、灰色かび病の薬剤耐性菌対策としてトマトでは表3-11（110ページ）、キュウリでは表3-25（127ページ）を参考に系統の異なる薬剤をローテーション散布する。性フェロモン剤は表3-30（134ページ）、害虫に対する生物農薬は表3-17（116ページ）を参考にしてほしい。

ハウス内の温度が高くなるとキュウリの幼果や花弁に水滴が付着して、病原菌の活動に好適な条件となる

⑤ 病害・虫害の診断眼をみがく

1 病原体による病徴の違い

　病原体は、ウイルス、ウイロイド、ファイトプラズマ、細菌および糸状菌であり、発病した病斑は似たものがあるが、基本的には病徴は病原体によって異なる。

① ウイルス、ウイロイド

　葉に濃淡の緑色部がまだらになり、いわゆるモザイクになって例えばキュウリモザイク病などの病名になる。また葉脈が平行脈の場合は、葉脈に沿って緑色の濃淡が縦長になり、いわゆる条斑型になる。葉脈のみが濃い緑色になったり、逆に黄白色になったり、あるいは葉が細く奇形になったり、株全体が萎縮すると、それがそのまま萎縮病とか、株全体が黄化すると黄化病という病名になる（図1-44）。従来ウイルスが病原と考えられていた"ジャガイモのヤセ病"の病原ウイルスが、詳細に調べられた結果、タンパク質を含まないことが明らかになり、この病原体が「ウイロイド」と名付けられた（1971年）。

　それによってわが国で、従来から病原がウイルスとされていたキクのわい化病、キクの退緑斑紋病の病原がウイロイドであることが認められた。さらに現在では、リンゴ、ナシ、

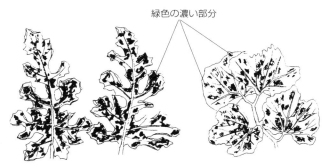
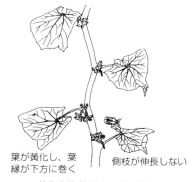
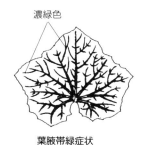
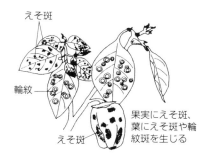

図1-44　ウイルス病の各種の症状

ブドウ、カンキツ、セイヨウナシ、ポップ、スモモ、モモなどのウイロイドによる病害が確認されている。しかし、これらはいずれも症状が他のウイルス病の症状と見分けがつかない。

② 細菌

一般的には斑点を形成するか、軟化、腐敗する。病斑の特徴は円形であったり、すじ状になったり、葉脈に沿って褐色病斑を形成する。いずれも陽に透かすと病斑のまわりに黄色のカサ（58ページ図1-53）が見られるのが特徴であるから、このようなカサが見られたら細菌病と診断してほぼ間違いがない。

軟化腐敗する軟腐病は悪臭がするので、すぐ確実に診断される。例外的に悪臭を出さないで軟化する細菌病もあるが、少ない（57ページ図1-50）。

青枯病は多くの野菜に発生する。一般的には高温時に発生し、はじめ2〜3日は萎れが夜間に回復するが、そのうち萎れたまま回復せず、茎葉が緑色の状態で繊管束が褐変して枯れる。この茎を地際部で切って、水を入れたコップに切り口を1〜2cm浸けると汚白色の汁が滲み出てくるので（56ページ図1-47）、診断は容易である。糸状菌が原因で萎れて、維管束が褐変して枯れる病気では、汚白色の汁は滲み出ない。

③ ファイトプラズマ

発病すると葉が黄化し、野菜では場合によって葉の周辺がやや白っぽくなることがある。感染した作物に共通することは、細くて黄化した茎や葉、あるいは葉柄が無数に生じ、いわゆるホウキ状あるいは天ぐ巣状（図1-45）になることで、すぐに診断される。

なお、サクラでも開花期に花が咲かず枝がホウキ状になるが、これは糸状菌によるもので、ファイトプラズマが原因ではない。

図1-45　ファイトプラズマによる天ぐ巣症状（ミツバ）

④ 糸状菌（カビ）

糸状菌はいわゆるカビで、キノコをつくったりつくらなかったり、有性時代の有無、胞子のつくり方などによって、①変形菌類、②鞭毛菌類、③子のう菌類、④担子菌類、⑤不完全菌類に大別され、作物の病害の発生の仕方も病徴も、それぞれが特徴があって異なる。

①変形菌類

アブラナ科野菜の根こぶ病菌で、根に大小不整形のコブを形成する（56ページ図1-48）。

②鞭毛菌類

疫病菌、べと病菌、ピシウムによる根腐病菌などで、いずれも水分を好み、水分の多い条件で多発生する病気である。

疫病菌とピシウム菌は似たような性質で、根や茎、葉、果実に発生して、熱湯を浴びたような症状や褐色のやや軟化した腐敗病斑になったり、トマトでは、その病斑上に白〜淡褐色のカビがうっすらと霜状に生じる。

べと病菌は葉などの細胞の間隙をまん延するが、葉脈のような細胞と細胞の間が詰まっている部分は進展しない。そのため病斑が葉脈にさえぎられてやや角形になり、裏側にや

や褐色のカビを生じる。

このほかではアブラナ科の白さび病も鞭毛菌の仲間で、白いイボ状の点々を生じる。さび病という名が付いているが、ネギのさび病とは菌類の所属が異なり、性質もまったく異なる（50ページ参照）。防除薬剤もまったく異なる。

③子のう菌類

病斑上をよく観察すると、有性生殖によって形成された子のう殻という黒色の小粒点が見つかる。イチゴの炭疽病やうどんこ病、菌核病などは子のう菌による病気である。

炭疽病はキュウリなど多くの野菜、果樹、樹木に発生し、病斑にはっきりしない輪紋を生じ、鮭肉色ないしは黒色頭針大の小粒点を生じる。これは無性時代の分生子層に形成された分生子で、雨を伴った風によって周辺に飛散し、伝染する。

菌核病も葉に円形、大型ではっきりしない輪紋をつくり、果実や茎などでは白色綿毛状のカビを生じて、腐敗した病斑になる。やがてそこに黒色不整形でネズミの糞状の菌核をつくって、それが越冬する。

果樹ではこれに似た病気に、幼果菌核病やモニリア病がある。

④担子菌類

さび病菌で多くの野菜に発病する。ネギ、エダマメ、インゲンマメ、シソや果樹のブドウなどに、ダイダイ色でやや盛り上がった小粒点を多数形成し、その中の夏胞子が飛散して伝染する。そして野菜類のさび病の多くは、同一作物体上で伝染をくり返す。

果樹のナシやリンゴの赤星病も1種のさび病だが、こちらは野菜と違い、病斑の裏側にひも状のさび胞子堆をつくり、その中のさび胞子を飛散させてビャクシンに付着、発病させて、翌年そこに形成された担子胞子（小生子と呼ばれる）がナシやリンゴに飛散して赤星病を発病させる。したがって、赤星病の防除にあたってはナシやリンゴとビャクシンの両方を防除しないと効果は低い。

そのほか、リゾクトニア菌は多くの苗に寄生して地際部に褐色のくぼんだ病斑をつくって苗立枯病を引きおこし、大きく育った株では立枯病を引きおこす。また、野菜では根腐れをおこしたり、葉に不整形の病斑をつくって葉腐れをおこしたり、イネでは茎に紋枯病斑をつくって紋枯病になる。ハクサイの尻腐病、レタスのすそ枯病などは土と接した葉の白色部分に褐色で不整形のくぼんだ病斑をつくり、ひどいとそこから腐敗する。

白絹病も地際の茎に、はじめは艶のある白い絹糸状のカビを生じて、褐色不整形の病斑をつくり、のちにアワ粒大の褐色の小さな菌核を無数に形成する。

リゾクトニア菌も白絹病菌も、発病時は不完全時代であるが、好適な条件であれば担子菌類特有の担子胞子を形成する。

⑤不完全菌類

無性的に形成される分生子しか確認されていない菌類を、不完全菌と類別されている。しかし、この種に属する菌類のうち完全時代が確認されたものには、完全時代の菌名が付けられていて、多くは子のう菌に属している。このような菌は完全時代と不完全時代の両方の名をもっている。

灰色かび病は作物の表皮細胞を無理やり破る力が弱く、傷口や咲き終わってしぼんだ花弁のように活力がなくなった部分から感染するが、一度組織の中に入ると、その後のまん延が速く、ひどい症状をもたらす。病斑部分には無数の灰色のカビ（分生子）を生じ、それが飛散して伝染をくり返す。似た病気に果樹の灰星病がある。

トマトの萎凋病、サツマイモ、メロン、キュウリのつる割病はフザリウム・オキシスポラム菌、トマト、ナス、ダイコンなど多くの野菜の半身萎凋病やハクサイの黄化病などはバーティシリウム菌によって、インゲンマメ、エンドウの根腐病、カボチャの立枯病、ジャ

ガイモの乾腐病はフザリウム・ソラニー菌によって発病する。いずれも土壌中で根が侵されて、病原菌の繁殖によって細胞が死滅したり、産生する毒素によって組織の機能が停止して萎れて枯れ、ジャガイモはイモが乾いた状態で腐敗する。

フザリウム・オキシスポラム菌とバーティシリウム菌によって萎れて枯れた地際部の茎を輪切りにすると、維管束が褐変して根が褐色に腐敗している。フザリウム・ソラニー菌によって枯れた根や茎は、外側から内部に向かって褐色になって腐敗しているので区別される。

葉に病斑をつくる病原菌は多数で、その診断は熟達した専門家でも困難な場合が多い。キュウリ、メロンなどウリ類の茎の途中に長円形の病斑をつくり、そこに頭針大の微小黒粒点が多数生じていれば、これらは完全時代の子のう殻か不完全時代の分生子殻（柄子殻）であって、つる枯病と診断される。

しかしこの区別は、顕微鏡でなければ確認できない。

他方、アスパラガスの茎にも同様な病斑を生じるが、これは不完全時代の分生子殻による茎枯病で、つる枯病とは病原菌が異なる。なれてくればルーペでもある程度判断できるが、正確には顕微鏡で観察しなければ病原菌の相違はわからない。

このほかトマトの輪紋病やアブラナ科、ネギなどユリ科、ニンジンなどの黒斑病などは、いずれもアルタナリア菌による病害である。病斑はほぼ円形ではっきりとした同心円状の輪紋を生じるので、診断は容易にできる。この病斑上には黒色粉状のカビ（分生子）が多数形成されて、それが飛散して伝染する。

このように病斑上にカビを生じる病気は多数あって、作物と病原菌の種類によって症状がそれぞれ異なっているので、病徴だけでの診断は難しい。

2 病害の見分け方

① ウイルス病、ウイロイド病

基本的な症状は、モザイク病（17ページ図1-6）、黄化えそ病（18ページ図1-7）、ウイルス（17ページ図1-6）を参照し、おもな症状を図1-44（52ページ）に示した。

② ファイトプラズマ病

生長点が枯れ（レタス）、黄化したり、極端に小さくなった葉がホウキ状にたくさん生じて、天ぐ巣症状になったりする（53ページ図1-45）。サクラの天ぐ巣症状は、糸状菌による病気である。

③ イネいもち病の進行型と停滞型病斑

病斑の中央部が崩れて灰色を呈し、そのまわりが紡錘形に褐色になる病斑は、通常、停滞型病斑であって、胞子の形成量は多くない。

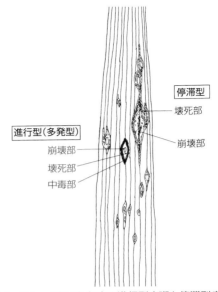

図1-46　イネいもち病の進行型病斑と停滞型病斑

これに対して、中央部が小さく円形で、色は灰白色、そのまわりが紡錘状で褐色になり、健全部との境めが中毒症状によって黄色を呈してくると、湿潤型といって進行型病斑になる。こうなると胞子の形成量が多くなって周囲への伝染も多く、中毒した黄色部が拡大して多発状態になる（前ページ図1-46）。

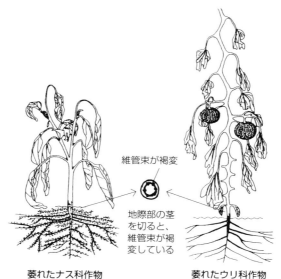

図1-47 青枯病の簡易診断

④ 青枯病とほかの萎凋性病害との区別

茎葉が萎れた株の茎を輪切りにして、維管束が褐変していれば萎凋病、半身萎凋病、つる割病、青枯病と判断されるが、切り口を水に挿入するとすぐに汚白色の菌泥が滲み出れば、青枯病である（図1-47）。

⑤ 根にコブを生じた場合

ハクサイ、キャベツなどアブラナ科で大小不整形のコブがあれば、根こぶ病である。トマト、ナス、キュウリ、ニンジンなどで小さな節コブか、場合によってはコブが重なって不整形で大型になったものはネコブセンチュウ類である。

ただしアブラナ科でも、不整形・大型でコ

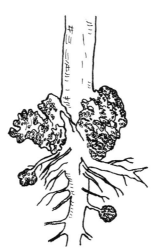
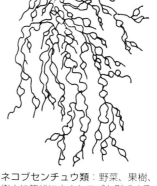

根こぶ病（アブラナ科野菜）：大小さまざまだが、やや大きなコブを形成する

根頭がんしゅ病：小さいコブが塊状に形成され、表面がザラザラになる

ネコブセンチュウ類：野菜、果樹、樹木に節状に小さなコブを形成するが、コブが結合すると根こぶ病のように大型になることもある

図1-48 根こぶ病、根頭がんしゅ病、ネコブセンチュウ類

黒腐病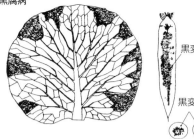

黒斑細菌病

葉縁から黄化したくさび型の病斑になり、ひどいと枯れる

葉脈が黒変し、葉身が黄化してやがて褐色病斑になり、末期には灰白色になる。根部は中央部のみが黒変、腐敗する

不整形または多角形の黒褐色、水浸状の病斑となる

水浸状の小斑点が互いに融合して、やがて葉脈と葉脈の間に不整形の黒褐色の病斑をつくる。根部は正常

図1-49　ハクサイ、ダイコンの黒腐病、黒斑細菌病

ブの外側の土壌が2〜3mm付着したゼラチン質を顕微鏡で見て、卵があればネコブセンチュウ類と判断される。コブの表面がかいよう状でザラザラしていれば根頭がんしゅ病と診断される（図1-48）。

⑥ 黒腐病と黒斑細菌病との区別

アブラナ科の葉の周辺からくさび形に黄化したり、ダイコンでは輪切りにした中央部分が黒変していれば、黒腐病である。葉縁よりもむしろ葉身に黒色円形小型の病斑、あるいはそれらが癒合して不整形病斑に拡大していれば、黒斑細菌病と診断される（図1-49）。

⑦ 軟腐病と腐敗病との区別

レタスでは患部が軟化、腐敗して悪臭を放てば軟腐病である。結球部に一定の病斑をつくらず、褐色〜濃褐色に腐敗して悪臭を放たなければ、腐敗病である。降雨後にとくに多発生する（図1-50）。

軟腐病：葉脈が青みを帯び、葉肉部は淡緑色水浸状に軟化、腐敗して悪臭を放つ

腐敗病：褐色または濃褐色に軟化、腐敗し、結球全体に病斑が拡大する。悪臭はしない

図1-50　レタスの軟腐病、腐敗病

⑧ ジャガイモの粉状そうか病とそうか病との区別

イモの表面に病斑を生じ、その周辺が盛り上がり、中央が陥没してカサブタ状であればそうか病である。病斑の表面がクレーター状に裂け、周辺が陥没して、中央がやや隆起してガサガサになり、多数形成されれば粉状そうか病と診断される（図1-51）。

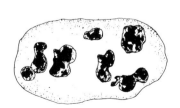 

そうか病：イモの病斑の周辺が盛り上がり、中央部が陥没した濃褐色のカサブタ状の病斑になる

粉状そうか病：イモの表皮が裂け褐色で月の表面のクレーター状に周辺が陥没し、中央部がやや隆起した病斑になる

図1-51　ジャガイモのそうか病、粉状そうか病

⑨ ハクサイのえそモザイク病とゴマ症との区別

ハクサイがやや生育不良となり、葉脈の白い太い部分や葉身に1〜3mmくらいの黒いゴマ状の斑点をつくれば、えそモザイク病である。白い部分のみにゴマ状1mmくらいの小点が生じたら、マンガン過剰などによる生理障害と判断される（図1-52）。

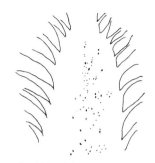

えそモザイク病：ハクサイの白色の太い葉脈上などに1〜3mmの黒褐色水浸状の斑点や、葉身部にはゴマ状の黒色小斑点を多数生じる

ゴマ症状：秋冬ハクサイの中位葉の葉柄中央部（白色の太い葉脈）に、ゴマ状の小斑点を生じる。チッソ質の増肥で多数発生する。マンガン過剰が考えられるが、原因は不明である

図1-52 ハクサイのえそモザイク病、ゴマ症状

⑩ キュウリのべと病と斑点細菌病との区別

葉脈に区切られた角形病斑で、のちに葉の裏側に霜状のやや褐色のカビが生じればべと病である。

病斑の裏側がやや光っていて、陽に透かしたときに黄色のカサが病斑の周辺に見られたら、斑点細菌病である（図1-53）。

多湿条件 ← ・ → 乾燥条件
大型・角形病斑　　小型・円形病斑

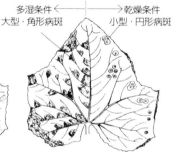

べと病：角形病斑で、はじめは淡黄色で少しずつ色が濃くなって褐色となり、裏面に霜状の淡褐色のカビを生じる

斑点細菌病：やや角形の病斑で、そのまわりはやや水浸状になっていて、裏面にカビが生えない。陽に透かすと病斑と健全部との境が黄色のカサ状になる

図1-53 キュウリのべと病、斑点細菌病

⑪ トマトの輪紋病と環紋葉枯病との区別

発病初期に不整円形の病斑で輪紋を生じれば輪紋病、やや大型円形の病斑で輪紋がはっきりしていれば環紋葉枯病と診断される。

後期に病斑部が破れれば輪紋病である（図1-54）。

輪紋病：暗褐色〜緑褐色で、円〜楕円形に拡大して同心輪紋を生じる。病斑のまわりからも変色して、後期には破れる

環紋葉枯病：淡褐色の同心輪紋を生じるが、病斑は破れない

図1-54 トマトの環紋葉枯病、輪紋病

⑫ キュウリの斑点病と炭疽病との区別

葉に同心輪紋をつくり、病斑のまわりがやや黄色で、後期に裂け目を生じると炭疽病である。病斑が大型であると斑点病である（図1-55）。

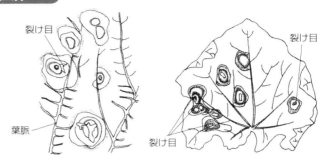

炭疽病：淡褐色大型病斑、はっきりしない同心円紋を生じる。病斑と健全部との境がぼんやりしている。中央部に裂け目を生じることがある

斑点病：褐色不整円形病斑で褐色の同心円紋をつくり、中央部に穴があく。病斑と健全部との境が黄色になる

図1-55　キュウリの斑点病、炭疽病

⑬ ネギの黒斑病と葉枯病との区別

病斑の中央部分がやや紫色がかっていれば黒斑病である。やや楕円形で蒼白色の病斑になって、黒色の病斑にはっきりとした輪紋を生じれば葉枯病である（図1-56）。

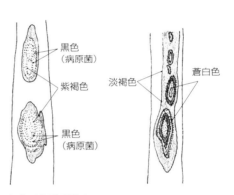

黒斑病：ややくぼんだ長楕円形の病斑で、中央部は紫色がかり、黒色の病斑菌がぼんやりとした輪紋状に生じる

葉枯病：やや楕円形で、ややくぼんだ蒼白色の病斑で、黒色病原菌が輪紋状に生じる

図1-56　ネギ、タマネギの黒斑病、葉枯病

⑭ ニンジンの根腐病としみ腐病との区別

ニンジンの根に深く陥没した褐色の腐敗病斑を生じれば根腐病である。水浸状で滲み症状の軟化、腐敗病斑を形成すればしみ腐病と診断される（図1-57）。

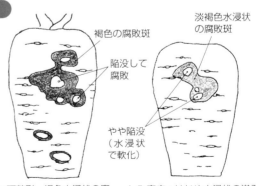

根腐病：不整形、褐色水浸状の腐敗病斑で、クモの巣状のカビを生じることがあり、深く陥没する

しみ腐病：はじめ水浸状の滲み病斑で縦に亀裂を生じ、軟化、腐敗する。根の比較的上方に病斑を形成し、細根も腐敗して脱落する

図1-57　ニンジンの根腐病、しみ腐病

⑮ ホウレンソウの立枯れ性病害の区別

図1-58に示したように、4種類の病原菌によって5種類、細かくは7種類の症状を示すので、発病した場合には注意して診断する。対策は苗立枯病の薬剤を参照して対処する。

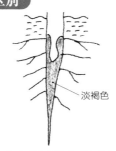
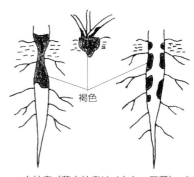

立枯病（苗立枯病ピシウム菌）：主根、側根が淡褐色水浸状に腐敗して、倒れる

立枯病（苗立枯病リゾクトニア菌）：主根地際部の茎が褐変してくびれたり、腐朽したり褐色病斑を生じたりして、倒れる

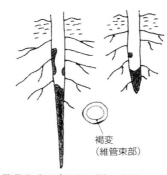
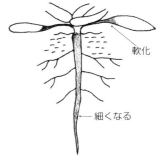

萎凋病（フザリウム菌）：主根、側根が侵され、腐敗褐変して萎れてから枯れる。根を輪切りにすると維管束部が褐変する

根腐病（アファノマイセス菌）：主根が黒変して細くなって根腐れ状に腐敗し、子葉の付け根が軟化し、株全体は萎れてから枯れる

図1-58 ホウレンソウの立枯病、萎凋病、根腐病

⑯ 苗立枯病の病原菌の種類と症状

フザリウム菌はおもに根が褐変、腐敗し、茎の維管束も褐変する。リゾクトニア菌では地際部の茎に褐色の病斑をつくってくぼみ、根も褐変する。疫病菌とピシウム菌では根が褐変、腐敗し、地際部の茎が水浸状にやや褐変して、軟化、腐敗する。いずれもはじめ葉が萎れ、やがて症状が進むと倒伏して枯死する（図1-59）。

病原菌によって有効な薬剤が異なる（109ページ表3-10）。

フザリウム属菌：茎、葉が萎れる。根の褐変、腐敗、維管束の褐変

リゾクトニア属菌：茎、葉が萎れる。地際部の茎が褐変してくぼむ。根も褐変、腐敗

疫病菌（ピシウム属菌）：茎、葉が萎れて倒伏しやすい。地際部の茎が淡褐色、水浸状になり軟化する。根も褐変、腐敗

図1-59 苗立枯病の病原菌の種類と症状

3 害虫被害の見分け方

　害虫はその種類ごとに好む植物を食害して被害を及ぼすので、害虫の診断はその被害の様子と害虫の形によって種類を診断する。

　基本的には被害の特徴と加害している害虫を害虫図鑑などを参照して診断するが、このことは病気でも病原菌を顕微鏡で観察することと同様で、専門家でなければ難しい。

　ここでは同じような被害の特徴を示す場合での害虫の種類の見分け方を記す。詳細で確実な診断は害虫図鑑を参考にするとよい。

① ネギのウイルス病とネギアザミウマとの区別

　ウイルスの種類によってネギの葉に緑色濃淡のモザイクが生じたり、淡黄緑色の部分が縦にすじ状にモザイクになったりする。

　他方、ネギの葉に細かな（長さ1～3mm）白色のすじがカスリ（霜降）状に生じることがあり、ウイルス病と間違われることがある。これはネギアザミウマが吸汁した被害痕が白色になったものである。

　ネギアザミウマの成虫は1.5mm前後の褐色～黒褐色で、葉を手で触れると飛び散るので、肉眼で確認できないことがある（図1-60）。

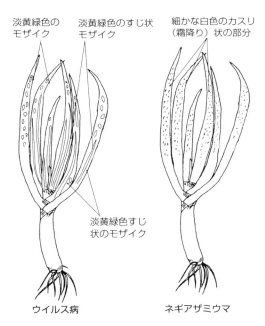

図1-60
ネギのウイルス病とネギアザミウマの被害

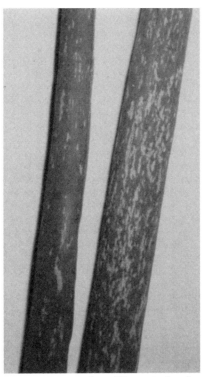

ウイルス病とも見分けが難しいネギアザミウマの被害（ネギ）
ネギアザミウマの場合、葉全体に無数の微小な白いカスリ状斑点ができ、葉色は黒くなり、生育が衰える（木村裕原図）

② ネキリムシ類とタネバエとコガネムシ類との区別

　ネキリムシ類の幼虫は昼間は土中の浅い所にいて夜間活動し、発芽間もない幼苗の地際近くの茎を食いちぎるため、苗は切断され、日が照ると萎れて枯れる。

　これに対してタネバエの幼虫は、比較的浅い土中で行動して地上部には出てこない。土中で作物の根部や肥大したダイコンやカブを食害したり、マメ科の太根や細根を食害するので、発芽しなかったり、生育不良になる。

　コガネムシ類の幼虫は深さ12〜20cmの土中で活動し、イチゴ、マメ科、サツマイモなどの根部を食害する。成虫は多くの植物の葉を食害する（図1-61）。

●ネキリムシ類の幼虫

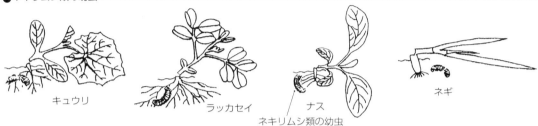

●タネバエの被害

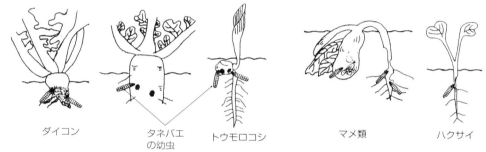

●コガネムシ類の被害

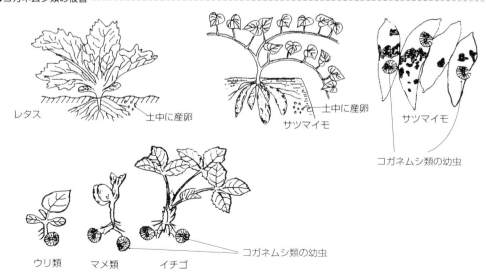

図1-61　ネキリムシ類、タネバエ、コガネムシ類の被害

③ ヨトウムシ（ヨトウガ）とアオムシ（モンシロチョウ幼虫）との区別

　ヨトウムシ（ヨトウガ）の成虫は数百個の卵をひと塊りで産卵し、はじめは多数の幼虫が葉裏にかたまって表皮を薄く残して食害する。大きくなると黒褐色になって体をくの字に曲げて、昼間は土中に潜り、夜間に葉を食害して大きな穴をあける。

　アオムシはモンシロチョウの幼虫で、成虫は細長い黄色の卵を葉裏に1個ずつ産む。幼虫は緑色で細かい毛が密生しており、いつも単独で食害して葉に穴をあける（図1-62）。

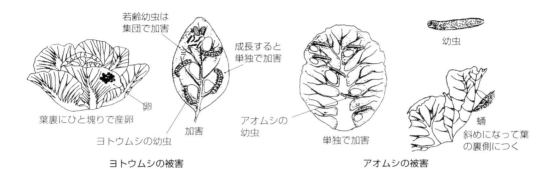

図1-62　ヨトウムシ（ヨトウガ）、アオムシ（モンシロチョウ幼虫）の被害

④ 葉裏のアブラムシ類と虫コブをつくるアブラムシ類との区別

　アブラムシ類は種類によって緑色、黒褐色などで、葉裏や新芽を吸汁し、幼虫を胎生で産む。秋に雄虫が現われて交尾し、樹木の冬芽などに産卵する。

　これに対して虫コブをつくるアブラムシ類の幼虫は、開き始めた樹木の葉を吸汁すると、その表側が膨れ出してやがて虫コブになる。

　アブラムシ類はその虫コブの部分に入って幼虫を産み、その中で吸汁、加害する。そのコブが幼虫で一杯になると翅のある成虫になって飛び出し、ほかの植物に移動する。

　虫コブをつくらずに葉をクシャクシャに縮まらせるアブラムシ類もいて、この縮んだ部分で吸汁、加害しながら次から次へと先端の葉に移動して加害する（図1-63）。

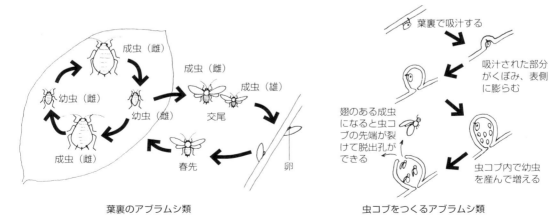

図1-63　葉裏のアブラムシ類、虫コブをつくるアブラムシ類の被害（木村原図）

⑤ ケムシ類とイラガ類との区別

アメリカシロヒトリ、オビカレハ、モンクロシャチホコ、マイマイガ、ドクガなどのケムシ類は緑色、灰色、黄褐色、黒褐色などで、孵化したばかりの若齢幼虫は口から糸を吐き出して葉を張り渡し、クモの巣のようにして集団で葉を加害し、成長すると単独で加害する。マイマイガ、ドクガなどは毒刺毛をもっている。

イラガ類の幼虫はナマコ状で体全体に突起があり、その先端には毒刺毛がある。はじめは集団で葉の裏側を残して食害し、地面には黒色の虫糞が無数に散らばる。枝の分岐部分にマユをつくる（図1-64）。

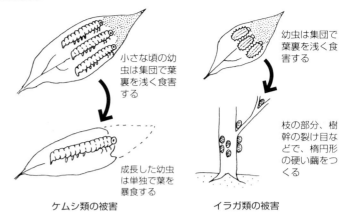

図1-64　ケムシ類とイラガ類の被害（木村原図）

⑥ カミキリムシ類とスカシバ類、クキバチ類との区別

カミキリムシ類のゴマダラカミキリは5～7月に幹の地際部に、キボシカミキリやシロスジカミキリは樹木の上方にも産卵する。孵化幼虫は樹の奥深くには入らず、樹皮のすぐ下のほうを食害してノコギリクズのような黄褐色の木クズや虫糞を吹き出すので、樹の株元に木クズが山のように生じる。

スカシバ類のコスカシバは6～7月に主幹、太い枝の樹皮に、ブドウスカシバはブドウの太いつるに産卵する。孵化した幼虫は主幹、太い枝あるいは太いつるの皮目などから、穴をあけて食害、侵入して褐色の虫糞を排出する（図1-65）。

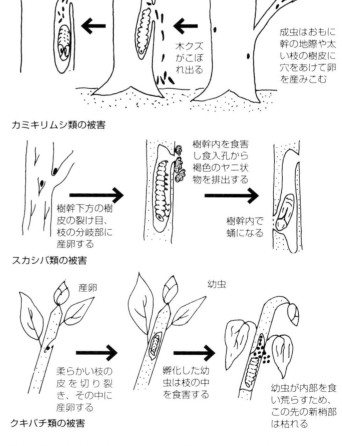

図1-65　カミキリムシ類とスカシバ類、クキバチ類の被害（木村原図）

第2編 農薬の殺菌、殺虫の仕組みと耐性菌、抵抗性害虫の発生

文
草刈眞一
柴尾 学

1 病原菌と殺菌剤

1 殺菌剤の種類と殺菌作用

　殺菌剤は、作物の病害（病気）を防除する薬剤で、病原細菌や糸状菌（カビ）を殺菌し、作物に病害抵抗性を誘導する薬剤として利用される。薬剤は、無機化合物や有機化合物を利用した化学殺菌剤と微生物を利用した生物農薬に分類される（表2-1）。

　化学殺菌剤は、病原菌のエネルギー代謝に関係する酵素反応や増殖時の核酸の合成を阻害したり、菌類の生育に必要なステロール類の代謝を阻害する薬剤が開発されており、その作用機作ごとに分類されている。近年開発される殺菌剤は、細菌やカビ特有の生理作用を特異的に阻害するものや、植物に病害抵抗性を誘導する薬剤が多く、作物や人畜への影響のないものが開発されている。生物農薬では、植物の病原菌に寄生する微生物や病原菌に対して拮抗作用を示す微生物、弱毒ウイルスなどが利用される。

表2-1　殺菌剤の分類

化学殺菌剤	無機系殺菌剤	銅剤	塩基性塩化銅（ドイツボルドー、サンボルドーなど）、塩基性硫酸銅（Zボルドー）、水酸化第二銅（コサイドボルドー）
		無機硫黄剤	水和硫黄（クムラス）、硫黄くん煙剤（サルファグレイン）、石灰硫黄合剤
		炭酸水素塩剤	炭酸水素ナトリウム水溶剤（ハーモメート）、炭酸水素カリウム水溶剤（カリグリーン）
		金属銀剤	金属銀剤（オクトクロス）
	有機合成殺菌剤	有機銅剤	有機銅（キノンドー、ドキリンなど）、ノニルフェノールスルフォン酸銅（ヨネポン）、DBEDC（サンヨール）
		有機硫黄剤	ジラム（コニファー）、マンゼブ（ジマンダイセンなど）、アンバム（ステンレス）、プロピネブ（アントラコール）、チウラム（チオノック、トレノックス）
		有機リン剤	IBP（キタジンP）、トルクロホスメチル（リゾレックス）、ホセチル（アリエッティ）
		メラニン合成阻害剤	フサライド（ラブサイド）、ピロキロン（コラトップ）、ジクロシメット（デラウス）
		ベンズイミダゾール系剤	ベノミル（ベンレート）、チオファネートメチル（トップジン）
		ジカルボキシイミド系剤	イプロジオン（ロブラール）、プロシミドン（スミレックス）
		アミド系剤	メプロニル（バシタック）、フルトラニル（モンカット）、チアジニル（ブイゲット）、ボスカリド（カンタス）、メタラキシルM（リドミルゴールド）、エタボキサム（エトフィン）、ペンチオピラド（アフェット）など
		ステロール合成阻害剤	トリホリン（サプロール）、フェナリモル（ルビゲン）、トリフルミゾール（トリフミン）
		ストロビルリン系剤	アゾキシストロビン（アミスター）、クレソキシムメチル（ストロビー）、メトミノストロビン（オリブライト）
		アニリノピリミジン系剤	シプロジニル（ユニックス）、メパニピリム（フルピカ）
		抗生物質	カスガマイシン（カスミン）、ポリオキシン（ポリオキシン）、バリダマイシン（バリダシン）
生物農薬		弱毒ウイルス剤	ズッキーニ黄斑モザイクウイルス弱毒株（キュービオZY-02）
		拮抗菌剤	アグロバクテリウム ラジオバクター剤（バクテローズ）、バチルスズブチリス剤（ボトキラー、インプレッション）、バリオボラックス パドクス剤（フィールドキーパー）、タラロマイセス フラバス剤（タフパール、タフブロック）
		寄生菌	コニオチリウム ミニタンス剤（ミニタン）
		非病原性菌	非病原性エルビニア カロトボーラ（バイオキーパー）

2 予防薬（接触型）と治療薬（浸透型）

殺菌剤は、予防薬と治療薬に分類できる。

予防薬は、植物表面において病原菌体に直接接触して効果を示し、発病初期や予防的に散布することで高い防除効果が得られる。予防薬の特徴として、多種類の病原菌に効果の得られる薬剤が多くあり、防除薬剤としては使いやすい。発病初期、予防的に使うことで高い防除効果が得られる。

これに対して、治療薬は植物内部に浸透する作用があり、植物体内部の病原菌に対しても殺菌効果が得られる。そのため、発病後からの散布でも、病原菌を殺菌して被害発生を減少させ、防除効果が得られる。

予防薬として、銅剤、ダコニール1000、ジマンダイセン水和剤、ベルクートフロアブル、カリグリーンなどがあり、治療薬には、ベンレート水和剤、ラリー水和剤、ランマンフロアブル、ピクシオフロアブルなど、特定の病害に対して卓効を示す薬剤が含まれる。

おもな薬剤の治療効果、予防効果の分類については表2-2の①、②に示した。

3 残効性

残効性は、薬剤散布後の効力持続時間のことで、予防薬は薬効成分が葉面にとどまって病原菌の発芽抑制や殺菌力を発揮するが、降雨などにより流亡して残効性が短くなる。治療薬は、植物体に浸透する性質があり比較的残効性が長い特徴がある。

表2-2 FRACによる殺菌剤の作用機作およびFRACコード、耐性菌リスク、予防治療効果の分類①

作用機作	作用点	グループ名	一般名（商品名）	FRACコード	浸透性	予防効果	治療効果	耐性菌リスク	備考（対象病害）
核酸合成	RNAポリメラーゼ	フェニルアミド殺菌剤	メタラキシルM（リドミルゴールド）	4	○	○	○	◎ 発生あり	べと病、疫病専用剤
	DNA/RNA生合成	芳香族ヘテロ環	イソキサゾール（タチガレン）	32		○		未発生	苗立枯病（ピシウム）、根腐病の防除、生育促進効果、水稲むれ苗防止。アイリス白絹病、レタスバーティシリウム病にも登録あり
	DNAトポイソメラーゼタイプ2	カルボン酸	オキソリニック酸（スターナ）	31		○	○	発生あり 籾枯細菌病	イネ籾枯細菌病、軟腐病など細菌病防除剤。種子消毒剤
有糸分裂阻害	βチューブリン重合阻害	メチルベンズイミダゾールカーバメート殺菌剤（MBC殺菌剤）	ベノミル（ベンレート）チオファネートメチル（トップジンM）	1	○	○	○	◎ 発生あり	いもち病、馬鹿苗病等種子消毒、灰色かび病、菌核病、炭疽病など多種病害防除に効果あり
		N-フェニルカーバメート	ジエトフェンカルブ（ゲッター、スミブレンド、プライア）	10	○	○	○	◎ 発生あり	ベンズイミダゾール系剤（ベノミル、チオファネートメチル剤）の負の交差耐性剤。灰色かび病など
		チアゾールカルボキサミド	エタボキサム（エトフィン）	22	○	○	○	○〜△ 低〜中程度のリスクがある	べと病、疫病専用剤、根こぶ病の防除剤
	細胞分裂	フェニルウレア	ペンシクロン（モンセレン）	20		○		未発生	紋枯病など担子菌類の防除剤
	スペクトリン様蛋白質の非局在化	ベンズアミド	フルオピコリド（リライアブル・ジャストフィット）	43	○	○	○	未発生	べと病・疫病専用剤。リライアブル、ジャストフィットの成分。耐性菌の発生は認められていない

1 病原菌と殺菌剤

作用機作	作用点	グループ名	一般名（商品名）	FRACコード	浸透性	予防効果	治療効果	耐性菌リスク	備考（対象病害）
呼吸阻害	複合体Ⅰ NADH酸化還元酵素	ピリミジンアミド	ジフルメトリム（ピリカット）	39	○	○	○	未発生	うどんこ病、アブラムシ、キク白さび病防除剤
		ピラゾールカルボキサミド	トルフェンピラド（ハチハチ）		○	○	○		
	複合体Ⅱ コハク酸脱水素酵素阻害	SDHI剤（コハク酸脱水素酵素阻害剤）	フルトラニル（モンカット）	7	○	○	○	◎〜○ 複数の耐性菌が発生	紋枯病、疑似紋枯病
			メプロニル（バシタック）			○			野菜・果樹白絹病、リゾクトニア菌など担子菌類病の防除剤
			フルオピラム（オルフィン）		○	○	○		果樹（灰色かび病、黒星、灰星病）防除剤
			チフルザミド（グレータム）		○	○	○		紋枯病など担子菌類の防除剤
			フルキサピロキサド（セルカディス）		○	○	○		芝草の葉枯病など
			フラメトピル（リンバー）		○	○	○		紋枯病、疑似紋枯病防除剤
			ペンフルフェン（エバーゴルの1成分）		○	○	○		紋枯病、疑似紋枯病、リゾクトニア菌防除剤
			ペンチオピラド（アフェット・ガイア、フルーツセイバー）			○			野菜・果樹のうどんこ病、すすかび病、灰色かび病、菌核病、さび病、灰星病、黒星病など
			ボスカリド（カンタス）		○	○	○		灰色かび病、菌核病、うどんこ病、すすかび病、さび病など
			イソフェタミド（ケンジャ）			○	○		菌核病、灰色かび病、黒痘病など
			イソピラザム（ネクスター）		○	○	○		菌核病、うどんこ病、灰色かび病の防除剤
	複合体Ⅲ ユビキノール酸化酵素阻害（QoI）	QoI剤 ユビキノール酸化酵素Qo部位阻害剤	アゾキシストロビン（アミスター）	11	○	○	○	◎ 複数の耐性菌が発生。グループ内で交差耐性がある	べと病、疫病を含めて、灰色かび病、すすかび病など広範囲の病害防除効果
			ピコキシストロビン（メジャー）		○	○	○		べと病、黒斑病、灰色腐敗病、さび病、菌核病などの病害
			マンデストロビン（スクレア）		○	○	○		菌核病、灰星病、うどんこ病、炭疽病との病害
			ピラクロストロビン（ナリア）		○	○	○		べと病、うどんこ病、黒斑病、斑点落葉病など果樹病害
			クレソキシムメチル（ストロビー）		○	○	○		灰色かび病、うどんこ病、灰星病など果樹病害
			トリフロキシストロビン（フリント）		○	○	○		
			メトミノストロビン（オリブライト）		○	○			イネのいもち病、紋枯病、穂枯病の箱施用剤
			オリサストロビン（嵐）		○	○	○		
			ファモキサドン（ホライズン）		○	○	○		べと病、疫病専用剤
			ピリベンカルブ（ファンタジスタ）		○	○	○		菌核病、灰色かび病に卓効。果樹病害
	複合体Ⅲ ユビキノン還元酵素阻害Qi阻害剤	Qil剤（ユビキノン還元酵素Qi部位阻害剤）	ジアゾファミド（ランマン）	21	○	○	○	不明であるが○〜◎と推定	べと病、疫病専用剤他、根こぶ病の防除剤
			アミスルブロム（ライメイ）		○	○	○		べと病、疫病専用剤
	酸化的リン酸化脱共役		フルアジナム（フロンサイド）	29		○		△：豆類灰色かび病で耐性菌が発生	タマネギ灰色かび病、べと病、レタスすそ枯病、軟腐病他、根こぶ病、白紋羽病、カンキツのそうか病、黒点病など多種の病害

作用機作	作用点	グループ名	一般名（商品名）	FRACコード	浸透性	予防効果	治療効果	耐性菌リスク	備考（対象病害）
呼吸阻害	複合体Ⅲ ユビキノン還元酵素 Qo 部位スティグマステリン結合サブサイト阻害（QoSI剤）	QoSI 殺菌剤（ユビキノン還元酵素 Qo 部位スティグマステリン結合サブサイト阻害剤）	アメトクトラジン（ザンプロ）	45	○	○	○	QoI と交差しない耐性菌は○～◎と推定	べと病、疫病専用剤
アミノ酸およびタンパク質生合成	メチオニン生合成（AP 殺菌剤）	アニリノピリミジン殺菌剤	シプロジニル（ユニックス）	9	○	○	○	○ 灰色かび病、黒星病で耐性菌が発生	果樹（リンゴ・ナシ）の黒星、褐斑病、斑点落葉病防除剤
			メパニピリム（フルピカ）		○	○	○		灰色かび病、うどんこ病、果樹の黒星、灰色星病などの防除剤
	タンパク質生合成	ヘキソピラノシル抗生物質	カスガマイシン（カスミン）	24	○	○	○	○ 糸状菌、細菌に耐性菌発生事例あり	いもち病他、褐条病、苗立枯細菌病、キウイフルーツのかいよう病、花腐細菌病、銅剤との混合剤にカスミンボルドー、カッパーシンがある〈抗生物質〉
		グルコピラノシル抗生物質	ストレプトマイシン（アグレプトなど）	25	○	○		◎ 耐性菌発生事例あり	細菌病防除剤〈抗生物質〉
		テトラサイクリン抗生物質	オキシテトラサイクリン（マイコシールド）	41	○	○		◎ 耐性菌発生事例あり	
シグナル伝達	浸透圧シグナル伝達 MEP ヒスチジキナーゼ os-2HOGI	フェニールピロール殺菌剤（PP 殺菌剤）	フルジオキソニル（セイビアー）	12		○	○	△～○ 散発的に発生	灰色かび病、菌核病に卓効
	浸透圧シグナル伝達 MEP ヒスチジキナーゼ os-1 Daf1	ジカルボキシイミド剤	イプロジオン（ロブラール）	2		○	○	○～◎ 灰色かび病で通常に認められる	灰色かび病、菌核病ほか多種病害
			プロシミドン（スミレックス）		○	○	○		
脂質および細胞膜合成	リン脂質合成阻害 メチルトランスキナーゼ阻害	ホスホロチオレート	IBP（キタジン P）	6	○	○	○	△～○ 特定の糸状菌類で耐性菌が認められる	いもち病ほか、紋枯病、小粒菌核病、スクミリンゴガイ防除剤
		ジチオラン	イソプロチオラン（フジワン）		○	○	○		いもち病ほか、小粒菌核病、果樹白紋羽病、むれ苗防止など
	脂質の過酸化	芳香族炭化水素（AH 殺菌剤）	トリクロホスメチル（リゾレックス）	14		○		△～○	紋枯病、白絹病、紫紋羽病、リゾクトニア菌など担子菌類病の防除剤
	細胞膜浸透性（脂肪酸）	カーバメート	プロパモカルブ塩酸塩（プレビクールN）	28	○	○	○	△～○	
	脂質恒常性および輸送/貯蔵（オキシステロール結合蛋白阻害）	ピペリジニルチアゾールイソキサゾリン	オキサチアピプロリン（ゾーベック エニケード）	49	○	○	○	△～○	べと病、疫病専用剤

表2-2 FRACによる殺菌剤の作用機作およびFRACコード、耐性菌リスク、予防治療効果の分類②

作用機作	作用点	グループ名	一般名（商品名）	FRACコード	浸透性	予防効果	治療効果	耐性菌リスク	備考（対象病害）
細胞膜のステロール生合成	ステロール生合成 C14位脱メチル酵素阻害 DMI殺菌剤	脱メチル化阻害剤（DMI剤：SBIクラスI）	トリホリン（サプロール）	3	○	○	○	○ 複数の病原菌において耐性菌が発生している。DMI剤間で交差耐性が発生していると考えたほうがよい。グループ内の薬剤間で耐性差がある	うどんこ病、さび病、葉かび病など。予防効果。耐性菌発生あり
			フェナリモル（ルビゲン）		○	○	○		うどんこ病、さび病、すすかび病など。予防効果
			オキスポコナゾール（オーシャイン）		○	○	○		果樹（灰色かび病、灰星病、黒星病）病害防除剤。予防・治療効果。耐性菌発生リスクがある
			ペフラゾエート（ヘルシード）		○	○	○		水稲種子消毒
			プロクロラズ（スポルタック）		○	○	○		水稲種子消毒
			トリフルミゾール（トリフミン）		○	○	○		水稲種子消毒、灰色かび病、うどんこ病、さび病など
			シプロコナゾール（アルト）		○	○	○		うどんこ病、さび病など防除
			ジフェノコナゾール（スコア）		○	○	○		うどんこ病、つる枯病、炭疽病、葉かび病など
			フェンブコナゾール（インダー、アスパイアー、デビュー）		○	○	○		灰星病、赤星病、黒星病、灰色かび病など果樹用防除剤。デビューは、タマネギ灰色かび病、ダイズ紫斑病の防除剤。予防・治療効果。耐性菌発生リスクあり
			ヘキサコナゾール（アンビル）		○	○	○		うどんこ病、灰星病、赤星病など、果樹の病害防除剤。耐性菌発生リスクあり
			イミベンコナゾール（マネージ）		○	○	○		うどんこ病、キク白さび病など、芝、花木用防除剤。耐性菌発生リスクあり
			イプコナゾール（テクリード）		○	○	○		イネ馬鹿苗病種子消毒剤
			メトコナゾール（リベロ、ワークアップ）		○	○	○		ムギ類赤かび病、うどんこ病
			ミクロブタニル（ラリー）		○	○	○		うどんこ病、葉かび病、すすかび病、さび病、果樹の赤星病などの防除
			プロピコナゾール（チルト）		○	○	○		ムギ類、トウモロコシ、キクのサビ病、うどんこ病、すす紋病の防除剤
			シメコナゾール（モンガリット）		○	○	○		水稲紋枯病、疑似紋枯病、野菜のリゾクトニア菌、白絹病の防除剤
			デブコナゾール（シルバキュア）		○	○	○		ムギ、タマネギ、テンサイ、バレイショなどのさび病、うどんこ病、菌核病の防除剤
			テトラコナゾール（サルバトーレ）		○	○	○		野菜類のうどんこ病、さび病防除剤
	ステロール生合成 C4位脱メチル化における3-ケト還元酵素阻害	SBIクラスIII	フェンヘキサミド（パスワード）	17		○		△～○	果樹（菌核、灰色かび病）
			フェンピラザミン（ピクシオ）		○	○	○		灰色かび、菌核病
	ステロール合成のスクワレンエポキシターゼ阻害	SBIクラスIV	ピリプチカルブ（エイゲン）	18		○	○	未発生	芝（葉枯病、菌核病：芝地用）

作用機作	作用点	グループ名	一般名（商品名）	FRACコード	浸透性	予防効果	治療効果	耐病性リスク	備考（対象病害）
細胞壁生合成	キチン生合成	ポリオキシン	ポリオキシン（ポリオキシン）	19		○	○	○	葉かび病、灰色かび病、すすかび病など
	セルロース生合成	カルボン酸アミド（CAA殺菌剤）	ジメトモルフ（フェスティバル）	40		○		△～○ 欧州ではブドウべと病で、耐性菌の発生事例、グループ内で交差耐性の可能性がある	べと病、疫病
			ベンチアバリカリブイソプロピル（プロポーズ）		○	○	○		べと病、褐斑病、うどんこ病、黒星病など
			マンジプロパミド（レーバス）		○	○	○		べと病、疫病
細胞壁のメラニン生合成	メラニン生合成還元酵素阻害（MBI-R）	MBI-R剤	フサライド（ラブサイド）	16.1	○	○	○	未発生	水稲いもち防除剤、生育期散布剤
			ピロキソン（コラトップ）			○	○		水稲いもち防除剤、育苗箱施用、本田施用剤
			トリシクラゾール（ビーム）		○	○	○		
	メラニン生合成脱水素酵素阻害（MBI-D）	MBI-D剤	カルプロパミド（ウィン）	16.2	○	○	○	○ 耐性菌が発生している	水稲いもち防除剤、育苗箱施用
			ジクロシメット（デラウス）		○	○	○		
			フェノキサニル（アチーブ）		○	○	○		
	メラニン生合成のポリケタイド合成（MBI-P）	MBI-P剤	トルプロカルブ（サンプラス、ゴウケツ）	16.3		○	○	未発生	水稲いもち防除剤
抵抗性誘導	P2	ベンゾイソチアゾール	プロベナゾール（オリゼメート）	P2		○		未発生	水稲いもち病、籾枯細菌病、白葉枯病、野菜軟腐病
	P3	チアジアゾールカルボキサミド	チアジニル（ブイゲット）	P2		○			水稲いもち病、白葉枯病、穂枯病
		イソチアゾールカルボキサミド	イソチアニル（スタウト、ルーチン）			○	○		水稲いもち病
作用機作不明	不明	シアノアセトアミド＝オキシム	シモキサニル（カーゼート）	27		○	○	△～○	べと病、疫病
	不明	ホスホナート	ホセチル（アリエッティ）	33	○	○	○	△	べと病、疫病のほか、キウイ果実軟腐病、ナシ黒斑病、輪紋病などの防除剤
	不明	ベンゼンスルホン酸	フルスルファミド（ネビジン）	36		○		未発生	根こぶ病防除剤。予防効果
	不明	フェニルアセトアミド	シフルフェナミド（パンチョ）	U6		○	○	うどんこ病で耐性菌発生	うどんこ病、灰星病
	アクチン崩壊	アリルフェニルケトン	ピリオフェノン（プロパティ）	U8		○		△ 欧州で低感受性うどんこ病菌発生	うどんこ病
	不明	チアゾリジン	フルチアニル（ガッテン）	U13		○		未発生	うどんこ病の防除剤
	不明	ピリミジノンヒドラゾン	フェリムゾン（ブラシン）	U14		○		未発生	いもち病の治療効果剤
	複合体Ⅲ接合部位不明	4-キノリル酢酸	テブフロキン（トライ）	U16	○	○	○	未発生	いもち病のほか、ツマグロヨコバイ、ウンカ、カメムシに対する防除効果がある
	不明	テトラゾール誘導体	ピカルブトラゾクス（ピシロック）	U17		○	○	未発生	疫病菌、べと病菌、ピシウム属菌立枯病など
	不明（トレハラーゼを阻害）	グルコピラノシル抗生物質	バリダマイシン（バリダシン）	U18		○	○	未発生	水稲紋枯病、籾枯細菌病、野菜類軟腐病、ナス青枯病、ダイズ葉焼病、モモ穿孔細菌病など

作用機作	作用点	グループ名	一般名（商品名）	FRACコード	浸透性	予防効果	治療効果	耐性菌リスク	備考（対象病害）
未分類	不明		マシン油、有機油、炭酸水素ナトリウム、天然物起源	NC		○		―	マシン油、炭酸水素塩、天然物など
多作用点接触殺菌	多作用点接触殺菌	無機化合物	銅	M1		○		―	細菌病、糸状菌病、広範囲の病害に対する防除。予防剤
			硫黄	M2		○		―	うどんこ病、さび病に対する防除効果
		多作用点阻害剤	マンゼブ（ジマンダイセン、ペンコゼブ）	M3		○		―	野菜・果樹のべと病、疫病、炭疽病、つる枯病、黒星病など多種の病害に効果があり、ハダニ、サビダニ、コナジラミなど害虫に対する効果も得られる
			マンネブ（エムダイファー）			○		―	果樹、花き類に対して広範囲の病害に効果がある
			プロピネブ（アントラコール）			○		―	野菜の炭疽病、果樹の黒星病、黒点病などの防除
			チウラム（チウラム）			○		―	水稲種子消毒剤
			ジラム（パルノクス）			○		―	果樹の黒星病、灰星病、赤星病、
			キャプタン（オーソサイド）	M4		○		―	野菜、果樹の広範囲の病害の防除
			TPN（ダコニール）	M5		○		―	野菜、果樹の広範囲の病害の防除
			イミノクタジン酢酸塩（ベフラン）	M7		○		―	果樹休眠期防除剤
			イミノクタジンアルベシル酸（ベルクート）			○		―	野菜灰色かび病などの防除剤
			ジチアノン（デラン）	M9		○		―	果樹の黒星病、灰星病などの防除剤
			キノキサリン（モレスタン）	M10		○		―	うどんこ病、サビダニ、ハダニの防除剤
			フルオルイミド（ストライド）	M11		○		―	リンゴ、西洋ナシ、カキの防除剤

　一般的に薬剤の散布間隔は7日間であるが、なかには10〜14日間程度病害の発生を抑制する薬剤もあり、病害の発生消長を見ながら散布することが重要である。できるだけ散布回数を減らすことが耐性菌の発生を抑制し、環境への負荷を軽減した防除にするうえでも重要である。

4 耐性菌対策と混合剤

　混合剤は、複数の薬剤成分を混合した薬剤で、複数の病害への対応など適応範囲を広くし、また複数の作用機作により薬効を高め、耐性菌の発生を抑制することも考慮してつくられている。

　耐性菌対策として複数の薬剤を使う場合には、混合成分に同一作用機作の薬剤が含まれていないか注意する。同じ作付け内では、同一作用機作の薬剤は1〜2回以内とするべきで、とくに特定の病原菌に対して効果の高い薬剤では、FRACコードを利用して同一系統の薬剤が入らないよう選別し、散布体系を組み立てる。

　病原菌は遺伝子の異なる大きな集団で、遺伝子的には多様性がある。耐性菌が発生するのは、ある薬剤を散布したことで、その薬剤が標的とする作用機作以外の作用機作をもつ個体が生き残り、増加するためである。同じ薬剤を連用すると使った薬剤に強い個体の集

団が形成され、その薬剤の効果が減少し、防除が難しくなる。

異なる系統の薬剤を使い、特定の薬剤に対する耐性菌の発生がおこらないようにすることが重要である。

混合剤は複数の作用機作をもつ薬剤が混合されており、特定の作用機作をもつ薬剤への耐性菌の発生を抑制するように考慮されている。しかし作物によっては混合成分の使用回数が少ないものがあり、使用にあたってはその使用回数についても注意する必要がある。

5 化学合成殺菌剤と生物農薬

殺菌剤は、化学農薬と生物農薬に分類される（66ページ表2-1）。化学農薬は、銅剤や硫黄剤のような無機殺菌剤と科学的に合成された有機殺菌剤に分類される。

ここでは病気別に特徴のある有機殺菌剤と生物農薬について紹介する。

1 化学合成殺菌剤

〈べと病・疫病防除剤〉

べと病、疫病菌は、いもち病、灰色かび病、紋枯病などの病原菌と分類的に異なる卵菌目に属する。白さび病（ダイコンなどアブラナ科）、根こぶ病、立枯病・根腐病（ピシウム菌、疫病菌、アファノミセス菌）も卵菌目病原菌の仲間で、べと病・疫病の防除剤で対処することができる。

薬剤としては、メタラキシルM剤（リドミルゴールド）、ジアゾファミド（ランマン）、ホセチル（アリエッティ）、プロパモカルブ（ピレビクールN）、シモキサニル（ホライズン）、ファモキサドン（ホライズン）、アミスルブロム（ライメイ）、マンジプロパミド（レーバス）、フェンアミドン（ビトリーン）、アメトクトラジン（ザンプロ）、オキサチアピプロリン（ゾーベックエニケード）、ピカルブトラズクス（ピシロック）などがある。いずれも治療効果もあり、高い防除効果が得られるが、連用すると耐性菌が発生する。

〈うどんこ病・さび病防除剤〉

うどんこ病は子のう菌類、さび病菌は担子菌類に属するが、これらに共通して効果を示す薬剤としてステロール合成阻害剤（EBI剤）がある。トリホリン（サプロール）、フェナリモル（ルビゲン）、ジフェコナゾール（スコア）、ミクロブタニル（ラリー）、イミベンコナゾール（マネージ）などがあり、トリフルミゾール（トリフミン）、プロクロラズ（スポルタック）、イプコナゾール（テクリード）は、イネばか苗病（フザリウム菌）の種子消毒剤としても利用されている。また、トリフルミゾール（トリフミン）などは、トマト葉かび病、ナスすすかび病などに対しても効果があり、利用されることが多いことから耐性菌発生が問題となっている。

このほか、うどんこ病にはフルチアニル（ガッテン）、ピリオフェノン（プロパティ）、シフルフェナミド（パンチョ）、キノキサリン系（モレスタン、パルミノ）や、脂肪酸グリセリドのサンクリスタルも有効である。

〈灰色かび病・菌核病防除剤〉

ジマンダイセンやダコニールなどの接触型殺菌剤のほか、ベンズイミダゾール系薬剤のベノミル（ベンレート）、チオファネートメチル（トップジンM）、ジカルボキシイミド系のイプロジオン（ロブラール）、プロシミドン（スミレックス）、またベンズイミダゾール系薬剤が古くから使用されてきた。ベンズイミダゾール系薬剤耐性菌に対して負交叉耐性剤のジエトフェンカルブを混合したスミブレンド、ゲッター、プライアがある。

このほか、フルジオキソニル（セイビアー）、メパニピリム（フルピカ）、フェンヘキサミド（パスワード）、アゾキシストロビン（ア

ミスター）、ベンチオピラド（アフェット）、ピリベンカルブ（ファンタジスタ）、フェンピラザミン（ピクシオ）、フルオピクラム（オルフィン）、イソピラザム（ネクスター）、イソフェタミド（ケンジャ）が開発されているほか、イミノクタジンアルベシル酸（ベルクート）も有効で、多種類の作用機作の異なる薬剤が登録されている。

〈いもち病防除剤〉

いもち病の防除剤には、抗生物質のカスガマイシン、有機リン剤のキタジンPのほか、メラニン合成阻害剤で還元酵素阻害剤（MBI-R剤）に分類されるトリシクラゾール（ビーム）、ピロキロン（コラトップ）、フサライド（ラブサイド）、脱水素酵素阻害剤（MBI-D）のジクロシメット（デラウス）、フェノキサニル（アチーブ）、ポリケタイド合成酵素阻害（MBI-P）のトルプロカルブ（ゴウケツ）があるが、脱水素酵素阻害剤では耐性菌が発生している。QoI剤と呼ばれる呼吸阻害剤では育苗箱施用剤として、ストロビルリン系のアゾキシストロビン（アミスター）、オリサストロビン（嵐）、メトミノストロビン（オリブライト）があるが、すでに耐性菌の発生も報告されている。

このほか、宿主植物抵抗性誘導剤といわれるチアジニル（ブイゲット）、イソチアニル（ルーチン）、プロベナゾール（オリゼメート）、また速効的な効果を示すフェリムゾン（フェリムゾン）、呼吸系の複合体Ⅲを阻害するとされるテブフロキン（トライ）、メラニン合成経路のポリケチド合成酵素（PKS）を阻害するトルプロカルブ（サンブラス）も登録されている。

〈担子菌類（紋枯病）防除剤〉

紋枯病菌を含めて担子菌類に使われる薬剤として、オキシカルボキシン（プラントバックス：失効）などのカルボン酸アミド剤が使われてきた。フルトラニル（モンカット）、メプロニル（バシタック）、フラメトピル（リンバー）、チフルザミド（グレータム）、ペンフルフェン（エバーゴルの成分）があり、いずれも呼吸系のコハク酸脱水素酵素を阻害する。このほか有機リン剤のトルクロホスメチル（リゾレックス）、抗生物質剤のバリダマイシン（バリダシン）、ペンシクロン（モンセレン）があり、イネ紋枯病、野菜類の白絹病、リゾクトニア菌による病害、果樹の紫紋羽病など担子菌類病害に卓効を示す薬剤群である。

〈細菌防除剤〉

軟腐病、腐敗病、斑点細菌病、籾枯細菌病、かいよう病などの防除剤である。ストレプトマイシン（アグレプトなど）、オキシテトラサイクリン（マイコシールドなど）の抗生物質剤、オキソリニック酸（スターナ）、プロベナゾール（オリゼメート）、バリダマイシン（バリダシン液剤5）、銅剤が使われる。このほか、フルアジナム（フロンサイドSC）もハクサイ軟腐病に効果がある。

抗生物質剤は、連用すると短期間で耐性菌の発生するおそれがあり、オキソリニック酸についても耐性菌の発生が心配される。

② 生物農薬

生物農薬には、拮抗微生物、非病原性菌、弱毒ウイルスを使った薬剤があり（表2-3）、細菌、糸状菌、ウイルス病防除に利用される。

拮抗微生物剤は、生育阻害物質の産生、栄養物や生存領域の競合、寄生などにより病原菌の生育を抑制して被害を防止する。非病原性菌や弱毒ウイルスの製剤は、病原性のない病原菌や弱毒ウイルス剤をあらかじめ作物に接種し、後から感染する病原菌を抑制して発病を防止する。

生物農薬は、多発条件下では十分効果が得られないことがあり、発病前から処理して使うのが原則である。しかし生物農薬は、耐性菌の発生圃場でも効果があり、その後の殺菌剤の効果を高める作用もある。

表2-3 生物農薬の分類

分類	登録種類名			商品名	対象作物病害
非病原性菌	非病原性エルビニア カロトボーラ水和剤			バイオキーパー水和剤、エコメイト	軟腐病（野菜類、シクラメン、バレイショ）、カンキツかいよう病
拮抗菌	アグロバクテリウム ラジオバクター剤			バクテローズ	根頭がんしゅ病（果樹類、キク、バラ）
	シュードモナス ロデシア水和剤			マスタピース水和剤	野菜類、バレイショ（軟腐病）、カンキツかいよう病、モモ・ネクタリンせん孔細菌病
	シュードモナス フルオレッセンス水和剤			ベジキーパー水和剤	黒腐病（キャベツ、ハクサイ、ブロッコリー）、レタス（腐敗病，非結球レタス）、黒斑細菌病（ハクサイ）、花蕾腐敗病（ブロッコリー）
	バチルス	ズブチリス水和剤		ボトキラー水和剤	稲（いもち病）、うどんこ病、灰色かび病など
				ボトピカ水和剤	灰色かび病、うどんこ病、白斑葉枯病
				セレナーデ水和剤	うどんこ病、灰色かび病、灰星病、黒枯病、白斑葉枯病など
				アグロケア水和剤	うどんこ病、灰色かび病、すすかび病、黒枯病、黒星病など
				バイオワーク水和剤	野菜類、トマト、ミニトマト（うどんこ病，灰色かび病）、トマト・ミニトマト（葉かび病）
				インプレッション水和剤	うどんこ病、灰色かび病、灰星病、黒枯病など
				エコショット	灰色かび病、斑点病、葉枯病、葉かび病、黒枯病、灰星病など
				バチスター水和剤	うどんこ病、灰色かび病、葉かび病、灰色かび病、マンゴー軸腐病
		シンプレクス水和剤		モミホープ水和剤	イネ（苗立枯細菌病、もみ枯細菌病）
		アミロリクエファシエンス水和剤		インプレッションクリア	うどんこ病、灰色かび病、葉かび病、ニラ白斑葉枯病、オウトウ灰星病
	ラクトバチルス プランタラム水和剤			ラクトガード水和剤	野菜・イモ類軟腐病
	タラロマイセス フラバス水和剤			タフパール	うどんこ病、灰色かび病、葉かび病、炭疽病、すすかび病
				タフブロック	イネ（いもち病、褐条病、苗立枯病、ばか苗病、もみ枯細菌病）
				タフブロックSP	イネ（いもち病、ばか苗病、もみ枯細菌病、苗立枯病）
	トリコデルマ アトロビリデ水和剤			エコホープ	イネ（箱育苗）
				エコホープドライ	イネ（いもち病、苗立枯細菌病、苗立枯病、ばか苗病、もみ枯細菌病）
				エコホープDJ	アスパラガス紫紋羽病
					たばこ白絹病
					イネ（いもち病、ばか苗病、もみ枯細菌病、褐条病、苗立枯細菌病、苗立枯病）
	コニオチリウム ミニタンス水和剤			ミニタンWG	菌核病（野菜類）、黒腐菌核病（ニンニクネギ）
	バリオボラックス パラドクス水和剤			フィールドキーパー水和剤	根こぶ病（キャベツ、ハクサイ、ブロッコリー）
弱毒ウイルス	トウガラシマイルドモットルウイルス弱毒株水溶剤			グリーンペッパーPM	ピーマン・トウガラシ（トウガラシマイルドモットルウイルスによるモザイク病）
	ズッキーニ黄斑モザイクウイルス弱毒株水溶剤			"京都微研"キュービオZY-02	キュウリ（ズッキーニ黄斑モザイクウイルスの感染によるモザイク症および萎凋症）
混合剤	バチルス ズブチリス・ポリオキシン水和剤			クリーンサポート	うどんこ病、灰色かび病、葉かび病、すすかび病、キク白さび病、バラうどんこ病
	バチルス ズブチリス・メパニピリム水和剤			クリーンフルピカ	うどんこ病（キュウリ）
	銅・バチルス ズブチリス水和剤			クリーンカップ	うどんこ病、灰色かび病、褐斑病、変転細菌病、べと病、疫病、すすかび病、葉かび病など
				ケミヘル	

2 殺菌剤の作用機作とメカニズム

　FRAC（殺菌剤耐性菌対策委員会）では、耐性菌の発生を抑制するため、同一作用機作の薬剤の連用を避ける目的で殺菌剤作用機作をFRACコードにより明示している。ここではこのFRAC分類による作用機作のメカニズムと薬剤を示した（表2-2①、②参照）。

1 核酸合成阻害剤

　病原菌の核酸合成を阻害して生育を抑制する。その一つ、オキソリニック酸（スターナ水和剤）はDNAの生合成系の酵素反応を阻害し、イネのもみ枯細菌病や野菜の軟腐病の防除に使われる。また、フェニルアマイド系のメタラキシルM（リドミルゴールドMZ）は、RNA合成系のポリメラーゼIに作用して、rRNAの転写を阻害し、べと病や疫病など卵菌目病害を防除する。これらの薬剤にはいずれも耐性菌の発生が報告されており連用には注意が必要である。

　このほか、DNA、RNA合成系に作用するヒメキサゾール（タチガレン液剤）も核酸合成阻害剤で、立枯病防除のほか、作物の生育促進効果も有し、イネのむれ苗防止にも効果がある。

2 有糸分裂阻害剤

　糸状菌類の細胞分裂は、紡錘糸によって複製された染色体が二つの細胞に移動する有糸分裂による。この有糸分裂に関わる紡錘糸を形成するタンパク質のβ-チューブリンに結合することで細胞分裂を阻害する。有糸分裂阻害剤には、ベノミル（ベンレート水和剤）、チオファネートメチル（トップジンM水和剤）などのベンズイミダゾール系薬剤があり、灰色かび病、菌核病、萎凋病（フザリウム属菌）、炭疽病、うどんこ病など多種の病害に使われる。本剤には耐性菌が発生している。耐性菌では、β-チューブリンのアミノ酸配列が変異し、ベンズイミダゾール系薬剤が結合できなくなり、防除効果が低下する。しかし、変異したβ-チューブリンに結合するジエトフェンカルブが開発され、耐性菌の発生圃場ではベンズイミダゾール系薬剤との混合剤（ゲッター水和剤）や、ジカルボキシイミド系薬剤との混合剤（スミブレンド水和剤）が使われる。そのほか、β-チューブリン形成を阻害する薬剤には、べと病、疫病の防除剤、エタボキサム（エトフィン）がある。

　細胞分裂阻害剤には、ほかにべと病、疫病防除剤のフルオピコリド（リライアブルフロアブル）、イネの紋枯病防除剤のペンシクロン（モンセレン粉剤）がある。

3 呼吸阻害剤

　生物体のエネルギー生成経路を阻害する薬剤群で、ミトコンドリアにおけるATPが生産を阻害して病原菌を死滅させる。複合体I～IVの酵素系を阻害する薬剤に分類される。

[複合体I阻害剤]　複合体Iを阻害する薬剤にジフルメトリム（ピリカット）、トルフェンピラド（ハチハチ）があり、いずれも白さび病やうどんこ病の防除剤である。

[複合体II阻害剤・SDHI剤]　複合体II阻

害剤は、SDHI剤（コハク酸脱水素酵素阻害剤）と呼ばれており、フルトラニル（モンカット）、メプロニル（バシタック）、チフルザミド（グレータム）、ペンフルフェン（エバーゴル）、フラメトピル（リンバー）などの担子菌類の防除薬剤が多い。イネの紋枯病防除剤や、ペンチオピラド（アフェット、ガイアなど）、ボスカリド（カンタス）、イソピラザム（ネクスター）など灰色かび病や菌核病の防除剤も登場している。

[複合体Ⅲ阻害剤・QoI剤、QiI剤、QoSI剤]

複合体Ⅲは、ユビキノール酸化還元酵素に作用するQoI剤、QiI剤とQoSI剤と呼ばれるグループの薬剤で、QoI剤は、ストロビルリン系薬剤に代表され、アミスター20フロアブル、メジャー、シグナムWGD、ストロビーなど灰色かび病から卵菌目（べと・疫病）まで幅広い病原菌に対応する。イネいもち病の防除薬剤としても嵐箱粒剤、オリブライト粒剤、イモチミン粒剤など多数ある。

QiI剤は、べと病、疫病、根こぶ病など卵菌目菌に対する防除薬剤で、ダイナモ顆粒水和剤、ドーシャスフロアブル、ランマン、ライメイ、オラクル顆粒水和剤がある。

QoSI剤は、Qo部位のスティグマテリン結合サイトを阻害する薬剤で、べと、疫病を防除するザンプロ（ザンプロDM）がある。

[酸化的リン酸化脱共役剤] ATP生成に必要なリン酸化反応を阻害する薬剤としてフロンサイドがある。灰色かび病、輪紋病、乾腐病、菌核病、べと病、疫病、軟腐病など幅広い病害に対して効果が得られる。

4 アミノ酸・タンパク質合成阻害剤

アミノ酸の一種、メチオニン合成経路を阻害する薬剤に、リンゴ、ナシの黒星病の防除剤、シプロジニル（ユニックス顆粒水和剤）がある。メパニピリム（フルピカ）はペクチナーゼ分泌阻害と関係するとされ、灰色かび病の防除剤である。

カスガマイシンやストレプトマイシン（アグリマイシン）、オキシテトラサイクリン（マイコシールド）などの抗生物質剤の作用機作は、タンパク質の合成阻害とされる。カスガマイシン（カスミン液剤など）はいもち病の、カスミンボルドーは銅剤との混合剤で、野菜の細菌病からうどんこ病、べと病の防除に使われる。ストレプトマイシン、オキシテトラサイクリンも野菜類の軟腐病、腐敗病、かいよう病など細菌病の防除に使われる。

5 浸透圧シグナル伝達

ジカルボキシイミド系のプロシミドン（スミレックス）、イプロジオン（ロブラール）を処理すると、発芽管の膨潤や破裂、異常分裂をおこして菌は死滅する。そのため、これらの薬剤は細胞膜の透過性など浸透圧の調節経路に作用するとされる。このグループにはフェニールピロール系薬剤（PP殺菌剤）のセイビアーフロアブル20があり、混合剤としてスイッチ顆粒水和剤、ジャストミート顆粒水和剤などが灰色かび病や菌核病の防除剤として使われている。

6 脂質および細胞膜合成系

リン脂質は生体膜系を構成する主要成分であり、細胞内の主要な情報伝達系にも関与する。リン脂質合成、脂質の過酸化、細胞膜浸

透性、脂質恒常性、輸送、貯蔵の阻害などにより細胞膜構造および機能に影響を与える薬剤群である。

リン脂質合成阻害剤としては有機リン系のIBP（キタジンP）、イソプロチオラン（フジワン）、脂質の過酸化作用としてトルクロホスメチル（リゾレックス）、また細胞膜の浸透性に影響する薬剤として、レタスべと病やキュウリの立枯性疫病の防除剤プロパモカルブ塩酸塩（プレビクールN）、脂質の恒常性に関与する薬剤としてオキサチアピプロリン（ゾーベックエニケード）、さらに生物農薬のバシルスズブチリス（枯草菌）を使ったインプレッション、セレナードなどが細胞膜の撹乱ということでやはりこのグループに入る。

7 ステロール合成阻害剤

本剤を処理すると、病原菌はステロール合成が阻害されて細胞膜の形成が異常になり、菌糸先端が膨潤・変形して死滅する。ステロール合成時に、C14位の脱メチル化酵素を阻害する薬剤をSBI剤クラスⅠとしており、うどんこ病、さび病の特効薬で、フザリウム属菌などの子のう菌類に対しても効果を示す。イネの種子殺菌剤に広く使われ、耐性菌が発生している。ピペラジン、イミダゾール、ピリミンジンなどの化合物があり、種類によって耐性菌の発生に差がある。

同様に3-ケト還元酵素を阻害する薬剤をSBI剤クラスⅢとしており、フェンヘキサミド（パスワード）、フェンピラザミン（ピクシオ）など、灰色かび病、菌核病の防除剤となっている。

また、スクワレンエポキシターゼを阻害するSBIクラスⅣに分類される薬剤もあり、そのうちのピリブチカルブ（エイゲン）は芝草のダラースポット、カーブラリア葉枯病の防除で、かつ除草剤でもある。

8 細胞壁合成阻害剤

病原菌の菌体壁成分は、キチンまたはグルカンの結合したセルロースで構成される。ポリオキシン（ポリオキシン）はキチン合成を阻害し、子のう菌類、担子菌類の病害に対して防除効果を示す。

ジメトモルフ（フェスティバル）、ベンチアバリカリブイソプロピル（プロポーズ）、マンジプロパミド（レーバス）は、セルロース合成を阻害する薬剤で、セルロースの細胞壁をもつべと病、疫病に対して卓効を示す。

9 メラニン合成阻害剤

いもち病菌や炭疽病菌は、発芽管の先端に形成された付着器が植物壁を貫通して侵入するが、その際、付着器をメラニンで補強し、内部の細胞浸透圧を高める必要がある。メラニン合成阻害剤は、この付着器におけるメラニンの合成を阻害して侵入感染を防止する。メラニン合成の還元酵素を阻害するMBI-R剤と脱水素酵素を阻害するMBI-D剤、ポリケタイド合成を阻害するMBI-P剤の3グループがある。MBI-R剤は、いもち病の防除剤で、トリシクラゾール（ビーム）、フサライド（ラブサイド）、ピロキロン（コラトップ）の3剤があり、粒剤、粉剤として利用されている。MBI-Dは、箱施用剤として利用されるいもち病防除剤で、ジクロシメット

（デラウス）、フェノキサニル（アチーブ）の2剤がある。MBI-P剤はトルプロカルブが登録され、ゴウケツ、サンブラスとして販売されている。MBI-D剤には耐性菌が発生している。

10 宿主植物抵抗性誘導剤

　殺菌剤のなかには、それ自体に殺菌作用を示さないが、農作物に散布することで、植物体内に全身抵抗性を誘導し、病原菌の感染を抑制する薬剤がある。プロベナゾール（オリゼメート）は、イネ育苗時に粒剤として施用すると、出穂時期までいもち病の感染を抑制する効果が得られるほか、野菜類の軟腐病の防除に使われる。チアジニル（ブイゲット）、イソチアニル（スタウト、ルーチン）があり、いずれもいもち病に対する防除剤として使われている。薬剤耐性菌の発生は報告されていない。

11 多作用点接触活性

　SH酵素阻害など複数の作用点で殺菌効果を示す。病原体に直接薬剤が接触することで殺菌活性を示す薬剤が多く、接触型殺菌剤、予防剤として利用する。
　銅剤と硫黄剤のほか、ジチオカーバメート、フタル酸イミド、クロロニトリル、グアニジン、キノン類、キノキサリン、フルオルイミド系の薬剤などが含まれる。
　銅剤は、無機銅のコサイドボルドーや有機銅のヨネポンなどが含まれ、細菌病から糸状菌病まで広範囲の病害に対応する。硫黄剤は、うどんこ病、さび病の防除剤として利用される薬剤で、これらの無機化合物はいずれも有機JAS農産物に使用できる。銅剤とイオウ剤、有機殺菌剤との混合剤も多数開発されている。
　有機殺菌剤として、カーバメート系には、ジマンダイセン、アントラコールなどの薬剤があり、べと病、疫病などの卵菌目から子のう菌類の病害まで広範囲の病原菌（糸状菌）に対して効果を示す。特定病害に対して卓効を示す治療剤（べと、疫病など）との混合剤としても利用されている。
　また、オーソサイド、ダコニールやベルクートは、多種類の病害に対応する殺菌剤で、混合剤としても多用されている。このほか、うどんこ病やダニ防除剤でもあるキノキサリン系のモレスタン、果樹類の防除剤として使われるデランなどがある。

12 作用機作不明

　作用機作不明に分類される薬剤として、シモキサニル（ホライズンの混合成分）、ホセチル（アリエッティ）、フルスルファミド（ネビジン）、シフルフェナミド（パンチョTF）、ピリオフェノン（プロパティ）、フルチアニル（ガッテン）、フェリムゾン（ブラシン）などがある。
　いもち病の防除剤であるテブフロキン（トライ）は、呼吸阻害剤とされるが、複合体Ⅲの阻害部位が不明でこのグループに入る。
　バリダマイシンは、紋枯病やリゾクトニア菌による立枯病、白絹病、青枯病の防除薬剤で、トラハラーゼの生成を阻害して病原菌のエネルギー代謝を阻害することが提案されている。作用機作が明確になれば、それぞれの作用機作に移される。

　　　　　　　　　　（以上、草刈眞一）

③ 害虫と殺虫剤

　現在、わが国で販売されている殺虫剤の有効成分数は100を超え、毎年新たに開発された新規有効成分が加わっている。殺虫剤には、誘引剤、性フェロモン剤、殺ダニ剤、殺線虫剤、さらにナメクジ防除剤なども含まれる。また、最近では化学合成殺虫剤だけではなく、おもに園芸作物で使用される天敵昆虫・ダニ製剤や微生物製剤も、農薬取締法では農薬として取り扱われ、「生物農薬」と呼ばれる。

　現在、農薬として使用されている殺虫剤は、有効成分の性質や由来によって次のように分類される。

1 殺虫剤の種類

①化学合成殺虫剤
　化学合成された複雑な分子構造をもつ有機化合物で、優れた殺虫効果がある。現在使用されているほとんどの殺虫剤や殺ダニ剤が化学合成殺虫剤である。

②天然殺虫剤
　油、硫黄、植物成分など自然に存在する物質が主成分で、機械油（マシン油）、植物油、石灰硫黄合剤、脂肪酸エステル、デンプンなどがある。化学合成殺虫剤に比較すると、利用可能な害虫の種類や使用場面が限定される。

③性フェロモン剤
　フェロモンとは昆虫が体外に微量を分泌して同種の昆虫の行動に影響を与える物質である。交尾相手を誘引する性フェロモンのほかに、集合フェロモン、道しるべフェロモンなどがある。化学合成した性フェロモン剤は交尾を阻害する交信撹乱剤として使用される。

④天敵昆虫・ダニ製剤（生物農薬）
　害虫を捕食または害虫に寄生する昆虫やダニ類で、おもに施設園芸作物で防除が困難なハダニ類、コナジラミ類、アザミウマ類、ハモグリバエ類などの防除に使用される。

⑤微生物製剤（生物農薬）
　昆虫に寄生する菌、細菌、ウイルス、線虫などの微生物を利用するもので、昆虫が食べて感染するものと、皮膚に触れて感染するものがある。前者には細菌（バチルス・チューリンゲンシス）がつくりだす殺虫タンパク質のBT剤などがあり、後者ではカミキリムシ類などの防除に使用されるボーベリア菌などがある。

　性フェロモン剤、天敵昆虫・ダニ製剤、微生物製剤は通常の殺虫剤と異なり、防除可能な害虫の種類や使用場面が限定される。

2 殺虫剤が昆虫体内に取り入れられる仕組み

　昆虫にはヨトウムシ類やカミキリムシ類のように植物を食べる咀嚼型の口器をもつものと、カメムシ類、アブラムシ類、ハダニ類、アザミウマ類のように植物汁液を吸う吸汁型の口器をもつものがある。この違いは殺虫剤の選択にとって重要である（表2-4参照）。

　殺虫剤の作用点は昆虫の体内にあるので、殺虫剤の有効成分が昆虫体内に取り入れられ、その作用点に到達してはじめて効果が現われる。その侵入経路は殺虫剤の種類によって違いがある。

　また、殺虫剤の中には作物の葉や根から吸

表2-4 害虫の口器の形態

口器の型	害虫のグループ	おもな害虫の種類(天敵の種類)
咀嚼型 左右に動く頑丈な大顎があり、葉、茎、根、木部などを噛み砕いて食べる (図はバッタ類成虫とチョウ目幼虫) バッタ類成虫 寺山(2009)より引用 大顎/上唇/小顎/下唇肢/小顎肢 チョウ目幼虫 一色(1965)より引用・改変 上唇/下唇	チョウ目 (鱗翅目)	ハスモンヨトウ、シロイチモジヨトウ、ヨトウガ、アオムシ、コナガ、アメリカシロヒトリ、チャドクガ、イラガ類、コウモリガなど
	コウチュウ目 (鞘翅目)	コガネムシ類、ハムシ類、カミキリムシ類、キクイムシ類、コメツキムシ類、ゾウムシ類など(テントウムシ類など)
	ハチ目 (膜翅目)	ハバチ類、キバチ類、タマバチ類、ハキリバチ類など(コマユバチ類、ヒメコバチ類など)
	ハエ目 (双翅目)	ハモグリバエ類、ミバエ類、タバマエ類、ガガンボ類
	バッタ目 (直翅目)	バッタ類、キリギリス類、ケラなど
吸汁型1 カメムシ類、アブラムシ類、ハダニ類など 細長い針状の口針があり、植物組織に突き刺して吸汁する (図はカメムシ類成虫とハダニ類成虫) カメムシ類成虫 友国(1993)より引用・改変 口吻 ハダニ類成虫 江原(1975)より引用・改変 口針/口吻/担針体	カメムシ目 (半翅目)	カメムシ類、グンバイムシ類、ウンカ類、ヨコバイ類、アブラムシ類、カイガラムシ類、コナジラミ類など(ヒメハナカメムシ類、サシガメ類など)
	ダニ類	ハダニ類、サビダニ類、ネダニ類、ホコリダニ類など(カブリダニ類など)
吸汁型2 アザミウマ類 短い円錐形、やすり状の口器があり、植物組織を傷つけながら吸汁する (図はアザミウマ類成虫) アザミウマ類成虫 宮崎・工藤(1988)より引用・改変 上唇/小腮鬚/上唇槽	アザミウマ目 (総翅目)	ミナミキイロアザミウマ、ネギアザミウマ、ミカンキイロアザミウマ、チャノキイロアザミウマなど(アカメガシワクダアザミウマなど)

3 害虫と殺虫剤

収され、植物体内に浸透移行する性質をもつものもある。

これらの特性はすべて殺虫剤の作用やその効果の発現に影響する。

1) 昆虫体内への侵入

①接触剤（経皮侵入）

脂溶性の高い有効成分は昆虫の皮膚に触れると直接浸透して体内に入り、殺虫効果を発現する（接触効果）。接触性殺虫剤とも呼ばれる。

②食毒剤（経口侵入）

昆虫が作物を加害するとき表面に付着、または作物体内に浸透して残留している殺虫剤の有効成分が口を通して体内に入り、殺虫効果を発現する（食毒効果）。摂食性殺虫剤とも呼ばれる。

③くん煙剤・くん蒸剤（経気門侵入）

気化しやすい殺虫剤の有効成分は処理後に気化して昆虫の気門から体内に入り、殺虫効果を発現する（ガス効果）。常温で速やかに気化する性質の殺虫剤はくん蒸剤と呼ばれ、土壌害虫や線虫の防除のために土壌中に注入（土壌くん蒸）、または密閉したハウスや穀物倉庫内の害虫防除のために、くん煙またはくん蒸（倉庫くん蒸）して使用される。

2) 植物体内への浸透

有効成分が散布後に植物体の表面から体内に浸透、または土壌施用後に根から吸収されて植物全体に浸透移行する性質をもつ殺虫剤は浸透性殺虫剤（または浸透移行性殺虫剤）と呼ばれ、アブラムシ類、コナジラミ類、アザミウマ類などの吸汁性害虫に優れた効果がある。とくに、カイガラムシ類のように樹皮のすき間などに集団をつくり、体が防御物質で覆われて薬液が届きにくい害虫の防除には有効である。また、根から吸収させた場合は天敵類に対して悪影響が小さいという利点がある。

3) 昆虫の気門封鎖（窒息）

これまで述べたような化学的・生理的な殺虫作用と違って、機械油（マシン油）や界面活性剤などで昆虫の体表を被膜で覆って気門をふさぎ、呼吸を阻害して窒息死させるものもある。これは物理的な殺虫作用であるため、害虫の抵抗性が発達するおそれがなく、薬剤抵抗性害虫に対しても有効である。

4 殺虫作用のメカニズム

1 接触剤の作用発現過程

殺虫剤の有効成分が昆虫の皮膚から体内に浸透し、作用点に到達して殺虫作用を発現するまでには、次の3段階の過程を経ることになる。

1 殺虫作用の3つの要因

①皮膚の浸透
第1の過程は、昆虫の皮膚での有効成分の浸透の難易度で、皮膚抵抗と呼ばれる。

②昆虫体内での代謝
第2の過程は、体内に浸透した有効成分は酵素などの作用によって活性化され、より殺虫作用の大きいものに変化するか、または解毒されて体外に排出されたりする。作用点に到達するまでの体内での変化は体内抵抗と呼ばれる。

③作用点の感受性
第3の過程は、このように代謝された有効成分と作用点との結び付きの難易で、作用点の感受性と呼ばれる。殺虫剤の殺虫特性、例えば防除可能な害虫の種類（殺虫スペクトル）や効力発現の速さなどは、この三つの要因の大小によって決まってくる。

なお、昆虫は変温動物なので殺虫剤の効果はそのときの気温にも影響を受ける。一般的には高温時の効果が高いという特性がある。

2 抵抗性害虫

同じ殺虫剤をくり返して使用していると、そのうちに効果が低下することが知られており、殺虫剤に対して害虫の抵抗性が発達したといわれる。

これは同じ殺虫剤の反復使用によって、殺虫剤に強い個体だけが生き残って繁殖をくり返し、害虫集団全体が殺虫剤に強くなったためである。

この殺虫剤に強い個体は、はじめからその集団の中に存在しており、皮膚抵抗や体内抵抗が大きく、作用点の感受性が低い個体であったため生き残って増殖したのである。この集団は抵抗性系統と呼ばれ、ハダニ類、アブラムシ類、アザミウマ類、コナガなど年間世代数の多い害虫で生じやすい。

ある殺虫剤に抵抗性を発達させた害虫は、同じ系統の他の殺虫剤にも抵抗性を示すことがある。これは交差抵抗性と呼ばれる。有機リン系殺虫剤は長期間使用され、製品の数も多いので交差抵抗性の例が多い。

害虫の殺虫剤抵抗性の発達を防ぐためには、同じ系統（IRACコード）の殺虫剤を続けて使用することを避け、別の系統の殺虫剤と交互に使用する必要がある。

また、同じ殺虫剤を連用していると、ときに害虫が大発生することがあり、この現象は「リサージェンス」と呼ばれる。害虫の抵抗性の発達に加えて、殺虫剤により天敵類が減少し、害虫の増殖を抑制できなくなることが原因である。

3 選択毒性

殺虫剤の開発は、基本的に害虫によく効き、ヒトには安全なものの追求である。

このような殺虫剤の選択的な作用性は、前述の3段階の要因のうち、とくに2番目の解毒作用と3番目の作用点の感受性の違いに関係がある。

有効成分の解毒力が昆虫よりヒトで大きく、その活性代謝物が昆虫の作用点とは容易に結合するが、ヒトの作用点とは結合しにくい場合にヒトに対する安全性が高くなる。例えばスミチオンは、その活性代謝物が昆虫の作用点とは容易に結合するが、ヒトの作用点とは結合しにくい立体構造になっているため、ヒトに対して毒性が低い。

　一般的に分子量の小さい殺虫剤の作用は非選択的で、分子量の大きい殺虫剤は選択的な作用を示す。

2 殺虫剤の作用機構

　殺虫剤は、昆虫の生命維持のために重要な生理機能や、代謝に関与する酵素やホルモンなどの働きを阻害することによって昆虫を死に至らしめるが、その阻害や撹乱がおこる場所が作用点であり、殺虫剤により異なる。

　現在、一般的に使用されている殺虫剤の作用メカニズムは次の通りである。

1 神経と筋肉を標的とするグループ

　昆虫にもヒトと同様に神経系があり、生命維持に直結する重要な情報は電気的信号として末端に伝達される。この情報伝達を止めたり撹乱したりすると、正常な生命維持活動ができなくなって死に至る。

①神経細胞での伝達阻害

　神経系は神経細胞で構成され、細胞の長く伸びている部分（軸索）の先端と、それにつながる次の細胞との接合部（シナプス）にはわずかな間隙がある（図2-1）。情報は電気的信号となって軸索を伝わり、接合部に到達すると、その先端から信号伝達物質（アセチルコリンなど）が分泌され、次の神経細胞に伝わる。情報伝達が終わると、伝達物質は分解酵素（コリンエステラーゼなど）によって速やかに分解され、接合部は元の状態に戻る。

　殺虫剤はこの分解酵素の働きを阻害し、伝達物質が結合する受容体に先に結合して伝達物質が正常に結合できないようにする。有機リン系（IRACコード1B）、カーバメート系（1A）は分解酵素の働きを阻害し、フェニルピラゾール系（2B）、ネオニコチノイド系（4A）、スピノシン系（5）、アベルメクチン系・ミルベマイシン系（6）、ネライストキシン類

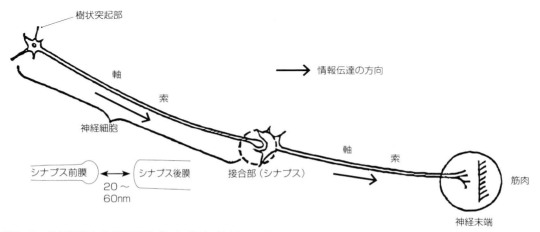

図2-1　神経細胞とその接合部（シナプス）（髙橋信孝『基礎農薬学』1994より一部改変）

縁体（14）は伝達物質の正常な結合を妨げることにより殺虫効果を発現する。

神経細胞の細胞膜の外側はプラス（＋）に、内側はマイナス（−）に帯電しているが、信号伝達時には局部的に電位が逆転して伝達される。ピレスロイド系（3A）は神経細胞膜のイオン透過性を変化させて軸索の伝達機能を撹乱し、殺虫効果を発現する。

②筋肉細胞での伝達阻害

筋肉組織にあるリアジノン受容体は小胞体から細胞質へのカルシウム放出を担う場所で、ジアミド系（28）はリアジノン受容体を活性化し、筋肉の収縮と麻痺を誘導して殺虫効果を発現する。

２　成長と発育を標的とするグループ

昆虫の皮膚はキチン質でつくられ、幼虫は成長過程で何回か脱皮をくり返して大きくなる。脱皮は脱皮ホルモンの働きによって、皮膚の下に新しい皮膚がまず形成され、それから脱皮がおきる。

ベンゾイル尿素系（15）はキチンの生合成を阻害し、ジアシル－ヒラドジン系（18）は脱皮ホルモンや幼若ホルモンなどの幼虫の脱皮に関与するホルモンの正常な働きを撹乱し、幼虫は脱皮できずに死亡する。動物は脱皮しないので、この作用点はヒトにはない。幼虫が脱皮するときに死亡するので効果の発現は遅効性だが、幼虫は摂食活動をすぐに停止するので、作物への加害はすぐに抑制される。

テトロン酸およびテトラミン酸誘導体（23）では昆虫の成長と発育に欠かせない脂質生合成の第１段階に作用するアセチル CoA カルボキシラーゼを阻害し、殺虫効果を発現する。

３　呼吸を標的とするグループ

外呼吸によって昆虫の気門から取り入れられた酸素は気管を通って体内の細胞組織に送られ、細胞内のミトコンドリアでの内呼吸によって生命維持に必要なエネルギー源であるATPが生産される。ミトコンドリアは、電子伝達系がプロトン勾配を用いた酸化プロセスによってつくり出されるエネルギーを用いてATPを合成するが、ある種の殺虫剤はこの電子伝達系や酸化プロセスを阻害することが知られている。

クロルフェナピル（13）はミトコンドリアのプロトン勾配を撹乱させることでATP合成を阻害し、METI剤（21A）は電子伝達系複合体Ⅰ、β-ケトニトリル誘導体（25A）では電子伝達系複合体Ⅱをそれぞれ阻害することで細胞のエネルギー利用を妨害し、殺虫効果を発現する。

４　中腸を標的とするグループ

BT（11A）はチョウ目に特異的な微生物由来毒素で、中腸の受容体に結合したタンパク質毒素が中腸の膜に穴を開けることでイオンの不均衡と敗血症を引きおこし、殺虫効果を発現する。

５　その他

最近開発された新しい殺虫剤のなかには、その作用機構がまだ十分に解明されていないものがある。プレオ（ピリダリル）などがある。

5 殺虫剤を使いこなす

1 主要な殺虫剤の特徴

①カーバメート系殺虫剤（1A）

接触または食毒で体内に取り入れられ、昆虫の神経系に作用する。有機リン系殺虫剤とは作用する部分が異なる。速効性および残効性、浸透性は薬剤により異なる。カメムシ目、コウチュウ目、チョウ目、センチュウ類など幅広い害虫に効果がある。

②有機リン系（1B）

接触または食毒で体内に取り入れられ、昆虫の神経系に作用する。カーバメート系殺虫剤とは作用する部分が異なる。速効性および残効性、浸透性は薬剤により異なる。イネ、果樹、野菜、花き、樹木の幅広い害虫、ハダニ類に効果がある。

③ピレスロイド系（3A）

接触または食毒で体内に取り入れられ、昆虫の神経系に作用する。有機リン系殺虫剤やカーバメート系とは作用する部分が異なる。速効性および残効性を有するが、浸透性はない。また、産卵抑制や食害抑制など特異的な忌避作用を示す。殺虫スペクトラムが広く、幅広い害虫に効果がある。抵抗性が発達しやすいため、連用は控える。

④ネオニコチノイド系（4A）

接触または食毒で体内に取り入れられ、昆虫の神経系に作用する。有機リン系やカーバメート系、ピレスロイド系とは作用する部分が異なる。速効性および残効性があり、浸透性もあるためイネでは育苗箱処理で本田中期まで効果が持続する。イネ、果樹、野菜のカメムシ目、コウチュウ目など広範囲の害虫に効果がある。害虫に対して発育不良や産卵数減少を引きおこすなど副次的効果もある。

⑤スピノシン系（5）

接触または食毒で体内に取り入れられるが、おもに食毒により取り入れられ、昆虫の神経系に作用する。土壌放線菌由来の化合物である。速効性および残効性があるが、浸透性はないため、丁寧に薬液を散布する。イネ、果樹、野菜などのチョウ目、アザミウマ目、ハエ目など広範囲の害虫に効果がある。

⑥アベルメクチン系・ミルベマイシン系（6）

接触または食毒で体内に取り入れられ、昆虫の神経系に作用する。速効性はあるが、残効は短い。浸透性はない。殺虫スペクトラムは広く、果樹、野菜などの広範囲の害虫に効果があり、ハダニ類に対する殺虫活性もある。

⑦ジアミド系（28）

食毒で体内に取り入れられ、害虫の筋肉を収縮させて摂食行動を阻害する。やや遅効的であるが、残効は長い。おもにチョウ目害虫、ハエ目害虫に効果がある。天敵類、ミツバチ、マルハナバチに対する悪影響が小さい。

⑧ベンゾイル尿素系（15）

食毒で体内に取り入れられ、害虫の表皮組織のキチン生合成を阻害する。遅効的であるが、残効は長い。浸透性はない。殺虫スペクトラムは狭く、おもにチョウ目害虫に効果がある。産卵数や孵化率に影響を及ぼし、次世代の密度を抑制する効果もある。人畜毒性が低く、天敵類への悪影響が比較的小さい。

⑨METI剤（21A）

接触または食毒で体内に取り入れられ、害虫の呼吸を阻害する。速効性および残効性があるが、浸透性はない。殺ダニ剤が多く含まれる。

表2-5　主要殺虫剤の特性一覧表

殺虫剤の名称		系統	対象害虫					作用性				
			咀嚼性害虫	吸汁性害虫			土壌害虫	接触効果	食毒効果	浸透性	速効性	残効性
一般名	商品名	IRACコード		アブラムシ・コナジラミ	アザミウマ	ハダニ						
神経と筋肉を標的とするグループ												
1 カーバメート系（1A）・有機リン系（1B）…神経シナプスで興奮性神経伝達物質アセチルコリンの作用を停止させる酵素の働きを阻害し、過剰興奮を引きおこす												
アラニカルブ	オリオン	1A	○	○	○			○	○		○	○
メソミル	ランネート	1A	○	○	○		○	○	○	○	○	○
チオジカルブ	ラービン	1A	○				○		○			○
アセフェート	オルトラン、ジェイエース	1B	○	○	○		○	○	○	○	○	
ダイアジノン	ダイアジノン	1B	○	○	○	○	○	○	○		○	
MEP	スミチオン	1B	○	○	○			○	○		○	
ホスチアゼート	ネマトリンエース	1B			○	○	○	○	○	○		○
イソキサチオン	カルホス	1B	○	○			○	○	○		○	
マラソン	マラソン	1B	○	○	○	○		○	○		○	
DMTP	スプラサイド	1B	○	○	○			○	○		○	
PAP	エルサン	1B	○	○	○			○	○		○	
2 フェニルピラゾール系（2B）…昆虫の主要な抑制性神経伝達物質であるGABAで活性化される塩素イオンチャネルを阻害し、過剰興奮と痙攣を引きおこす												
エチプロール	キラップ	2B	○	○	○			○	○	○	○	○
フィプロニル	プリンス	2B	○	○	○			○	○	○	○	○
3 ピレスロイド系（3A）…神経軸索の活動電位の伝達に関与するナトリウムチャネルを開放し続け、過剰興奮を引きおこし、神経伝達を阻害する												
アクリナトリン	アーデント	3A	○	○	○	○		○	○		○	○
シペルメトリン	アグロスリン	3A	○	○	○			○	○		○	○
エトフェンプロックス	トレボン	3A	○	○	○			○	○		○	○
フェンプロパトリン	ロディー	3A	○	○	○	○		○	○		○	○
フルバリネート	マブリック	3A	○	○	○	○		○	○		○	○
ペルメトリン	アディオン	3A	○	○	○			○	○		○	○
4 ネオニコチノイド系（4A）…昆虫中枢神経系の主要な興奮性神経伝達物質であるニコチン性アセチルコリンの受容体でアセチルコリンのアゴニストとして作用し、過剰興奮を引きおこす												
アセタミプリド	モスピラン	4A	○	○	○		○	○	○	○	○	○
クロチアニジン	ダントツ	4A	○	○	○		○	○	○	○	○	○
ジノテフラン	スタークル、アルバリン	4A	○	○	○		○	○	○	○	○	○
イミダクロプリド	アドマイヤー	4A	○	○	○		○	○	○	○	○	○
ニテンピラム	ベストガード	4A	○	○	○		○	○	○	○	○	○
チアメトキサム	アクタラ	4A	○	○	○		○	○	○	○	○	○
5 スピノシン系（5）…昆虫中枢神経系の主要な興奮性神経伝達物質であるニコチン性アセチルコリンとアロステリック部位で結合してニコチン性アセチルコリンを活性化させ、過剰興奮を引きおこす												
スピネトラム	ディアナ	5	○		○			○	○		○	○
スピノシン	スピノエース	5	○		○			○	○		○	○
6 アベルメクチン系（6）・ミルベマイシン系（6）…昆虫の重要な抑制神経伝達物質であるグルタミン酸の依存性塩素イオンチャンネルとアロステリック部位で結合して塩素イオンチャンネルを活性化し、麻痺を引きおこす												
アバメクチン	アグリメック	6	○	○	○	○		○	○		○	
エマメクチン安息香酸塩	アファーム	6	○	○	○	○		○	○		○	
レピメクチン	アニキ	6	○	○	○			○	○		○	
ミルベメクチン	コロマイト	6		○		○		○	○		○	
9 ピリジン アゾメチン誘導体(9B)…運動感覚に重要な弦音ストレッチ受容器官の電位バニロイドチャネル複合体に結合して撹乱し、摂食行動やその他の行動を撹乱する												
ピメトロジン	チェス	9B		○					○	○		○
ピリフルキナゾン	コルト	9B		○	○			○	○		○	○
14 ネライストキシン類縁体（14）…昆虫中枢神経系の主要な興奮性神経伝達物質であるニコチン性アセチルコリンの受容体のイオンチャンネルを阻害し、神経系の遮断と麻痺を引きおこす												
カルタップ	パダン	14	○	○	○		○	○	○	○	○	○
チオシクラム	エビセクト	14	○	○	○			○	○	○	○	○

殺虫剤の名称		系統	対象害虫					作用性				
			咀嚼性害虫	吸汁性害虫			土壌害虫	接触効果	食毒効果	浸透性	速効性	残効性
一般名	商品名	IRAコード		アブラムシ・コナジラミ	アザミウマ	ハダニ						

28 ジアミド系（28）…昆虫の筋肉の小胞体から細胞質へのカルシウム放出を担うリアノジン受容体を活性化し、筋肉の収縮と麻痺を誘導する

一般名	商品名	IRAコード	咀嚼	アブラ	アザ	ハダニ	土壌	接触	食毒	浸透	速効	残効
クロラントラニリプロール	フェルテラ、プレバソン、サムコル	28	○	○					○	○		○
シアントラニリプロール	ベリマーク、プリロッソ、ベネビア、エクスレル	28	○	○	○				○	○		○
フルベンジアミド	フェニックス	28	○						○	○		○

成長と発育を標的とするグループ

10 ダニ類成長阻害剤（10）…ダニ類の成長阻害を引きおこすが、その作用機構は十分には解明されていない

一般名	商品名	IRAコード	咀嚼	アブラ	アザ	ハダニ	土壌	接触	食毒	浸透	速効	残効
ヘキシチアゾクス	ニッソラン	10A				○		○	○			○
エトキサゾール	バロック	10B				○		○	○			○

15 ベンゾイル尿素系（15）…キチン生合成阻害を引きおこすが、その作用機構は十分には解明されていない

一般名	商品名	IRAコード	咀嚼	アブラ	アザ	ハダニ	土壌	接触	食毒	浸透	速効	残効
クロルフルアズロン	アタブロン	15	○						○			○
フルフェノクスロン	カスケード	15	○		○				○			○
ルフェヌロン	マッチ	15	○						○			○
ノバルロン	カウンター	15	○						○			○

18 ジアシルヒドラジン系（18）…脱皮ホルモンであるエクダイソンの類縁体で、早熟脱皮を引きおこす

一般名	商品名	IRAコード	咀嚼	アブラ	アザ	ハダニ	土壌	接触	食毒	浸透	速効	残効
クロマフェノジド	マトリック	18	○						○			○
メトキシフェノジド	ファルコン	18	○						○			○
テブフェノジド	ロムダン	18	○						○			○

23 テトロン酸およびテトラミン酸誘導体（23）…脂質生合成の第1段階に作用するアセチルCoAカルボキシラーゼを阻害し、殺虫効果を発現する

一般名	商品名	IRAコード	咀嚼	アブラ	アザ	ハダニ	土壌	接触	食毒	浸透	速効	残効
スピロジクロフェン	ダニエモン	23				○		○	○			○
スピロメシフェン	ダニゲッター	23				○		○	○			○
スピロテトラマト	モベント	23		○	○	○		○	○	○		○

呼吸を標的とするグループ

13 クロルフェナピル（13）…ミトコンドリアのプロトン勾配を撹乱させることで生体維持に必要なエネルギー源であるATP合成を阻害する

一般名	商品名	IRAコード	咀嚼	アブラ	アザ	ハダニ	土壌	接触	食毒	浸透	速効	残効
クロルフェナピル	コテツ	13	○		○	○		○	○		○	○

20 アセキノシル（20B）・ビフェナゼート（20D）…ミトコンドリアの電子伝達系複合体IIIを阻害することで、細胞のエネルギー利用を妨害する

一般名	商品名	IRAコード	咀嚼	アブラ	アザ	ハダニ	土壌	接触	食毒	浸透	速効	残効
アセキノシル	カネマイト	20B				○		○	○			○
ビフェナゼート	マイトコーネ	20D				○		○	○			○

21 METI剤（21A）…ミトコンドリアの電子伝達系複合体Iを阻害することで、細胞のエネルギー利用を妨害する

一般名	商品名	IRAコード	咀嚼	アブラ	アザ	ハダニ	土壌	接触	食毒	浸透	速効	残効
フェンピロキシメート	ダニトロン	21A				○		○	○		○	○
ピリダベン	サンマイト	21A		○		○		○	○		○	○
テブフェンピラド	ピラニカ	21A				○		○	○		○	○
トルフェンピラド	ハチハチ	21A	○	○	○	○		○	○		○	○

25 β-ケトニトリル誘導体（25A）・カルボキサニリド系（25B）…ミトコンドリアの電子伝達系複合体IIを阻害することで、細胞のエネルギー利用を妨害する

一般名	商品名	IRAコード	咀嚼	アブラ	アザ	ハダニ	土壌	接触	食毒	浸透	速効	残効
シエノピラフェン	スターマイト	25A				○		○	○			○
シフルメトフェン	ダニサラバ	25A				○		○	○			○
ビフルブミド	ダニコング	25B				○		○	○			○

中腸を標的とするグループ

11 Bacillus thuringiensis と殺虫タンパク質生産物（11A）…微生物由来の昆虫中腸内膜破壊剤で、中腸の受容体に結合したタンパク質毒素が中腸の膜に穴をあけることでイオンの不均衡と敗血症を引きおこす

一般名	商品名	IRAコード	咀嚼	アブラ	アザ	ハダニ	土壌	接触	食毒	浸透	速効	残効
BT aizawai	ゼンターリ、フローバック、サブリナなど	11A	○						○			○
BT kurstaki	エスマルク、デルフィン、トアローCTなど	11A	○						○			○

作用点不明のグループ

UN 作用機構が不明あるいは不明確な剤（UN）

一般名	商品名	IRAコード	咀嚼	アブラ	アザ	ハダニ	土壌	接触	食毒	浸透	速効	残効
ピリダリル	プレオ	UN	○		○			○	○		○	○

⑩ *Bacillus thuringiensis* と殺虫タンパク質生産物（11A）

食毒で体内に取り入れられ、本菌の芽胞を昆虫が食すと病原性のある結晶性タンパク質が産生されて殺虫効果を発現する。遅効的であるが、残効は長い。浸透性はない。殺虫スペクトラムは狭く、おもにチョウ目害虫やコガネムシ類幼虫などに効果がある。人畜毒性が低く、天敵類への悪影響が比較的小さい。

2 殺虫剤の使い方

殺虫剤を上手に使うコツは、次の通りである。

①対象害虫の確認

防除しなければならない害虫を特定し、その害虫の発生時期、加害習性とくに咀嚼型か吸汁型かの区別、年間の生活史を知ることが重要である。参考書やネットで調べるとともに、専門家に聞いて確認する。

②登録農薬の確認

すべての殺虫剤は農薬取締法により農薬登録が義務付けられており、農薬登録されていない殺虫剤の使用は違法となる。殺虫剤のラベルには農林水産省の登録番号と適用表があり、適用作物と使用基準を確認して使用する。使用基準がわからない場合は、その殺虫剤の製造・販売メーカーの技術普及の担当者に直接問い合わせるのがよい。

③防除適期の確認

それぞれ害虫には防除適期があり、それを逸すると殺虫剤散布の効果がまったく得られない場合もある。とくに吸汁型の害虫にその傾向がある。基本的には害虫発生初期の生息数が少なく、幼虫がまだ小さく、被害が広がり始める直前に防除するのが理想的である。

④使用量と希釈倍数の確認

殺虫剤は、効力、薬害、周辺への影響などを考慮して使用量や希釈倍数が決められ、登録されている。必ず使用量または希釈倍数を確認し、計量容器を使用して、正確に計量してから使用する。

⑤使用時期と使用回数

殺虫剤は、収穫・出荷時にその有効成分が残留基準値以下となるように使用時期（収穫前日数など）および総使用回数が定められている。必ず殺虫剤の使用前に殺虫剤のラベルで使用時期と使用回数を確認し、農作物の収穫・出荷前にも殺虫剤の使用記録簿で確認する。

⑥散布量の確認

害虫は葉裏や新梢および樹皮のすき間などに潜んでいることが多いので、作物全体に十分量の薬液が付着するように丁寧に散布する。薬液をはじきやすい作物では、薬液に適当な展着剤を添加して散布し、付着程度を高める必要がある。

⑦抵抗性発達に注意

殺虫剤に対する抵抗性発達の有無は非常に重要で、とくにハダニ類、アブラムシ類、アザミウマ類、コナガなどは注意が必要である。

また、アブラムシ類、アザミウマ類は種類が多く、種類によって殺虫剤の効き方が異なったり、抵抗性を示す殺虫剤が異なる場合があるので、事前に抵抗性の実態を地域の普及指導機関などに問い合わせて知っておく。

（以上、柴尾　学）

第3編 農薬選びと防除の仕組み方

文 草刈眞一
　　柴尾 学

1 薬剤耐性菌・抵抗性害虫を減らす防除対策

　農作物の病害虫防除では、基幹防除剤により主要病害虫の初発を防ぎ、病害虫が多発傾向となった場合に特効的な効果を示す薬剤で防除する方法がある。特効的な効果を示す薬剤は、病害虫の特定部位に作用し、連用すると耐性菌や抵抗性害虫が発生しやすい。イネのいもち病やウンカ類では、こうした薬剤を育苗時から用いて薬剤耐性や薬剤抵抗性を発達させてきた歴史がある。耐性菌や抵抗性害虫の発生の原因とされる同一作用機作を有する薬剤の連用を避けるため、今日、各薬剤の作用機作を分類し、系統をコード番号で表現するシステムが考案されている(注)。

　とくに難防除病害虫の場合には、初発時から特効的な薬剤が連用される傾向があり、耐性菌や抵抗性害虫の発生が助長される。また、基幹防除剤と特効的な薬剤を組みあわせる場合でも、薬剤の作用点で分類されたFRACコード、IRACコードにより薬剤のローテーションを組み立てる必要がある。

　例えば、果菜類の灰色かび病では、耐性菌の発生している系統を避け、効果の高い新規薬剤であるピクシオDF（ステロール合成、還元酵素阻害剤）などを使用し、発生が減少すれば生物農薬等の散布で耐性菌率を抑制するか、他剤に切り替えて防除する。

　また、ベルクートフロアブル（多作用点阻害剤）や従来からよく使われているトップジンM水和剤（有糸分裂阻害剤）、防除効果を持続させる必要があればセイビアーフロアブル（浸透圧伝達阻害剤）、アフェットフロアブル（コハク酸脱水素酵素阻害剤）などを、発生状況を見ながらローテーション散布する。

　アブラナ科野菜のコナガでは近年、ジアミド系のプレバソンフロアブル5やフェニックス顆粒水和剤に対する抵抗性が発達している。そこで、育苗期後半〜定植時には同じジアミド系でも作用機作の異なるベリマークSCを灌注処理し、生育期にディアナSC（スピノシン系）、アファーム乳剤（アベルメクチン系）、BT系のゼンターリ顆粒水和剤やデルフィン顆粒水和剤など異なる系統の薬剤をローテーション散布する。

　以下、作物別に各農薬の選び方と防除の仕組みについて紹介する。

（注）　IRAC（殺虫剤抵抗性対策委員会）、FRAC（殺菌剤耐性委員会）、HRAC（除草剤抵抗性委員会）は、CLI（Crop Lif International）の専門委員会で、殺虫剤、殺菌剤、除草剤に対する抵抗性について薬剤の作用機作と抵抗性機作の情報等を提供している国際的団体。IRACコード、FRACコード、HRACコードは、これらの専門委員会から提供されている、薬剤の作用機作の分類コードで、同一コード番号は、その薬剤の作用機作が同じであることを示す。巻末参照。

② 各作物の防除の基本と農薬選定の考え方

1 イネ

イネにおける病害虫の発生は、気温、湿度、日照、降雨や生育状況などに影響され、発生状況は毎年異なる。病害虫の発生時期はある程度予測できるが、発生量の予測は困難である。例年、発生する病害虫に対して薬剤を予防的に処理する基幹防除が重要となる。基幹防除剤の選択は地域によって異なるが、発生する病害虫を考慮し、ある程度幅広く対応できる薬剤を選択する必要がある。また、近年、発生予察の精度も高くなっており、予察情報にあわせて多発傾向の病害虫に対応した薬剤を準備しておくことも重要となる。

イネの薬剤防除は、育苗箱施用を基本として体系を組み立て、種子消毒を含めた薬剤の選択が必要である。防除薬剤は、種子消毒剤（表3-1）、育苗箱施用剤（表3-2）、本田散布剤（殺菌剤は表3-3、殺虫剤は表3-4、殺虫殺菌混合剤は表3-5）に区分される。

1- 種子消毒

イネの種子伝染病として対象になる病害虫は、いもち病、ばか苗病、ごま葉枯病、もみ枯細菌病、苗立枯細菌病、褐条病とイネシンガレセンチュウである。このほか、リゾープス、トリコデルマ、フザリウム、ピシウム属菌等も種子や育苗箱、土壌などから苗に感染して、立枯病を発症することから対象となる。

種子消毒剤は、種子伝染するこれらの病害虫の被害を防止する薬剤で、殺菌剤、殺虫剤、細菌防除剤が使われる（表3-1）。処理方法として、種子に薬剤を直接付着させる種子粉衣や吹き付け処理、種子を薬剤希釈液に浸漬する処理がある。種子消毒は、種子表面に付着している植物病原菌類を殺菌することはできるが、種子内部に入り込んだ病原菌に対しては十分な効果の得られないことが多い。

薬剤処理の際には塩水選を行なう。塩水選は、病原菌に侵された充実度の悪い種子を比重で選別する方法で、種子内部まで感染・汚染した種子を塩水の比重で選別除去する。うるち米では、水18ℓに食塩で4.5kg（無芒種）を溶解した溶液（比重1.13）、もち米では、18ℓに食塩2.25kgを溶解した溶液（比重1.08）を用いる。塩水選によって、病原菌が種子内部の胚乳や胚の部分に感染した充実度の悪い種子は除去され、種子消毒剤の効果が高くなる。塩水選は、農薬を使わない温湯消毒等でも重要な前処理作業である（図3-1）。

種子消毒剤（表3-1）には、ステロール合成阻害剤を主成分とするトリフミン水和剤・乳剤、スポルタック乳剤、ヘルシード乳剤、スポルタックスターナSE、テクリードCフロアブル、モミガードC・DF、有糸分裂を阻害するベンズイミダゾール系薬剤のベンレート水和剤、ベンレートT水和剤、ホーマイ水和剤などがある。いずれの系統も薬剤耐性菌が発生しており、使用にあたって注意が必要である。また、生物農薬ではばか苗病、いもち病に対して有効なタフブロック、モミホープ水和剤、エコホープが販売されている。生物農薬は、ステロール合成阻害剤などの薬剤耐性菌に対しても効果がある。

表3-1 水稲の種子消毒剤

区分	商品名	一般名	FRACコードまたはIRACコード	希釈倍数	処理時期	処理方法	いもち病	ごま葉枯病	ばか苗病	もみ枯細菌病	褐条病	苗立枯細菌病	苗立枯病(トリコデルマ)	苗立枯病(リゾープス)	苗立枯病(フザリウム)	苗立枯病(ピシウム)	イネシンガレセンチュウ
殺菌剤	ベンレートT水和剤20	チウラム・ベノミル水和剤	M3/1	200倍	浸種前	24〜48時間種子浸漬	○	○	○								○
				200倍		6〜24時間種子浸漬			○								
				20倍		10分間種子浸漬	○	○	○				○	○	○	○	
				3.75倍（乾燥種籾1kgあたり希釈液30mℓ)		種子吹き付け処理（種子消毒機使用）または塗沫処理				○							
				400倍		24〜48時間種子浸漬	○	○	○								○
				7.5倍（使用量は乾燥種籾1kgあたり希釈液30mℓ)		種子吹き付け処理（種子消毒機使用）または塗沫処理	○	○	○								○
				乾燥種籾重量の0.5〜1.0%		種子粉衣（湿粉衣)	○	○		○			○	○	○	○	
				乾燥種籾重量の1%		種子粉衣（湿粉衣)						○					
	ホーマイコート	チウラム・チオファネートメチル水和剤	M3/1	種子重量の2〜3%	浸種前	種子粉衣	○	○	○							○	
				20〜30倍		10分間種子浸漬	○	○	○							○	
	ホーマイ水和剤			200倍		24〜48時間種子浸漬	○	○	○								
				200倍		6〜24時間種子浸漬			○								
				400倍		24〜48時間種子浸漬	○	○	○								
				乾燥種籾重量の0.5〜1%		種子粉衣（湿粉衣)	○	○								○	
				乾燥種籾重量の1.0%		種子粉衣（湿粉衣)											○
	カスミン液剤	カスガマイシン液剤	24	1000倍	浸種時〜播種前	24時間種子浸漬						○					
	ヘルシードTフロアブル	チウラムペフラゾエート水和剤	M3/3	20倍	浸種前	10分間種子浸漬	○	○	○								
				200倍		24時間種子浸漬	○	○	○								
				7.5倍		使用量は乾燥種籾1kgあたり希釈液30mℓ	○	○	○								
				原液		使用量は乾燥種籾1kgあたり4mℓ	○	○	○								
				4〜7.5倍		使用量は乾燥種籾1kgあたり原液4mℓを希釈して使用	○	○	○								
	テクリードCフロアブル	イプコナゾール・銅水和剤	3/M1	200倍	浸種前	24時間種子浸漬	○	○	○	○	○						
				20倍		10分間種子浸漬	○	○	○	○	○						
				4倍、使用量は乾燥種籾1kgあたり希釈液20mℓ		種子吹き付け処理（種子消毒機使用）または種子塗沫処理	○	○	○	○	○						
				7.5倍（使用量は乾燥種籾1kgあたり希釈液30mℓ)		種子吹き付け処理（種子消毒機使用）または種子塗沫処理	○	○	○	○	○						
				原液（使用量は乾燥種籾1kgあたり原液5mℓ)		種子塗沫処理	○	○	○	○	○						
	スポルタックスターナSE	オキソリニック酸プロクロラゾ水和剤	31/3	20倍	浸種前	10分間種子浸漬			○	○	○						
				200倍		24時間種子浸漬			○	○	○						
				7.5倍（使用量は乾燥種籾1kgあたり希釈液30mℓ)		吹き付け処理（種子消毒機使用）または塗沫処理			○	○	○						
	トリフミン水和剤	トリフルミゾール水和剤	3	300倍	浸種前	24〜48時間種子浸漬			○								
				30倍		10分間種子浸漬			○								
				7.5〜15倍		種子吹き付け処理（種子消毒機使用)			○								
				乾燥籾重量の0.5%		種子粉衣（湿粉衣)			○								
	モミガードC水和剤	銅・フルジオキソニル・ペフラゾエート水和剤	M1/12/3	200倍	浸種前	24時間種子浸漬	○	○	○	○	○						
				7.5倍（使用量は乾燥種籾1kgあたり希釈液30mℓ)		吹き付け処理（種子消毒機使用）または塗沫処理	○	○	○	○	○						
				乾燥種籾重量の0.5%		種子粉衣（湿粉衣)	○	○	○	○	○						
殺虫剤	スミチオン乳剤	MEP乳剤	1B	1000倍	播種前	6〜72時間種子浸漬											○
	パダンSG水溶剤	カルタップ水溶剤（劇)	14	1500〜3000倍	浸種前	24時間種子浸漬											○

区分	商品名	一般名	FRACコードまたはIRACコード	希釈倍数	処理時期	処理方法	適用病害虫										
							いもち病	ごま葉枯病	ばか苗病	もみ枯細菌病	褐条病	苗立枯細菌病	苗立枯病（トリコデルマ）	苗立枯病（リゾープス）	苗立枯病（フザリウム）	苗立枯病（ピシウム）	イネシンガレセンチュウ
生物農薬	タフブロック	タラロマイセスフラバス水和剤		200倍	催芽時	24時間種子浸漬			○	○	○	○	○	○	○		
					催芽前	24～48時間種子浸漬			○	○	○						
				20倍	浸種前									○	○	○	
					浸種前～催芽前	1時間種子浸漬			○	○	○	○					
				種子重量の2～4%	浸種前	湿粉衣			○	○	○	○					
				種子重量の4%										○	○	○	
	タフブロックSP			4倍	浸種前	種子吹き付け処理（種子消毒機使用）または種子塗沫処理			○	○		○					
				50倍		10～60分間種子浸漬			○	○		○					
				7.5倍		種子吹き付け処理（種子消毒機使用）または種子塗沫処理			○	○	○	○	○	○	○		
	モミホープ水和剤	バチルス シンプレクス水和剤		200倍	浸種前～催芽時	24時間種子浸漬				○		○					
				乾燥種子重量の1%	浸種前	種子粉衣（湿粉衣）				○		○					
	エコホープ	トリコデルマアトロビリデ水和剤		200倍	催芽時	24時間種子浸漬	○	○	○	○		○					
					浸種前～催芽前	24～48時間種子浸漬	○	○	○	○		○					
	エコホープDJ				催芽時				○	○	○						
					浸種前～催芽時	24時間種子浸漬	○		○	○		○					
	エコホープドライ				催芽時				○	○	○						
					浸種前～催芽前	24～48時間種子浸漬	○		○	○		○					

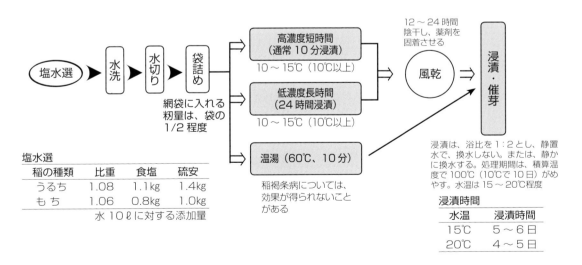

図3-1　水稲種子消毒手順と塩水選

そのほかいもち病、ごま葉枯病、ばか苗病ではステロール合成阻害剤（3（G1））、ベンズイミダゾール系薬剤（1（B1））が、もみ枯細菌病、苗立枯細菌病などの細菌病にはスターナ水和剤を含む薬剤が使われ、苗立枯病、もみ枯れ細菌病による苗腐敗に効果が得られる。イネシンガレセンチュウでは、殺虫剤のスミチオン乳剤、パダンSG水溶剤のほか、殺菌剤のベンレート水和剤、ベンレートT水和剤20、ホーマイ水和剤も有効である。ただし被害の多い圃場ではスミチオン乳剤、パダンSG水溶剤を混用する。このほか、温湯処理と生物農薬の併用も行なわれており、農薬を使わない防除として実用性が高い。

2- 育苗箱における防除

いもち病、紋枯病、白葉枯病、ごま葉枯病およびイネミズゾウムシ、ウンカ類、ニカメイガなど本田で発生する病害虫の防除を目的に、育苗箱に粒剤（箱粒剤）が施用される。育苗箱施用剤は、病害虫防除の省力化が目的であるが、選択する薬剤は例年、本田で発生する主要な病害虫に有効なものを選ぶ。しかし、育苗箱施用剤の効果の持続期間は出穂期頃までで、出穂期や水田後期に発生する病害虫、とくに本田後期に多発するいもち病やカメムシ類などに対しては本田散布剤による防除が必要となる。いもち病の注意報や警報が出るような状況下、また突発的に病害虫が発生した場合は、粒剤や粉剤などで対処する。以下、具体的に見ていこう（表3-2）。

まず、育苗箱施用剤の基本的な対象病害虫は、病害ではいもち病、害虫ではウンカ類とニカメイガである。紋枯病や白葉枯病の多い地域ではこれらの病害にも有効な混合剤を、またイネミズゾウムシ、イネドロオイムシ、コブノメイガの多い地域ではこれらの害虫にも有効な混合剤を選択し、防除する。

育苗箱施用剤には、単剤から殺虫・殺菌の4剤混合剤まで販売されている。4剤の混合剤を使うと、水田で発生する主要な病害虫にほぼ対応できるが、発生しない病害虫にも薬剤を処理することになり、経費も高くなる。前述したように、育苗時には、例年発生する主要病害虫に有効な薬剤を選択し、突発的に発生する病害虫に対しては発生状況を見ながら、本田散布剤を使用するのが経済的である。

夏季が高温になる場合、紋枯病の発生が増加することが多く、被害が予想される圃場では、紋枯病に有効なアゾキシストロビン剤のアミスターかオリサストロビン剤の嵐粒剤、もしくはリンバーの成分であるフラメトピル、グレータムの成分であるチフルザミド、抵抗性誘導剤であるブイゲット、ルーチンの成分を含む混合剤を選択する。細菌病については、抵抗性誘導剤であるブイゲット、ルーチンを含む薬剤やオリゼメートを含む薬剤を選ぶと、もみ枯細菌病、白葉枯病、内頴褐変病の防除が可能である。

いもち病では、QoIと呼ばれるストロビルリン系薬剤、およびメラニン合成阻害剤のうちMBI-D剤であるウイン、デラウス、アチーブに耐性菌が発生している地域がある。耐性菌の発生している地域では、作用機作（RACコード）の異なる薬剤を使用して、耐性菌密度の上昇を防ぐ必要があり、育苗箱施用剤にこれら成分を含む混合剤を避ける。

ウンカ類では、フェニルピラゾール系のプリンス粒剤、ネオニコチノイド系のアドマイヤー箱粒剤を含む育苗箱施用剤を使用する。プリンス粒剤はウンカ類のほかにニカメイガ、コブノメイガ、イネットムシ、イネミズゾウムシ、イネドロオイムシなどにも有効であり、アドマイヤー箱粒剤はツマグロヨコバイ、イネミズゾウムシ、イネドロオイムシにも有効である。

また、ニカメイチュウ（ニカメイガ）、コブノメイガ、フタオビコヤガなどチョウ目害虫の発生の多い地域ではジアミド系のフェルテラ箱粒剤を含む育苗箱施用剤を使用する。

表3-2 水稲の育苗箱施用剤

単剤・混合剤	商品名	一般名	IRACコード	FRACコード	いもち病	疑似紋枯(赤色菌核)	疑似紋枯(褐色菌核)	ごま葉枯病	紋枯病	白葉枯病	内穎褐変病	苗立枯病細菌	苗立枯病(ピシウム)	苗立枯病(フザリウム)	苗腐敗病	もみ枯細菌病	穂枯(ゴマ葉枯病菌による)	イナゴ類	イネアザミウマ	イネクロカメムシ	ツマグロヨコバイ	ウンカ類	ニカメイチュウ	コブノメイガ	イネツトムシ	フタオビコヤガ	イネドロオイムシ	イネミズゾウムシ	イネヒメハモグリバエ	イネカラバエ	イネシンガレセンチュウ
殺虫単剤	プリンス粒剤	フィプロニル粒剤	2B																			○	○	○		○	○	○	○	○	○	○
	フェルテラ箱粒剤	クロラントラニリプロール粒剤	28																				○	○	○					
	アドマイヤー箱粒剤	イミダクロプリド粒剤	4A																		○							○	○			
	スタークル/アルバリン箱粒剤	ジノテフラン粒剤	4A																		○		○	○					○			
殺菌単剤	ルーチン粒剤	イソチアニル粒剤		P3	○				○	○	○		○																			
	Dr.オリゼ箱粒剤	プロベナゾール粒剤		P2	○				○				○	○																			
	嵐箱粒剤	オリサストロビン粒剤		11	○	○	○				○																						
	アプライ箱粒剤	チアジニル粒剤		P3	○				○	○			○																			
殺菌2剤	タチガレエースM粉剤	ヒドロキシイソキサゾール・メタラキシルM粉剤		32/4								○	○																			
殺虫2剤	フェルテラチェス箱粒剤	クロラントラニリプロール・ピメトロジン粒剤	28/9B																				○	○	○					
	フェルテラスタークル箱粒剤CU	クロラントラニリプロール・ジノテフラン粒剤	28/4A													○					○		○	○	○				○			
殺虫+殺菌 (2剤)	ルーチンアドマイヤー箱粒剤	イミダクロプリド・イソチアニル粒剤	4A	P3	○				○	○			○								○	○						○	○			
	ブイゲットアドマイヤー粒剤	イミダクロプリド・チアジニル粒剤	4A	P3	○				○				○								○							○	○			
	ブイゲットフェルテラ粒剤	クロラントラニリプロール・チアジニル粒剤	28	P3	○				○				○												○	○	○					
	Dr.オリゼフェルテラ粒剤	クロラントラニリプロール・プロベナゾール粒剤	28	P2	○				○				○												○	○	○					
	ファーストオリゼフェルテラ粒剤	クロラントラニリプロール・プロベナゾール粒剤	28	P2	○				○				○												○	○	○					
	フジワンプリンス粒剤	フィプロニル・イソプロチオラン粒剤	2B	6	○				○														○		○	○	○	○	○	○	○	○
	嵐プリンス箱粒剤6	フィプロニル・オリサストロビン粒剤	2B	11	○	○	○				○												○		○	○	○	○	○	○	○	○
	デラウスプリンス粒剤10	フィプロニル・ジクロシメット粒剤	2B	16.2	○																		○		○	○	○	○	○	○	○	○
	ビームプリンス粒剤	フィプロニル・トリシクラゾール粒剤	2B	16.1	○																		○		○	○	○	○	○	○	○	○
	Dr.オリゼプリンス粒剤10	フィプロニル・プロベナゾール粒剤	2B	P2	○				○	○			○	○									○		○	○	○	○	○	○	○	○
	ファーストオリゼプリンス粒剤10	フィプロニル・プロベナゾール粒剤	2B	P2	○				○	○			○	○									○		○	○	○	○	○	○	○	○
殺虫1+殺菌2 (3剤)	デラウスプリンスリンバー箱粒剤	フィプロニル・ジクロシメット・フラメトピル粒剤	2B	P3/7	○			○	○														○		○	○	○	○	○	○	○	○
	ビームプリンスグレータム箱粒剤	フィプロニル・チフルザミド・トリシクラゾール粒剤	2B	7/16.1	○			○	○														○		○	○	○	○	○	○	○	○
	ビルダープリンスグレータム粒剤	フィプロニル・チフルザミド・プロベナゾール粒剤	2B	7/P2	○			○	○	○			○	○									○		○	○	○	○	○	○	○	○
殺菌1+殺虫2 (3剤)	ルーチントレス箱粒剤	イミダクロプリド・クロラントラニリプロール・イソチアニル粒剤	4A/28	P3	○				○	○			○									○			○	○	○		○	○			
	ビルダーフェルテラスタークル箱粒剤	クロラントラニリプロール・ジノテフラン・プロベナゾール粒剤	28/4A	P2	○				○				○			○						○		○	○	○				○			
殺菌2+殺虫2 (4剤)	ルーチンアドスピノGT箱粒剤	イミダクロプリド・スピノサド・イソチアニル・チフルザミド粒剤	4A/5	P3/7	○			○	○	○			○									○			○	○	○		○	○			
	ルーチンエキスパート箱粒剤	イミダクロプリド・スピノサド・イソチアニル・ペンフルフェン粒剤	4A/5	P3/7	○	○	○		○	○			○									○			○	○	○		○	○			
	フルサポート箱粒剤	イミダクロプリド・スピノサド・チフルザミド・トリシクラゾール粒剤	4A/5	7/16.1	○			○	○													○			○	○	○		○	○			
	フルターボ箱粒剤	クロチアニジン・クロラントラニリプロール・イソチアニル・フラメトピル粒剤	4A/28	P3/7	○			○	○	○			○									○		○	○	○				○			

本剤はチョウ目害虫のほかにツマグロヨコバイ、イネミズゾウムシ、イネドロオイムシにも有効である。ウンカ類が発生する地域ではピリジンアゾメチン誘導体のチェス粒剤との混合剤であるフェルテラチェス箱粒剤などを使用する。

3- 本田での防除（表3-3、3-4、3-5）

育苗箱施用剤が処理されていれば、本田初期における病害虫は基本的に防除できるが、発生予察情報に注意し、移植後にイネドロオイムシ、イネミズゾウムシ、ジャンボタニシなどの害虫、6～7月に葉いもち病の多発が想定される場合は薬剤散布が必要となる。また、本田後期に発生する穂いもち病、紋枯病、もみ枯細菌病、トビイロウンカ、カメムシ類、コブノメイガなどに対しては、育苗箱施用剤だけで十分な効果が得られないこともあり、薬剤散布が必要な場合もある。とくに近年、トビイロウンカが本田後期に、またカメムシ類が出穂期に、あるいは穂いもち病や紋枯病が多発生するケースがあり、状況に応じて粒剤や散布剤を散布する。

育苗箱施用剤を処理していない場合は、それぞれの病害虫の発生に応じて早めに処理することが重要で、葉いもち病は速効性のある水和剤、フロアブル剤、粉剤（DL剤、粉粒剤）を散布する。粒剤は浅水管理など水量や処理時期など注意事項を守って処理する。また、効果の発現に時間を要すため、穂いもち病では出穂7～10日前には処理しておく。

> （注）粒径が10μm以下の粒子を除いたDL剤、また粒度の範囲を44～105μmにした微粒剤F、63～212μmの微粒剤、これらはいずれも粉剤の代替として使われる。
> 粒剤は、0.3～1.7mmの粒径の製剤で、水田では通常土壌に散布し、薬効成分を根から吸収させて使うが、これを水溶性の袋に包装したパック剤や、直径5mm、長さ6～10mm程度の豆粒剤（コラトップ豆粒など）とし、散布を容易にしたタイプもある。

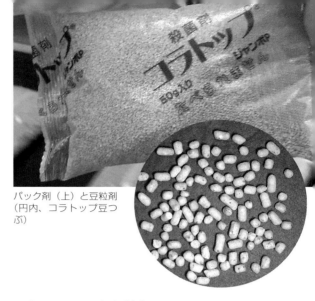

パック剤（上）と豆粒剤（円内、コラトップ豆つぶ）

本田における粉剤散布では、ドリフトを防止する目的でDL粉剤や微粒剤F（注）が使われる。また、本田散布は労力が問題となるが、最近、省力化を目的とした豆粒剤やパック剤が登録されており（上写真）、省力化とドリフト防止になる。

小規模水田では、パイプダスターや撒粒機、豆粒剤による処理、大型水田では、乗用管理機と20m長のブームノズル、ラジコンヘリやドローンによる薬剤の散布が行なわれる。また、田植機装着式散布装置（側条施肥機）による処理剤（側条オリゼメート、側条オリゼメートスタークル、側条パダンオリゼメート顆粒水和剤）もある。ブームスプレーヤ、ラジコンヘリなどによる空中散布、側条施肥機による薬剤処理には農薬登録上の使用方法に制限があり、登録薬剤のみが使用できる。

4- 病気

①ばか苗病など種子伝染性病害

種子伝染病に対する種子消毒の手順を図3-1（95ページ）に示した。種子消毒は、薬剤に一定時間浸漬処理や温湯処理が行なわれるが、その処理前に塩水選が必要である。塩水選終了後に水洗、水切りした後、網袋につめてそれぞれの処理を行なう。種子量は網袋の1/2量程度にし、余裕をもたせておく。薬剤や温湯殺菌後、一昼夜程度日陰で風乾し

表3-3 イネの殺菌剤（本田散布剤）

商品名	一般名	FRACコード	いもち病	スクミリンゴガイ	紋枯病	疑似紋枯症	小粒菌核病	穂枯(ごま)	穂枯(すじ)	変色(アルタ)	変色(カーブ)	変色(エピコッカム)	白葉枯病	ごま葉枯病	馬鹿苗病	もみ枯細菌病(苗腐敗を含む)	褐条病	稲こうじ病	墨黒穂病	内頴褐変病	予防効果	治療効果	浸透性	残効性
モンガリット粒剤	シメコナゾール粒剤	3			○	○		○	○									○	○		○	○	○	○
イモチミン粒剤	シメコナゾール・メトミノストロビン粒剤	3/11	○															○	○		○	○	○	○
キタジンP粒剤	IBP粒剤	6	○	○	○		○												○		○	○	○	○
フジワン粒剤	イソプロチオラン粒剤	6	○				○												○		○	○	○	○
フジワンモンカット粒剤	イソプロチオラン・フルトラニル粒剤	6/7	○		○																○	○	○	○
バシタックゾル	メプロニル水和剤	7			○																○	○	○	○
モンカットフロアブル	フルトラニル水和剤	7			○	○															○	○	○	○
リンバー1キロ粒剤	フラメトピル粒剤	7			○																○	○	○	○
アミスターエイト	アゾキシストロビン水和剤	11	○				○	○	○									○			○	○	○	○
嵐箱粒剤	オリサストロビン粒剤	11	○									○									○	○	○	○
イモチエース粒剤	メトミノストロビン粒剤	11	○																		○	○	○	○
オリブライト1キロ粒剤	メトミノストロビン粒剤	11	○				○	○													○	○	○	○
コラトップ豆つぶ	ピロキロン剤	16.1	○																		○	○	○	○
コラトップ粒剤5	ピロキロン粒剤	16.1	○										○								○	○	○	○
ビーム粉剤DL	トリシクラゾール粉剤	16.1	○																		○	○		○
コラトップリンバー粒剤	ピロキロン・フラメトピル粒剤	16.1/7	○		○																○	○	○	○
ノンブラスフロアブル	トリシクラゾール・フェリムゾン水和剤	16.1/U14	○			○		○	○				○								○	○		○
ラテラ粉剤DL	イミノクタジン酢酸塩・トリシクラゾール粉剤	M7/16.1	○					○					○								○	○		○
ラブサイドベフラン粉剤DL	イミノクタジン酢酸塩・フサライド粉剤	M7/16.1	○				○	○	○				○								○	○		○
アチーブ粉剤DL	フェノキサニル粉剤	16.2	○																		○	○	○	○
デラウス粉剤DL	ジクロシメット粉剤	16.2	○																		○	○	○	○
ゴウケツ粒剤	トルプロカルブ粒剤	16.3	○																		○	○	○	○
モンセレン粉剤DL	ペンシクロン粉剤	20			○																○	○	○	○
カスミン液剤	カスガマイシン液剤	24	○											○	○						○	○	○	○
カスミンバリダシン液剤	カスガマイシン・バリダマイシン液剤	24/U18	○		○																○	○	○	○
バリダシン液剤5	バリダマイシン液剤	U18			○	○									○						○	○	○	○
バリダシン粉剤DL	バリダマイシン液剤	U18			○																○	○	○	○
ブラシンバリダ粉剤DL	バリダマイシン・フェリムゾン・フサライド粉剤	U18/U14/16.1	○		○			○	○				○								○	○		○
ブラシンバリダフロアブル	バリダマイシン・フェリムゾン・フサライド水和剤	U18/U14/16.1	○		○			○	○				○								○	○		○
スターナ水和剤	オキソリニック酸水和剤	31														○	○				○	○	○	○
ボトキラー水和剤	バチルス ズブチリス水和剤	44	○																		○			
オリゼメート粒剤	プロベナゾール粒剤	P2	○							○		○									○		○	○
ブイゲット粒剤	チアジニル粒剤	P3	○					○		○											○		○	○
ルーチン粒剤	イソチアニル粒剤	P3	○							○											○		○	○
タケプラス	フェリムゾン水和剤	U14						○	○												○	○	○	○
ブラシンフロアブル	フェリムゾン・フサライド水和剤	U14/16.1	○					○	○												○	○	○	○
ブラシン粉剤DL	フェリムゾン・フサライド粉剤	U14/16.1	○					○	○												○	○	○	○
トライ2粉剤DL	テブフロキン粉剤	U16	○																		○	○	○	○

てから浸漬、発芽処理する。このとき、処理時間を短縮するために液温を上げがちになるが、20℃以下で5日程度（積算温度で100℃）するのがよい。

温度が高いと浸漬液中に微生物が増殖し、病原菌が残っていると種籾全体が汚染されることがある。

耐性菌の発生していない薬剤を選ぶか、銅剤やチウラムの混合されている薬剤、または生物農薬も有効である。生物農薬は、耐性菌対策には有効で、温湯種子消毒との併用も効果が高い。

表3-4　イネの殺虫剤（本田散布剤）

商品名	一般名	IRACコード	イナゴ類	アザミウマ類	カメムシ類	ツマグロヨコバイ	ウンカ類	アブラムシ類	ニカメイチュウ	コブノメイガ	イネツトムシ	フタオビコヤガ	イネミズゾウムシ	イネドロオイムシ	イネゾウムシ	イネヒメハモグリバエ	イネハモグリバエ	イネシンガレセンチュウ	スクミリンゴガイ	接触効果	食毒効果	浸透性	速効性	残効性	備考
アドマイヤー1粒剤	イミダクロプリド粒剤	4A			○	○															○	○		○	
キラップ粒剤	エチプロール粒剤	2B		○		○															○	○		○	
キラップフロアブル	エチプロール水和剤	2B	○	○		○							○							○	○	○	○	○	
トレボン粒剤	エトフェンプロックス粒剤	3A			○	○	○						○	○	○	○					○			○	ニカメイチュウ第1世代
なげこみトレボン	エトフェンプロックス油剤	3A			○	○	○						○	○	○	○					○			○	ニカメイチュウ第1世代
トレボン乳剤	エトフェンプロックス乳剤	3A	○	○	○	○	○		○											○	○		○	○	
トレボンEW	エトフェンプロックス乳剤	3A			○	○	○		○											○	○		○	○	
トレボン粉剤DL	エトフェンプロックス粉剤	3A	○	○	○	○	○		○	○	○	○	○	○	○					○	○		○		イネミズゾウムシ成虫
パダン粒剤4（劇）	カルタップ粒剤	14		○					○	○	○								○		○			○	スクミリンゴガイ食害防止
パダンSG水溶剤（劇）	カルタップ水溶剤	14				○	○		○	○	○		○			○	○			○	○		○	○	
ダントツ粒剤	クロチアニジン粒剤	4A			○	○	○														○	○		○	
ダントツ水溶剤	クロチアニジン水溶剤	4A			○	○	○						○							○	○	○		○	
ダントツ粉剤DL	クロチアニジン粉剤	4A	○		○	○	○				○									○	○			○	
シクロパック粒剤	シクロプロトリン粒剤	3A	○									○	○								○			○	
スタークル粒剤、アルバリン粒剤	ジノテフラン粒剤	4A			○	○	○	○													○	○		○	
スタークル豆つぶ	ジノテフラン粒剤	4A			○	○	○														○	○		○	
スタークル顆粒水溶剤、アルバリン顆粒水溶剤	ジノテフラン水溶剤	4A			○	○	○	○													○	○	○	○	
スタークル粉剤DL、アルバリン粉剤DL	ジノテフラン粉剤	4A	○		○	○	○													○	○			○	
Mr.ジョーカーEW	シラフルオフェン乳剤	3A	○		○	○	○		○											○	○		○	○	
Mr.ジョーカー粉剤DL	シラフルオフェン粉剤	3A	○	○	○	○	○		○	○	○		○							○	○		○	○	イネミズゾウムシ成虫、イネアザミウマ
ロムダン粉剤DL	テブフェノジド粉剤	18							○	○	○										○			○	
アプロード粒剤	ブプロフェジン粒剤	16					○														○			○	ウンカ類幼虫
アプロード水和剤/フロアブル	ブプロフェジン水和剤	16				○	○														○				ウンカ類幼虫、ツマグロヨコバイ幼虫
スクミノン	メタアルデヒド粒剤	8																	○		○				
スクミンベイト3	燐酸第二鉄粒剤	UN																	○		○				
スミチオン乳剤	MEP乳剤	1B		○		○	○	○		○	○			○		○	○	○		○	○		○	○	ヒメトビウンカ
スミチオン粉剤3DL	MEP粉剤	1B		○	○	○	○	○		○	○									○	○		○		

②いもち病

・**種子消毒**（前出参照）

・**育苗箱施用剤**

　育苗箱施用剤の残効期間は、ほぼ出穂期程度までと考えるべきで、穂いもち病までの防除は難しい。いもち病の発生が少ない平野部では、育苗箱施用剤で対応できることもあるが、中山間部や常発地では、穂いもち病の防除として出穂7〜10日前に粒剤の、穂ばらみ期に散布剤の処理が必要である。また、出穂後に多発傾向の場合には、穂揃い期または傾穂期に薬剤散布を行なう。

　なお、ウイン、デラウス、アチーブのMBI-D剤（メラニン合成脱水素酵素阻害剤）の耐性菌が発生し、効力低下が指摘されている。また、QoI剤（呼吸阻害剤）のアミスター、嵐などにも同様に効力低下が生じている。

　耐性菌の発生地域では、宿主抵抗性誘導剤（プロベナゾール、ルーチン、ブイゲット）やMBI-P剤（メラニン合成ポリケタイド阻害剤）のゴウケツ、サンブラス、MBI-D剤（メラニン合成還元酵素阻害剤）のピロキロン、ビームを使うとよい。

　また、リン脂質合成阻害剤のフジワンも有

表3-5 イネの殺虫殺菌混合剤（本田散布剤）

商品名	一般名	IRACコード	FRACコード	いもち病	紋枯病	変色米	ごま葉枯病	もみ枯細菌病	稲こうじ病	墨黒穂病	内頴褐変病	穂枯（ごま葉枯病菌による）	アザミウマ類	イナゴ類	カメムシ類	ツマグロヨコバイ	ウンカ類	ニカメイチュウ	コブノメイガ	イネツトムシ	フタオビコヤガ
フジワンラップ粒剤	エチプロール・イソプロチオラン粒剤	2B	6	○											○	○	○			
嵐キラップ粒剤	エチプロール・オリサストロビン粒剤	2B	11	○	○				○	○		○			○					
ホクセットエース粉剤DL	エチプロール・シラフルオフェン・カスガマイシン・トリシクラゾール・バリダマイシン粉剤	2B/3A	24/16.1/26	○	○		○					○			○	○	○	○	○	○
ビームキラップジョーカー粉剤DL	エチプロール・シラフルオフェン・トリシクラゾール粉剤	2B/3A	16.1	○								○			○	○	○	○	○	
トライK粉剤DL	エチプロール・テブフロキン粉剤	2B	U16	○											○	○	○			
ラブサイドキラップ粉剤DL	エチプロール・フサライド粉剤	2B	16.1	○											○	○	○			
イモチエースキラップ粒剤	エチプロール・メトミノストロビン粒剤	2B	11	○											○	○	○			
トライトレボン粉剤DL	エトフェンプロックス・テブフロキン粉剤	3A	U16	○											○	○	○			
ビームトレモンセレン粉剤DL	エトフェンプロックス・トリシクラゾール・ペンシクロン粉剤	3A	16.1/20	○	○										○	○	○	○	○	
ビームバシボン粉剤DL	エトフェンプロックス・トリシクラゾール・メプロニル粉剤	3A	16.1/7	○	○										○	○	○			
ブラシントレボン粉剤DL	エトフェンプロックス・フェリムゾン・フサライド粉剤	3A	U14/16.1	○		○	○								○	○	○			
ハスラー粉剤DL	カルタップ・クロチアニジン・バリダマイシン・フェリムゾン・フサライド粉剤	14/4A	26/U14/16.1	○	○										○	○	○	○	○	
嵐スタークル粒剤	ジノテフラン・オリサストロビン粒剤	4A	11	○	○										○	○				
ゴウケツモンスター粒剤	ジノテフラン・シメコナゾール・トルプロカルブ粒剤	4A	3/16.3	○	○			○	○						○	○				
コラトップスタークル1キロ粒剤	ジノテフラン・ピロキロン粒剤	4A	16.1	○											○	○				
ラブサイドスタークル粉剤DL	ジノテフラン・フサライド粉剤	4A	16.1	○								○			○	○				
イモチエーススタークル粒剤	ジノテフラン・メトミノストロビン粒剤	4A	11	○	○				○						○	○				○
ブラシンバリダジョーカー粉剤DL	シラフルオフェン・バリダマイシン・フェリムゾン・フサライド粉剤	3A	26/U14/16.1	○	○										○	○	○			
ブラシンジョーカー粉剤DL	シラフルオフェン・フェリムゾン・フサライド粉剤	3A	U14/16.1	○		○									○	○	○			

効である。

・本田期の対応

　育苗箱施用で葉いもち病の発生はある程度抑えられるが、多発時には早めに薬剤散布を行なう。図3-2に示すように、穂いもち病では、出穂7～10日前に粒剤処理、穂ばらみ期の粉剤処理、寒冷地の多発条件下なら傾穂期の粉剤処理も必要である。

　生物農薬では、穂ばらみ～刈取り期のボトキラー水和剤の散布が有効である。耐性菌の発生がすでに報告されているQoI剤やメラニン合成阻害剤のうち脱水素酵素阻害剤の連用は避け、チアニル、フジワン、オリゼメート、コラトップ、チアジニルなどを主成分とする粒剤、粉剤やIPB粒剤、生物農薬に切り替える。

　本田で急速に発生する葉いもち病に対しては粉剤、水和剤などでの対応が必要になるが、ブラシン粉剤（フェリムゾン2％、フサライド1.5％）、ノンブラスフロアブル（フェリム

図3-2 水稲の病害虫発生時期と防除適期

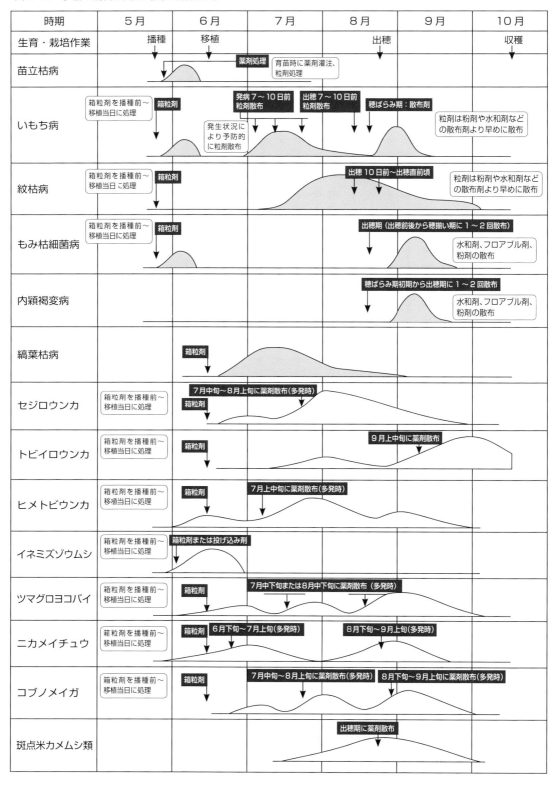

ゾン15％、トリシクラゾール8％）は浸透移行性、治療効果があり、急な発生や多発時に有効である。

③紋枯病

紋枯病は、いもち病に比べ育苗箱施用剤、本田散布剤とも使用頻度が低いが、最近、夏場の気温上昇、高温期間の長期化により発生が増加している。7～8月の気温が高い場合は、止め葉の葉鞘まで病斑が上昇し、トビイロウンカの被害と思われるような穂枯状態がしばしば見られる。

例年発生の多い圃場では、紋枯病に有効なルーチン、バリダマイシン、グレータムの混合剤を育苗箱施用する。育苗箱施用をしない場合は、6月下旬～7月上旬に本田散布剤を用いるが、育苗箱施用していても穂ばらみ～出穂期の薬剤散布は必要である（図3-2）。

④もみ枯細菌病

もみ枯細菌病は、育苗期に発生する苗腐敗病（もみ枯細菌病菌による）と、本田期の出穂期以降に発生する穂枯がある。苗腐敗病は汚染種子によって伝染し、本田期では汚染種子や水田水から病原菌が入り込み、稲体上で増殖し出穂する穂に感染、発病する。

防除は種子消毒と本田期の出穂前の薬剤散布（各薬剤によって処理時期が異なる）を行なう。コラトップ粒剤5（出穂30～5日前）、オリゼメート粒剤（収穫14日前まで）は早めの散布が必要で、オリゼメート粒剤では出穂20日前ぐらいに処理する。また穂ばらみ初期～乳熟期にスターナ水和剤（出穂はじめ～穂揃い期）の散布も有効である（図3-2）。

5- 害虫

①ウンカ類

ウンカ類は西日本でもっとも重要な害虫である。育苗箱施用剤としてフェニルピラゾール系のプリンス粒剤、ピリジンアゾメチン誘導体のチェス粒剤、ネオニコチノイド系のアドマイヤー箱粒剤、スタークル／アルバリン箱粒剤などを含む薬剤を施用する（図3-2）。本田後期には病害虫防除所などの情報を参考に、発生初期に防除する。本田では、天敵への悪影響の小さいキチン合成阻害剤のアプロード粒剤・水和剤・フロアブルなどを散布する。

なお、近年セジロウンカはプリンス粒剤、またトビイロウンカはアドマイヤー箱粒剤に抵抗性を発達させている場合がある。発生の多い地域ではチェス粒剤またはスタークル／アルバリン箱粒剤を含む薬剤を育苗箱施用する。さらに、ヒメトビウンカの薬剤抵抗性は地域により異なるため、多発する場合にはチェス粒剤を含む薬剤を育苗箱施用する。

②イネミズゾウムシ・イネドロオイムシ

イネミズゾウムシおよびイネドロオイムシは東日本で局地的に大発生する。育苗箱施用剤としてプリンス粒剤、フェルテラ箱粒剤、アドマイヤー箱粒剤、スタークル／アルバリン箱粒剤などを含む薬剤を施用する（図3-2）。育苗箱施用剤を施用していない本田で発生密度が増加した場合には、ピレスロイド系のトレボン粒剤、なげこみトレボン、シクロパック粒剤などを散布する。

③チョウ目害虫

西日本では中国大陸から飛来するコブノメイガや近年局地的にフタオビコヤガ（イネアオムシ）が多発することがある。一方、かつては被害が大きかったニカメイガの発生は少ない傾向が続いている。

育苗箱施用剤としてフェニルピラゾール系のプリンス粒剤、ジアミド系のフェルテラ箱粒剤など含む薬剤を施用する（図3-2）。フタオビコヤガに対してはプリンス粒剤の防除効果が低下しているとの報告がある。

本田後期に発生が見られたら、ピレスロイド系のMr.ジョーカーEW・粉剤DL、トレボン乳剤・粉剤DLなどを散布する。また、脱皮ホルモンに作用するジアシル-ヒドラジン系のロムダン粉剤DLなども効果がある。

④斑点米カメムシ類

斑点米の原因となる斑点米カメムシ類は全国的に発生が増加している。大型のカメムシ類ではクモヘリカメムシ、ホソハリカメムシ、ミナミアオカメムシなど、小型のカメムシ類ではアカヒゲホソミドリカスミカメ、アカスジカスミカメなどが発生する。

防除適期は出穂期とその7～10日後の2回である（図3-2）。発生が見られたら、ネオニコチノイド系のスタークル/アルバリン粒剤・豆つぶ・顆粒水溶剤・粉剤DL、ダントツ粒剤・水溶剤・粉剤DL、フェニルピラゾール系のキラップ粒剤・フロアブル、ピレスロイド系のトレボン乳剤・EW・粉剤DLなどを散布する。なお、粒剤は小型のカメムシ類には有効であるが、大型のカメムシ類には効果が劣るので、注意が必要である。

6- 混合剤の使い方（表3-2、3-5）

イネの育苗箱施用剤や本田散布剤には各種病害虫を対象とした混合剤が多数登録されている（育苗箱施用剤は表3-2、本田散布剤は、表3-5）。

育苗箱施用剤としての混合剤は、いもち病防除剤に加え、定植直後から発生する病害虫に有効な薬剤を選択すべきで、例えば、イネミズゾウムシ、イネドロオイムシの多い圃場では、ジアミド系、ネオニコチノイド系、スピノシン系の殺虫剤の混合剤にする。

また、紋枯病の多い圃場では、バリダシン、ルーチン、リンバーなどの薬剤の配合された薬剤を使用する。この際、薬剤耐性菌や抵抗性害虫には注意が必要で、いもち病では、メラニン合成阻害剤やQoI剤に耐性菌が発生している地域ではこれらの系統が含まれない薬剤を選択する。

7- 投げ込み剤と側条施用剤

省力化には、投げ込み剤や側条施用剤が利用できる。投げ込み剤（表3-6）の殺虫剤では、なげこみトレボン、シクロパック粒剤がある。側条施用剤（表3-7）では、いもち病、イネミズゾウムシ、イネドロオイムシなどに対して登録薬剤がある。

なお、投げ込み剤では、薬剤の拡散をよくするため水深を3cm以上に維持し、処理後3～4日間は湛水管理する。側条施用ではペースト肥料と薬剤の混合を均一にし、移植時の深さや水管理などの注意事項を遵守する。

2 野菜類

野菜栽培には露地栽培と施設栽培があり、栽培期間は多様で、病害虫の発生生態は栽培方式で異なる。農薬登録は野菜ごとに異なり、トマトのように大玉トマトとミニトマト、栽培形態では露地栽培と施設栽培、軟化栽培など栽培方式で異なる事例がある。

また、登録農薬により使用時期や使用方法等が異なるため、注意が必要になる。さらに、施設栽培では周年栽培される作物もあるため、同一施設内での薬剤散布回数が増加し、耐性菌や抵抗性害虫の発生頻度も高くなることから、薬剤の選択が重要である。

冬季の施設栽培はビニールなどで多重被覆され、施設内が保温・過湿状態となり、灰色かび病や菌核病のような好湿性病害、アザミウマ類やコナジラミ類など休眠性のない微小害虫の発生が増加する。

このため、発生初期の防除と、順次発生してくる複数の病害虫に対する体系的な防除が必要となる。

以下、主要野菜について、耐性菌や抵抗性害虫の発生を考慮した殺菌剤および殺虫剤の効率的な利用法を示す。

表3-6 イネの投げ込み剤

商品名	一般名	IRACコード	FRACコード	いもち病	もみ枯細菌病	穂枯れ（ごま葉枯病による）	イナゴ類	ツマグロヨコバイ	ウンカ類	ニカメイチュウ	イネドロオイムシ	イネゾウムシ	イネミズゾウムシ	処理量	使用時期	回数	処理方法
フジワンパック	イソプロチオラン粉粒剤		6	○										小包装（パック）10～15個(750～1125g)/10a	葉いもちに対しては初発7～10日前、穂いもちに対しては出穂10～30日前（ただし、収穫14日前まで）	2回以内	水田に小包装（パック）のまま投げ入れる
なげこみトレボン	エトフェンプロックス油剤	3A					○	○	○	○			○	水溶性容器4～10個（200～500mℓ）/10a	5葉期以降（ただし、収穫21日前まで）	3回以内	水田に水溶性容器のまま投げ入れる
シクロパック粒剤	シクロプロトリン粒剤	3A						○			○	○	○	小包装（パック）10個（600g）/10a	収穫60日前まで	2回以内	水田に小包装（パック）のまま投げ入れる
コラトップジャンボP	ピロキロン粉粒剤		16.1	○										小包装（パック）10～13個（500～650g）/10a	葉いもちに対しては初発20日前～初発時、穂いもちに対しては出穂30日前～5日前まで	2回以内	水田に小包装（パック）のまま投げ入れる
オリゼメートパック	プロベナゾール粉粒剤		P2	○	○									小包装（パック）20～26個（1～1.3kg）/10a	収穫14日前まで	2回以内	水田に小包装（パック）のまま投げ入れる

表3-7 イネの側条施用剤

商品名	一般名	IRACコード	FRACコード	処理方法	いもち病	ツマグロヨコバイ	ウンカ類	イネドロオイムシ	イネミズゾウムシ
コープガードW12（オリゼメートアドマイヤー入り複合燐加安264）	イミダクロプリド・プロベナゾール複合肥料	4A	P2	側条施用	○	○	○	○	
ツインターボ顆粒水和剤	クロチアニジン・イソチアニル水和剤	4A	P3	ペースト肥料に混合し側条施肥田植機で施用する	○			○	○
側条オリゼメートフェルテラ顆粒水和剤	クロラントラニリプロール・プロベナゾール水和剤	28	P2		○			○	○
ブイゲットフロアブル	チアジニル水和剤		P3		○				
コープガードD12（オリゼメート入り複合燐加安264）	プロベナゾール複合肥料		P2	側条施用	○				
コープガードD一発664			P2		○				
オリゼメート粒剤	プロベナゾール粒剤		P2		○				
側条オリゼメート顆粒水和剤	プロベナゾール水和剤				○				

A 果菜類

果菜類

a. トマト

トマトの作型は、4月上旬に播種して6月下旬から収穫する露地栽培、施設による半促成栽培、促成・周年長期どり栽培など、地域ごとに多様な作型がある。

図3-3に8月播種の促成・長期どり栽培で発生する主要病害虫を示した。トマトの病害虫防除に使用されるおもな殺菌剤と殺虫剤を、表3-8と表3-9に示した。

1- 病害

①播種～育苗期

〈種子消毒〉　トマトの病害のうちウイルス病のTMV（ToMV）とCMV、土壌伝染性病害の萎凋病や半身萎凋病とかいよう病が種子伝染する。種子伝染でもっとも問題となるのは、かいよう病とTMVで、とくにTMVは土壌伝染するので防除が難しい。購入種子では、種子消毒されていれば袋に処理の有無が記載されている。種子消毒されていない種子は、種子消毒が必要となる。

トマトに利用できる種子消毒剤は、リゾクトニア属菌にはモンカット水和剤やリゾレックス水和剤、ピシウム属菌とリゾクトニア属菌に対しては、オーソサイド水和剤80の種子粉衣などがある。種子消毒剤による効力は、種子表面に付着している病原菌に限られる。ウイルス病は、TMV、CMVとも表面汚染は除去できるが、半身萎凋病、萎凋病、根腐萎凋病は、病原菌が種子内部に感染しているため殺菌できないこともある。内部に病原菌が感染している種子は充実が悪いので、充実した種子を選別することが重要である。

〈苗立枯病〉　発芽から育苗時に発生する病害に苗立枯病、疫病などがある。播種後から育苗期間中に根や茎地際部が侵され、腰折れ状になって枯死するのが苗立枯病で、ピシウム、リゾクトニア、フザリウム属菌の感染により発症する。育苗時に地上部が侵され、軟腐状になって腐敗、枯死する場合、疫病菌によることもある。

苗立枯病の防除剤を表3-10に示した。野菜類の苗立枯病で登録のある薬剤もトマトに利用可能で、リゾクトニア属菌による苗立枯病には、リゾレックス（トマトのみ）、モンカット（トマト、ミニトマト）、バリダシン液剤（トマトのみ、リゾクトニア属菌による苗立枯病）やダコニール1000（トマトのみ、リゾクトニア属菌の苗立枯病）が、オーソサイド水和剤80はリゾクトニア、ピシウム属菌の両方に有効である。高温多湿時にはピシウム菌による立枯病が発生するため、発病初期にオーソサイド水和剤80をジョウロなどで散布するとよい。

②生育期

定植後から収穫開始期には、すすかび病や葉かび病が発生する。とくに、秋季の降雨が多くなる時期に発生が多い。これらの病害が前年多発した圃場では幼苗期から発生することがあり、放置するとハウス内にまん延して防除が難しくなる。発生を認めたらできるだけ早めに防除する。

すすかび病、葉かび病、灰色かび病に対する防除剤を表3-11に示した。

3病害に有効な薬剤として、アフェットフロアブル、ファンベル顆粒水和剤や混合剤のシグナムWGDがある。葉かび病に有効なベルクートやアミスター20フロアブルもすすかび病に有効であり、ネクスターフロアブルは葉かび病とすすかび病に効果がある。ダコニール1000やベルクート水和剤などの多作用点阻害剤は予防散布することで高い防除効果が得られる。

8月下旬や9月に定植する作型では、秋季の疫病の発生に注意する。前年度に発生したハウスや土壌が過湿気味で湿度の高いハウスで発生が多い。疫病は、銅剤やジマンダイセ

図3-3 トマトの病害虫発生時期

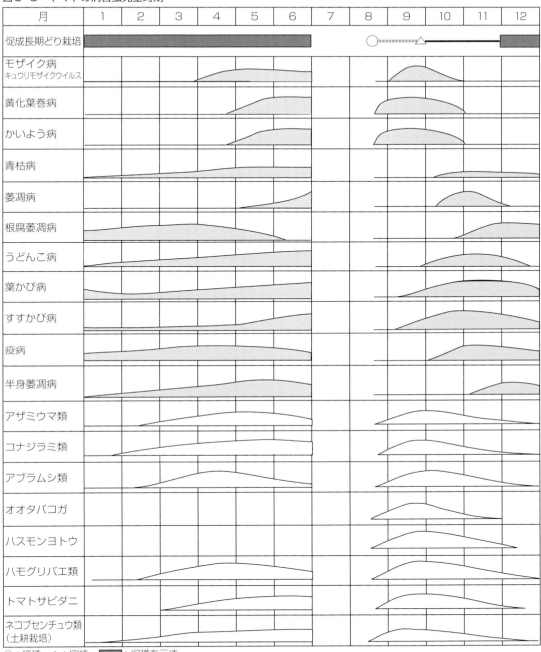

○：播種、△：定植、■：収穫を示す

ンの予防散布で発生を防止できる。発生した場合は、早めにゾーベックエニケード、ランマン、レーバスなど治療効果のある薬剤を散布する。疫病のまん延は早いので、早めの対応が重要である。

疫病、すすかび病、葉かび病では、耐性菌の発生が報告されている。同一作用機作の薬剤（FRACコードが同一）の連用は避ける。連続散布する場合は、コード番号の異なる薬剤、または多作用点阻害のジマンダイセン、ダコニール1000、ベルクート水和剤などを散布する。

表3-8 トマトの殺菌剤

商品名	一般名	FRACコード	うどんこ病	かいよう病	さび病	すすかび病	萎凋病	疫病	灰色かび病	菌核病	炭疽病	軟腐病	斑点細菌病	斑点病	葉かび病	輪紋病	予防効果	治療効果	浸透性	残効性
トップジンM水和剤	チオファネートメチル水和剤	1							○	○					○		○	○	○	○
ベンレート水和剤	ベノミル水和剤	1				○			○	○					○		○	○	○	○
ロブラール水和剤	イプロジオン水和剤	2							○	○				○		○	○	○		○
トリフミン乳剤	トリフルミゾール乳剤	3	○			○									○		○	○	○	○
ラリー乳剤	ミクロブタニル乳剤	3													○		○	○	○	○
パンチョTF顆粒水和剤	シフルフェナミド・トリフルミゾール水和剤	U6/3	○														○		○	○
リドミルゴールドMZ	マンゼブ・メタラキシルM水和剤	M3/4						○									○	○	○	○
ネクスターフロアブル	イソピラザム水和剤	7	○												○		○	○	○	○
アフェットフロアブル	ペンチオピラド水和剤	7	○												○		○	○	○	○
カンタスドライフロアブル	ボスカリド水和剤	7							○	○							○	○	○	○
ピカットフロアブル	ペンチオピラド・メパニピリム水和剤	7/9							○								○	○	○	○
ベジセイバー	ペンチオピラド・TPN水和剤	7/M5	○												○		○	○	○	○
フルピカフロアブル	メパニピリム水和剤	9							○								○	○	○	○
ゲッター水和剤	ジエトフェンカルブ・チオファネートメチル水和剤	10/1							○								○	○	○	○
スミブレンド水和剤	ジエトフェンカルブ・プロシミドン水和剤	10/2							○								○	○		○
アミスター20フロアブル	アゾキシストロビン水和剤	11	○												○		○	○	○	○
ファンタジスタ顆粒水和剤	ピリベンカルブ水和剤	11	○			○									○		○	○	○	○
スクレアフロアブル	マンデストロビン水和剤	11							○	○							○	○	○	○
シグナムWDG	ピラクロストロビン・ボスカリド水和剤	11/7	○						○								○	○	○	○
オルパ顆粒水和剤	ピリベンカルブ・メパニピリム水和剤	11/9							○								○	○	○	○
アミスターオプティフロアブル	アゾキシストロビン・TPN水和剤	11/M5	○			○		○			○				○		○	○	○	○
ファンベル顆粒水和剤	イミノクタジンアルベシル酸塩・ピリベンカルブ水和剤	M7/11													○		○	○	○	○
セイビアーフロアブル20	フルジオキソニル水和剤	12							○								○			○
ピクシオDF	フェンピラザミン水和剤	17							○								○	○		○
ポリオキシンAL水溶剤	ポリオキシン水和剤	19							○								○	○		○
ライメイフロアブル	アミスルブロム水和剤	21						○									○			○
ランマンフロアブル	シアゾファミド水和剤	21						○									○			○
エトフィンフロアブル	エタボキサム水和剤	22						○									○			○
カスミンボルドー	カスガマイシン・銅水和剤	24/M1		○				○				○	○		○		○			○
ホライズンドライフロアブル	シモキサニル・ファモキサドン水和剤	27/11						○							○		○	○		○
ベトファイター顆粒水和剤	シモキサニル・ベンチアバリカルブイソプロピル水和剤	27/40						○									○	○	○	○
ブリザード水和剤	シモキサニル・TPN水和剤	27/M5				○		○									○	○		○
レーバスフロアブル	マンジプロパミド水和剤	40						○									○	○	○	○
プロポーズ顆粒水和剤	ベンチアバリカルブイソプロピル・TPN水和剤	40/M5						○									○	○	○	○
ザンプロDMフロアブル	アメトクトラジン・ジメトモルフ水和剤	45/40						○									○	○	○	○
ゾーベック エニケード	オキサチアピプロリン水和剤	49						○									○	○	○	○
パンチョTF顆粒水和剤	シフルフェナミド・トリフルミゾール水和剤	U6/3	○														○	○	○	○
シャフト10顆粒水和剤	テブフロキン水和剤	U16	○														○	○		○
Zボルドー	銅水和剤	M1		○								○					○			○
ジマンダイセン水和剤	マンゼブ水和剤	M3						○								○	○			○
オーソサイド水和剤80	キャプタン水和剤	M4						○	○								○			○
ダコニール1000	TPN水和剤	M5	○			○		○			○				○		○			○
ベルクートフロアブル	イミノクタジンアルベシル酸塩水和剤	M7	○						○						○		○	○		○
カリグリーン	炭酸水素カリウム水溶剤	NC	○	○					○								○	○		

定植後の高温、多湿環境下で、茎葉の繁茂した苗では輪紋病の発生が多くなる。放置するとまん延して下葉から上位葉へ進展し、生育不良となり減収する。輪紋病にはロブラール水和剤も有効である。また輪紋病に類似した病害には褐色輪紋病があり、ジマンダイセン水和剤やダコニール1000（輪紋病に登録）の予防散布で防除できる。

③収穫期

11月から翌年6月頃までハウス内が過湿条件となり、結露が増加すると、疫病、灰色かび病、葉かび病、すすかび病が発生する。また気温が低下すると菌核病の発生が増える。

表3-9 トマトの殺虫剤

商品名	一般名	IRACコード	アザミウマ類	コナジラミ類	アブラムシ類	オオタバコガ	ハスモンヨトウ	ハモグリバエ類	トマトサビダニ	ネコブセンチュウ類	接触効果	食毒効果	浸透性	速効性	残効性
トルネードエースDF	インドキサカルブ水和剤	22A				○	○					○		○	○
アファーム乳剤	エマメクチン安息香酸塩乳剤	6		○		○	○	○			○	○		○	
キルパー	カーバムナトリウム塩液剤	8F	○							○	○				
ラグビーMC粒剤	カズサホスマイクロカプセル剤	1B								○	○				○
ダントツ水溶剤	クロチアニジン水溶剤	4A		○	○						○	○	○	○	
プレバソンフロアブル5	クロラントラニリプロール水和剤	28				○	○	○				○			
ベネビアOD	シアントラニリプロール水和剤	28	○	○	○	○	○	○							
ベリマークSC	シアントラニリプロール水和剤	28	○	○	○	○	○	○							
プリロッソ粒剤	シアントラニリプロール粒剤	28	○	○	○	○	○	○							
スタークル/アルバリン顆粒水溶剤	ジノテフラン水溶剤	4A	○	○	○			○							
スタークル/アルバリン粒剤	ジノテフラン粒剤	4A	○	○	○			○							
トリガード液剤	シロマジン液剤	17						○							
ディアナSC	スピネトラム水和剤	5													
スピノエース顆粒水和剤	スピノサド水和剤	5													
モベントフロアブル	スピロテトラマト水和剤	23		○					○						
クリアザールフロアブル	スピロメシフェン水和剤	23		○											
ベストガード水溶剤	ニテンピラム水溶剤	4A		○											
ベストガード粒剤	ニテンピラム粒剤	4A		○											
マイトコーネフロアブル	ビフェナゼート水和剤	20D							○						
チェス顆粒水和剤	ピメトロジン水和剤	9B		○	○										
プレオフロアブル	ピリダリル水和剤	UN				○	○								
コルト顆粒水和剤	ピリフルキナゾン水和剤	9B		○											
フェニックス顆粒水和剤	フルベンジアミド水和剤	28				○									
ウララDF	フロニカミド水和剤	29			○										
ネマトリンエース粒剤	ホスチアゼート粒剤	1B								○					
コロマイト乳剤	ミルベメクチン乳剤	6							○						
ゼンターリ顆粒水和剤* / デルフィン顆粒水和剤*	BT水和剤	11A				○	○					○			

＊生物農薬、野菜類で登録

表3-10 野菜（トマト、キュウリ、ナス、ピーマン、ハクサイなど）の苗立枯病に対する育苗時処理薬剤

商品名	一般名	作物名（かっこ内は使用回数）	適用病害名	希釈倍数・使用量	使用時期	使用方法名称
オーソサイド水和剤80	キャプタン水和剤	トマト（5）、キュウリ（5）、ナス（5）、ピーマン（2）、ハクサイ（5）	苗立枯病	トマト、キュウリ、ナス、ピーマン（800倍）、ハクサイ（600～1200倍）	キュウリ、トマト、ナス、ピーマン（播種後2～3葉期）、ハクサイは収穫7日前まで	ジョウロまたは噴霧機で全面散布（2ℓ/㎡）
ダコニール1000	TPN水和剤	トマト、キュウリ（2）		1000倍	播種時または活着後（ただし、定植14日後まで）	土壌灌注
リゾレックス水和剤	トルクロホスメチル水和剤	トマト、キュウリ、ピーマン、ナス（1）		500倍	播種時	土壌灌注
リゾレックス粉剤	トルクロホスメチル粉剤	トマト、キュウリ、ピーマン、ナス（1）		50～100g/㎡	播種前	土壌混和
バリダシン液剤5	バリダマイシン液剤	キュウリ（1）	苗立枯病（リゾクトニア菌）	800倍	播種直後	3ℓ/㎡灌注
モンカットフロアブル40	フルトラニル水和剤	トマト、キュウリ（1）		1000～2000倍	播種時～子葉展開時	土壌灌注3ℓ/㎡
モンカット水和剤		トマト・ミニトマト、キュウリ（1）		500～1000倍	播種時～子葉展開時	希釈液3ℓ/㎡を土壌面に灌注
モンカット水和剤50		トマト、キュウリ（1）		1000～2000倍	播種時～子葉展開時	希釈液3ℓ/㎡を土壌面に灌注
バシタック水和剤75	メプロニル水和剤	トマト・ミニトマト、キュウリ（1）		750～1500倍	播種時～子葉展開時	土壌灌注3ℓ/㎡
タチガレン液剤	ヒドロキシイソキサゾール液時剤	キュウリ（3）	苗立枯病（ピシウム、フザリウム菌）	500-1000倍	播種直後	3ℓ/㎡
		キャベツ（3）	ピシウム腐敗病	1000倍	出芽時～育苗期	セル成型育苗トレイ1箱またはペーパーポット1冊（30×60cm・使用土壌約3.0～4.0ℓ）あたり0.5ℓ
プレビクールN液剤	プロパモカルブ塩酸塩液剤	キュウリ（3）	苗立枯病（ピシウム菌）	400倍	播種時	3ℓ/㎡

表3-11 トマトの灰色かび病、すすかび病、葉かび病に対する薬剤

商品名	一般名	FRACコード	すすかび病	葉かび病	灰色かび病
ベンレート水和剤	ベノミル水和剤	1		○	○
トップジンM水和剤	チオファネートメチル水和剤	1		○	○
ロブラール水和剤	イプロジオン水和剤	2			○
スミレックス水和剤	プロシミドン水和剤	2			○
トリフミン乳剤	トリフルミゾール乳剤	3	○	○	
スコア顆粒水和剤	ジフェコナゾール水和剤	3	○	○	
カンタスドライフロアブル	ボスカリド水和剤	7		○	○
アフェットフロアブル	ペンチオピラド水和剤	7	○	○	○
ベジセーバー	ペンチオピラド・TPN水和剤	7/M5	○	○	○
フルピカフロアブル	メパニピリム水和剤	9			○
ゲッター水和剤	ジエトフェンカルブ/チオファネートメチル	10/1		○	○
スミブレンド水和剤	ジエトフェンカルブ/プロシミドン	10/1			○
アミスター20フロアブル	アゾキシストロビン水和剤	11		○	
ファンタジスタ顆粒水和剤	アゾキシストロビン水和剤	11	○	○	
シグナムWDG	ピラクロストロビン・ボスカリド水和剤	11/7	○	○	○
オルパ顆粒水和剤	ピリベンカルブ・メパニピリム水和剤	11/9	○	○	○
ファンベル顆粒水和剤	イミノクタジンアルベシル酸塩・ピリベンカルブ水和剤	11/M7	○	○	
セイビアーフロアブル20	フルジオキソニル水和剤	12			○
ピクシオDF	フェンピラザミン水和剤	17			○
ジャストミート顆粒水和剤	フェンヘキサミド・フルジオキソニル水和剤	17/12			○
ポリオキシンAL水溶剤	ポリオキシン水和剤	19		○	
ダイアメリットDF	イミノクタジンアルベシル酸塩・ポリオキシン水和剤	19/M7		○	
ダコニール1000	TPN水和剤	M5	○	○	
ベルクートフロアブル	イミノクタジンアルベシル酸塩水和剤	M7	○	○	○

灰色かび病、すすかび病、葉かび病は、4〜5月期にも増加し、周年的に発生する。

灰色かび病は初期防除が重要で、罹病部位に胞子が形成され、施設内に分生胞子がまん延すると防除が難しくなる。複数の薬剤で耐性化していることが知られており、薬剤の選択に注意する。ベルクートフロアブルやピクシオDF、セイビアーフロアブル20、カンタスドライフロアブル、ゲッター水和剤などが有効である。

葉かび病やすすかび病には、ネクスターフロアブル、アフェットフロアブル、シグナムWDG、ダコニール1000が、葉かび病と灰色かび病にはベルクート水和剤、カンタスドライフロアブル、ゲッター水和剤などが有効である。ダコニールは、多作用点阻害剤で耐性菌の発生はなく、予防散布で用いると灰色かび病、すすかび病、葉かび病に有効である。

冬季から春季は、葉面に結露の多い時期なので疫病の発生に注意する。疫病の防除については生育期の防除を参照。

収穫期が近づき、茎葉の繁茂する時期には、日照不足などからうどんこ病の発生が増加する。うどんこ病ではステロール合成阻害剤(トリフミン乳剤、ラリー乳剤など)の耐性菌が増加しているが、表3-12に示す薬剤が利用できる。なかでもアフェットフロアブル、ベルクート水和剤、パンチョTF顆粒水和剤のほか、サンクリスタル乳剤、ハチハチフロアブルや生物農薬のインプレッションクリアなどが有効である。

④土壌伝染病対策

青枯病、萎凋病、根腐萎凋病、半身萎凋病、褐色根腐病など土壌伝染病の発生圃場では、土壌消毒が必要である。

土壌消毒剤には、クロルピクリン剤(クロルピクリン、クロピクテープ、クロピク錠剤)、メチルイソチオシアネート(MITC)が主成

表3-12 トマト・ミニトマトのうどんこ病の薬剤

商品名	一般名	FRACコード	トマト	ミニトマト	予防効果	治療効果	浸透性
トリフミン乳剤	トリフルミゾール乳剤	3	○	○	○	○	○
アフェットフロアブル	ペンチオピラド水和剤	7	○	○	○		
カリグリーン	炭酸水素カリウム水溶剤	NC	○	○	○		
サンヨール	DBEDC乳剤	M1	○	○	○		
イオウフロアブル	水和硫黄剤	M2	○	○	○		
ダコニール1000	TPN水和剤	M5	○	○	○		
ベルクートフロアブル	イミノクタジンアルベシル酸塩水和剤	M7	○	○	○		
パンチョTF顆粒水和剤	シフルフェナミド・トリフルミゾール水和剤	U6/3	○	○	○	○	○
テーク水和剤	シメコナゾール・マンゼブ水和剤	3/M3	○		○	○	
ベジセイバー	ペンチオピラド・TPN水和剤	7/M5	○	○	○		
シグナムWDG	ピラクロストロビン・ボスカリド水和剤	11/7	○	○	○	○	○
イデクリーン水和剤	硫黄・銅水和剤	M2/M1	○	○	○		
ファンベル顆粒水和剤	イミノクタジンアルベシル酸塩・ピリベンカルブ水和剤	M7/11	○		○	○	○
ダイアメリットDF	イミノクタジンアルベシル酸塩・ポリオキシン水和剤	M7/19	○		○	○	○
クリーンサポート	バチルス ズブチリス・ポリオキシン水和剤	44/19	○		○		
アグロケア水和剤	バチルス ズブチリス水和剤		○	○			
バイオワーク水和剤	バチルス ズブチリス水和剤		○	○			
バチスター水和剤	バチルス ズブチリス水和剤		○	○			
あめんこ100	還元澱粉糖化物液剤		○	○			
エコピタ液剤	還元澱粉糖化物液剤		○	○			
サンクリスタル乳剤	脂肪酸グリセリド乳剤		○	○			
アカリタッチ乳剤	プロピレングリコールモノ脂肪酸エステル乳剤			○			
タフパール	タラロマイセス フラバス水和剤		野菜類のうどんこ病として登録	○			
インプレッションクリア	バチルス アミロリクエファシエンス水和剤			○			
インプレッション水和剤	バチルス ズブチリス水和剤	44		○			
セレナーデ水和剤	バチルス ズブチリス水和剤	44		○			
ボトキラー水和剤	バチルス ズブチリス水和剤	44		○			
ハーモメイト水溶剤	炭酸水素ナトリウム水溶剤	NC		○			
クリーンカップ	銅・バチルス ズブチリス水和剤	M1/44		○			
ケミヘル	銅・バチルス ズブチリス水和剤	M1/44		○			

分のダゾメット剤（バスアミド微粒剤、トラペックサイド油剤）、カーバムナトリウム剤（キルパー）、D-D、D-Dとトラペックサイド油剤の混合剤であるディトラペックサイド油剤、クロルピクリンとD-Dの混合剤のソイリーンなどが使われる（表3-13）。

　線虫にはMITC剤含めてすべての薬剤が有効であるが、細菌病である青枯病にはD-D、MITCを主成分とするトラペックサイド、キルパーは登録がなく、クロルピクリン剤、混合剤のソイリーン、ダブスストッパー、およびバスアミドを使用する。とくにクロルピクリン剤の防除効果が高い。

　土壌くん蒸剤の処理方法は、表3-14に示した。

〈クロルピクリンのマルチ畦内処理〉　耕起うね立て後、うね面マルチ内にクロルピクリンを所定量注入し（通常処理の1/2〜2/3）、そのまま10日程度（9月上旬まで）放置し、ガス抜きなしで作物を定植する。この処理はマルチフィルムが被覆の代用となり、自然にガス抜きできるのが特徴である。

　サツマイモやメロン、キュウリ、ナス、イチゴ、トマトなどでは、30cm間隔で3mℓ程度を灌注処理する。

〈クロピク錠剤、クロールピクリンテープ剤〉

　クロピク錠剤、クロールピクリンテープ剤は、薬剤を水溶性のポリビニールアルコールの袋で被覆したもので、薬剤成分が気化しないように被覆してあるため安全に使用でき

表3-13 土壌中の病害虫雑草に対する土壌消毒剤の効果

分類	一般名	商品名	ウイルス	糸状菌	細菌	土壌害虫	センチュウ	雑草
トリクロロニトロメタン	クロルピクリン	クロールピクリン	×	○	○	○	○	○
MITC剤	ダゾメット	ガスタード・バスアミド	×	○	△	○	○	○
	カーバムナトリウム塩	キルパー	×	○	×	△	○	○
	カーバムアンモニウム塩	NCS	×	○	○	○	○	○
	トラペックサイド	トラペックサイド	×	○	△	△	○	○
ジクロロプロペン	D-D	D-D	×	×	×	○	○	×
混合剤	D-D・MITC混合剤	ディ・トラペックサイド	×	○	○	○	○	○
	D-D・クロルピクリン混合剤	ソイリーン	×	○	○	○	○	○
		ダブルストッパー	×	○	○	○	○	○

○：効果あり、△：1部で効果が得られる、×：効果なし

表3-14 土壌消毒剤の性状と使用方法

分類	クロルピクリン					MITC				D-D	MITC+D-D	クロルピクリン・D-D	
商品名	クロールピクリン	クロピク80	クロピク錠剤	クロピクテープ	クロピクフロー	バスアミド微粒剤	トラペックサイド	NCS	キルパー	D-D	ディ・トラペックサイド油剤	ソイリーン	ダブルストッパー
成分・濃度	クロルピクリン99.5%	クロルピクリン80%	クロルピクリン70%	クロルピクリン55%	クロルピクリン80%	ダゾメット98%	MITC 20%	カーバムアンモニウム塩50%	カーバムナトリウム塩30%	ジクロロプロペン97%	MITC(20%)・D-D(40%)	クロピク(41.5%)・D-D(54.4%)	クロピク(35%)・D-D(60%)
毒性	劇物	劇物	劇物	劇物	劇物	劇物	劇物	劇物	劇物	劇物	劇物	劇物	劇物
処理方法	土壌注入灌注	土壌注入灌注	混和・埋没	埋没	灌注	土壌混和	土壌注入	土壌注入、混和、灌水	土壌注入、混和、灌水	土壌注入	土壌注入	土壌注入	土壌注入
必要地温	7℃以上	7℃以上	7℃以上	7℃以上	7℃以上	10℃以上	15℃以上	10℃以上	10℃以上	5℃以上	10℃以上	7℃以上	7℃以上
土壌水分の調整	土壌を手のひらで握って手を開けたときに団子状になる水分量					適度の水分が必要		乾燥土壌では、ガスが揮散するので、土を握って団子状になる程度の保水性が必要	乾燥土壌では、ガスが揮散するので、土を握って団子状になる程度の保水性が必要	適度の水分が必要	適度の水分が必要	土壌を手のひらで握って手を開けたときに団子状になる水分量	
被覆期間	7○〜10℃で（20〜30日）、温度が高くなるにしたがって少なく、25〜30℃では10日程度必要である					7〜10日（タバコでは30日）	7〜10日（タマネギ、ネギなどで1〜2週間）	7〜10日	7〜10日	夏季（6〜7日）、春・秋（7日）、初春・晩秋（10〜12日）	7〜10日	基本的にクロルピクリンの処理に準じる	
植え付け前	処理後気温の高い場合（25℃以上）で10日、気温の低い場合（10℃）で20〜30日程度でガスが抜けるが、作物を植え付ける前に、土の臭いをかぎ、クロルピクリンの臭いがしないか確認する。また、2,3日前にトラクターで耕起する					被覆除去後、耕起してガス抜き1回目、2〜3日後に再度耕起して、ガス抜きする	10℃の使用時では、ガス抜きを長め	7〜10日後、被覆を除去し、ガス抜きして、7〜8日後に定植する	被覆除去後3〜10日後に定植	夏季：6〜7日被覆、ガス抜き、4〜5日後に定植 春・秋：7日（被覆）〜被覆除去・耕起抜き〜7日後定植 早春・晩秋：10〜12日被覆〜被覆除去・耕起〜7〜10日後定植	被覆除去後、耕起ガス抜きし7〜14日後に定植する	処理後気温の高い場合（25℃以上）で10日、気温の低い場合（10℃）で20〜30日程度でガス抜けるが、作物を植え付ける前に、土の臭いをかぎ、クロルピクリンの臭いがしないか確認する。また、2、3日前にトラクターで耕起する	

る。この錠剤、テープ剤を土壌中に埋没すると、土壌中の水分によってポリビニールアルコール袋が溶解し、クロルピクリンがガス化する仕組みになっている。

処理時には濡れた手などで触らないこと、また使用時は、防毒マスク、防除着を着用する。灌注用の機材は不要である。防除効果はクロルピクリン剤とほぼ同等である。

⑤灰色かび病対策

灰色かび病の防除では、耐性菌の発生が問

題となっている。防除薬剤としてはベンレート水和剤（有糸分裂阻害）、ファンタジスタ顆粒水和剤（QoI剤）、アフェットフロアブル（SDHI剤）、ポリオキシン（細胞壁合成阻害）、セイビアーフロアブル20（浸透圧シグナル：PP殺菌剤）、ロブラール水和剤（浸透圧シグナル：ジカルボキシイミド）、ピクシオDF（ステロール合成阻害：クラスⅢ）、メパニピリム（メチオニン合成阻害）のほか、ベルクート水和剤の多作用点阻害、ボトキラー、タフパールなどの生物農薬が利用できる（表3-11参照）。

耐性菌の発生を抑えるには、同一作用機作の薬剤の使用は1回程度とし、多作用点阻害剤であるベルクート水和剤、ダコニール1000や生物農薬などとの体系防除とする。

2～3月の灰色かび病の多発環境下では、セイビアーフロアブル20、ピクシオDF、アフェットフロアブル（防除効果の低い場合、耐性菌発生のおそれがあるので使用を避ける）、ベルクート水和剤などを散布する。薬剤散布後に発病が減少すれば、生物農薬やダコニール1000などを散布し、発病が増加してくるようであれば、作用機作の異なるファンタジスタ顆粒水和剤、フルピカフロアブルなどを使用する。

これらの薬剤は残効性があるので、効果の持続期間を見きわめて使用する。

⑥うどんこ病対策

うどんこ病はステロール合成阻害剤や呼吸阻害剤で耐性菌の発生が報告されている。防除剤は表3-12に示した。

⑦すすかび病と葉かび病対策

すすかび病と葉かび病は、病原菌の分生子の形態の相違は明瞭であるが、どちらも葉表面にぼやけた円形の病斑ができ、葉裏に病原菌の胞子が形成され、病徴はきわめて類似している。葉裏の胞子に形成された病斑が、葉かび病に比較してすすかび病はやや色が濃く、褐色～黒褐色になるのが特徴で、葉かび病に比べて高温期に発生が多い。両病害とも耐性菌が報告されており、有効薬剤が異なる。防除薬剤は表3-11に示した。

⑧疫病対策

トマトの疫病（Phytophthora属菌）には、疫病（P.infestance）、灰色疫病（P.capsici）、褐色腐敗病（P.nicotianae）がある。いずれもトマトの茎葉、果実に感染し、症状は類似する。P.infestanceによる疫病は、比較的低温時から発生し、露地栽培では5月中下旬～7月と9月～11月、促成栽培では12月～2月、半促成栽培では3月中旬～5月下旬に発生する。灰色疫病菌（P. capsici）による灰色疫病や褐色腐敗病は、やや気温の高い条件下で発生し、灰色疫病は地際部から発生することが多い。

予防的に散布する薬剤としては、銅水和剤、ジマンダイセン水和剤、ダコニール1000などの多作用点阻害剤がある。発生初期に散布する薬剤は、リドミルゴールドMZやランマンフロアブルなどが有効で、高い治療効果が得られるものもある（表3-15）。しかし、耐性菌の発生リスクがあり、連用は避ける必要がある。ホライズンドライフロアブル、ザンプロDMフロアブル、カーゼットPZ水和剤など作用機作の異なる薬剤を使用し、耐性菌発生を予防する。

⑨生物農薬の利用

トマトの各種病害に対する生物農薬には、ボトキラー水和剤、インプレッション水和剤、インプレッションクリア、エコショット、セレナーデ水和剤や、銅剤との混合剤であるクリーンカップ、ケミヘルがある（表3-16）。いずれも糸状菌製剤で、ボトキラー、インプレッション、エコショット、セレナーデが枯草菌（納豆菌）の、インプレッションクリアが同じくバチルス属の、タフパールが青カビの一種であるタラロマイセス属の製剤である。灰色かび病、うどんこ病のほか、すすかび病、葉かび病に使えるものもある。

表3-15　トマト疫病に対する防除薬剤

商品名	作用機作 FRACコード	多作用点阻害剤	成分含量	希釈倍数	回数	備考
リドミルゴールドMZ	4/M3	○	メタラキシルM 3.8%、マンゼブ64%	1000倍	2回以内	トマトのみ
ベジセイバー	7		ベンチオピラド6.4%	1000倍	3回以内	トマト・ミニトマト
ホライズンドライフロアブル	11/27		ファモキサドン22.5%、シモキサニル30.0%	1500～2500倍	3回以内	トマト・ミニトマト
ランマンフロアブル	21		ジアゾファミド9.4%	1000～2000倍	4回以内	トマト・ミニトマト
ライメイフロアブル	21		アミスルブロム17.7%	2000～4000倍	4回以内	トマト・ミニトマト
ドーシャスフロアブル	21/M5	○	ジアゾファミド3.2%、TPN40%	1000倍	4回以内	トマトのみ
ダイナモ顆粒水和剤	21		アミスルブロム17%、シモキサニル30%	3000～5000倍	3回以内	トマト・ミニトマト
エトフィンフロアブル	22		エタボキサム12.5%	1000倍	4回以内	トマトのみ
カスミンボルドー	24/M1		カスガマイシン塩酸塩5.7%、塩基性塩化銅75.6%	1000倍	5回以内	トマトのみ
ブリザード水和剤	24	○	シモキサニル24%	1200～2000倍	3回以内	トマトのみ
カーゼートPZ水和剤	27/M3		シモキサニル12%、マンゼブ65%	1000～1500倍	2回以内	トマトのみ
ベトファイター顆粒水和剤	27/40		シモキサニル24%、ベンチアバリカルブイソプロピル10%	2000倍	3回以内	トマト・ミニトマト
レーバスフロアブル	40		マンジプロパミド23.3%	1500～2000倍	3回以内	トマト・ミニトマト
フェスティバルM水和剤	40/M3	○	ジメトモルフ12.0%、マンゼブ50.0%	750～1000倍	3回以内	トマトのみ
プロポーズ顆粒水和剤	40/M3		ベンチアバリカルブイソプロピル5%、マンゼブ40%	1000～1500倍	3回以内	トマト・ミニトマト
カンパネラ/ベネセット水和剤	40/M3	○	ベンチアバリカルブイソプロピル3.75%、マンゼブ70%	1000倍	2回以内	トマトのみ
ジャストフィットフロアブル	43/40		フルオピコリド33.0%、ベンチアバリカルブイソプロピル12.0%	5000倍	3回以内	トマト・ミニトマト
ザンプロDMフロアブル	45/40		アメトクトラジン27.0%、ジメトモルフ20.3%	1500倍	3回以内	トマト・ミニトマト
フォリオゴールド	44/M5	○	メタラキシルM 3.3%、TPN32%	800～1000倍	4回以内	トマト・ミニトマト
ゾーベック エニケード	49		オキサチアピプロリン10.2%	5000倍	2回以内	トマトのみ
ジマンダイセン水和剤	M3	○	マンゼブ75%	800倍	2回以内	トマトのみ
ペンコゼブフロアブル	M3		マンゼブ28%	1000倍	2回以内	トマト・ミニトマト
ダコニール1000	M5	○	TPN40%	1000倍	4回以内	トマト・ミニトマト
オーソサイド水和剤80	M4		キャプタン80%	800～1200倍	5回以内	トマトのみ
イデクリーン水和剤	M1/M2	○	塩基性塩化銅61%、イオウ25%	400～800倍	―	トマト・ミニトマト

生物農薬はその拮抗微物が病原菌よりも先に植物体に定着することが重要で、発病前や発病初期に使用し、多発条件下では十分な防除効果が得られない。

一方で、耐性菌の発生圃場では、耐性菌の発生している薬剤より有効で、耐性菌密度を下げる効果も期待できる。

耐性菌の発生圃場では、化学薬剤とのローテーション散布、または薬剤の防除体系のなかに組み入れて耐性菌密度の抑制をはかる。

なお、生物農薬は、希釈倍数の低いものでは、収穫物に汚れが発生する場合があり、注意する。とくに500倍希釈では、上清を使うよう指定されている薬剤もあり、調整方法に注意する。

2- 害虫

①播種～育苗期

露地栽培では4～5月にアザミウマ類、コナジラミ類、アブラムシ類、ハモグリバエ類などの微小害虫が発生する。また、施設の促成・周年長期どり栽培では6～8月に前述の微小害虫やオオタバコガ、ハスモンヨトウなどチョウ目害虫が発生する。とくに、アザミ

表3-16 トマト病害に使える生物農薬

商品名	一般名	病名	倍数	散布液量	散布時期	使用方法
ボトキラー水和剤	バチルス ズブチリス水和剤	うどんこ病*	1000	150〜300ℓ/10a	発病前〜発病初期	散布
			15g/10a/日			ダクト内投入
		灰色かび病*	1000	150〜300ℓ/10a		散布
			15g/10a/日			ダクト内投入
			300g/10a	6〜10ℓ/10a		常温煙霧
インプレッション水和剤		葉かび病	500倍	—	発病前〜発病初期まで	散布
		うどんこ病*	500〜1000倍			散布
			500倍			散布（上澄液）
		灰色かび病*	500〜1000倍			散布
		灰色かび病*	500倍			散布（上澄液）
エコショット		葉かび病	1000〜2000倍	100〜300ℓ/10a	収穫前日まで	散布
		灰色かび病				
セレナーデ水和剤		葉かび病	500倍	—	発病前〜発病初期まで	散布
		うどんこ病*	500〜1000倍		発病前〜発病初期まで	散布
			500倍			散布（上澄液）
		灰色かび病*	500〜1000倍			散布
			500倍			散布（上澄液）
インプレッションクリア	バチルス アミロリクエファシエンス水和剤	葉かび病	1000倍	100〜300ℓ/10a	発病前〜発病初期まで	散布
		うどんこ病*	1000〜2000倍			
		灰色かび病				
タフパール	タラロマイセス フラバス水和剤	うどんこ病*	2000〜4000倍	150〜300ℓ/10a	発病前〜発病初期	散布
		灰色かび病				
		葉かび病				
クリーンカップ	銅・バチルス ズブチリス水和剤	すすかび病	1000倍	100〜300ℓ/10a	収穫前日まで	散布
		疫病				
		葉かび病	1000〜2000倍			
		うどんこ病*				
		灰色かび病*	1000倍			
ケミヘル	銅・バチルス ズブチリス水和剤	すすかび病	1000倍	100〜300ℓ/10a	収穫前日まで	散布
		疫病				
		灰色かび病*				
		葉かび病	1000〜2000倍			
		うどんこ病*				

＊：野菜類で登録

ウマ類、コナジラミ類、アブラムシ類はウイルス病を媒介するため注意が必要である。アザミウマ類、コナジラミ類、ハモグリバエ類、オオタバコガ、ハスモンヨトウにはスピノシン系のディアナSCなどを、アザミウマ類、コナジラミ類、アブラムシ類の発生にはネオニコチノイド系のベストガード水溶剤など、それぞれの発生を見たら散布する。

②定植時〜生育初期

　露地栽培では5月、施設の促成・周年長期どり栽培では9月の育苗期後半〜定植時にアザミウマ類、コナジラミ類、アブラムシ類などを対象としてテトロン酸およびテトラミン酸誘導体のモベントフロアブル、ジアミド系のプリロッソ粒剤またはベリマークSCなどを処理する。これらの薬剤は処理後約3週間の残効がある。毎年ネコブセンチュウ類が発生する露地圃場では、定植前に有機リン系のラグビーMC粒剤またはネマトリンエース粒剤を処理する。

③収穫期

　露地栽培では6〜9月、施設の周年長期どり栽培では10〜6月の収穫期に各種害虫が見られたら、その発生初期にそれぞれ以下の薬剤で防除する。

　アザミウマ類ではミカンキイロアザミウマ、ヒラズハナアザミウマやネギアザミウマが発生する。これらは有機リン系、カーバメー

ト系、ピレスロイド系、ネオニコチノイド系などの薬剤に抵抗性を発達させているため、スピノシン系のスピノエース顆粒水和剤、テトロン酸およびテトラミン酸誘導体のモベントフロアブルなどを散布する。

コナジラミ類ではおもにタバコナジラミバイオタイプQが発生する。本種は有機リン系、カーバメート系、ピレスロイド系、一部のネオニコチノイド系などの薬剤に抵抗性を発達させている。ピリジン・アゾメチン誘

表3-17 主要害虫に対して使用可能な生物農薬

商品名	一般名	害虫名	希釈倍数使用量(処理量)	散布液量	使用時期	使用方法	備考
エンストリップ	オンシツツヤコバチ剤	コナジラミ類オンシツコナジラミ	1カード/25～30株	—	発生初期	放飼	野菜類(施設栽培)
ツヤトップ							
アフィパール	コレマンアブラバチ剤	アブラムシ類	1～2瓶(約500～1000頭)/10a	—	発生初期	放飼	野菜類(施設栽培)
コレトップ			4～8ボトル(1000～2000頭)/10a				
スワルスキー	スワルスキーカブリダニ剤	アザミウマ類コナジラミ類チャノホコリダニ	250～500mℓ(約25000～50000頭)/10a	—	発生直前～発生初期	放飼	野菜類(施設栽培)
		アザミウマ類	250～500mℓ(約25000～50000頭)/10a				ナス(露地栽培)
		チャノホコリダニ	250mℓ(約25000頭)/10a				
		ミカンハダニ	2.5～10mℓ(約250～1000頭)/樹				果樹類(施設栽培)
スワルスキープラス		アザミウマ類コナジラミ類チャノホコリダニ	100～200パック(約25000～50000頭)/10a			茎や枝などに吊り下げて放飼	野菜類(施設栽培)
		アザミウマ類					ナス(露地栽培)
		ミカンハダニ	1～4パック(約250～1000頭)/樹				果樹類(施設栽培)
タイリク	タイリクヒメハナカメムシ剤	アザミウマ類	0.5～2ℓ(約500～2000頭)/10a	—	発生初期	放飼	野菜類(施設栽培)
オリスターA			0.5～2ℓ(約500～2000頭)/10a				
リクトップ			1000～3000頭/10a				
スパイデックス	チリカブリダニ剤	ハダニ類	100～300mℓ(約2000～6000頭)/10a	—	発生初期	放飼	野菜類(施設栽培)果樹類(施設栽培)
チリトップ			6000頭/10a				野菜類(施設栽培)
マイコタール	バーティシリウムレカニ水和剤	コナジラミ類	1000倍	150～300ℓ/10a	発生初期	散布	野菜類(施設栽培)
ボタニガード水和剤	ボーベリアバシアーナ水和剤	アザミウマ類コナジラミ類アブラムシ類	1000倍	100～300ℓ/10a	発生初期	散布	野菜類(施設栽培)
ボタニガードES	ボーベリアバシアーナ乳剤	アザミウマ類	500～1000倍	100～300ℓ/10a	発生初期	散布	野菜類
		コナジラミ類	500倍				
		アブラムシ類ハダニ類	1000倍				
		コナガ	500倍				
バイオリサカミキリ スリム	ボーベリアブロンニアティ剤	カミキリムシ類	1本/樹	—	成虫発生初期	地際に近い主幹の分枝部分などに架ける	果樹類
スパイカルEX	ミヤコカブリダニ剤	ハダニ類	100～300mℓ(約2000～6000頭)/10a		発生初期	放飼	野菜類
			24～120mℓ(約48～240頭)/樹				果樹類
スパイカルプラス			40～120パック(約2000～6000頭)/10a			茎や枝などに吊り下げて放飼	野菜類
			1～5パック(約50～250頭)/樹				果樹類
ミヤコトップ			2000～6000頭/10a			放飼	野菜類(施設栽培)
パイレーツ粒剤	メタリジウムアニソプリエ粒剤	アザミウマ類	5g/株 (5kg/10a)	—	発生前～発生初期	対象害虫が落下する範囲内の株周辺に散布	野菜類(施設栽培)

導体のコルト顆粒水和剤、テトロン酸およびテトラミン酸誘導体のクリアザールフロアブル、ミルベマイシン系のコロマイト乳剤、ネオニコチノイド系のスタークル／アルバリン顆粒水溶剤などで対処する。

モモアカアブラムシやジャガイモヒゲナガアブラムシなどアブラムシ類の発生に対してはチェス顆粒水和剤、ウララDFなどを散布する。

オオタバコガやハスモンヨトウなどチョウ目害虫にはジアミド系のフェニックス顆粒水和剤、プレオフロアブル（作用機作不明）、オキサジアジンのトルネードエースDF、BT系のゼンターリ顆粒水和剤、またはデルフィン顆粒水和剤などを散布する。

そのほか、トマトハモグリバエやマメハモグリバエなどハモグリバエ類の発生が見られたら、トリガード液剤、プレバソンフロアブル5などを、トマトサビダニにはアファーム乳剤、マイトコーネフロアブルなどを散布する。収穫終了後は圃場にキルパーを処理し、トマトの古株を枯死させるとともに、コナジラミ類、アザミウマ類、ネコブセンチュウ類のまん延を防止する。

④ 生物農薬の利用

主要害虫に対する生物農薬を表3-17に示した。施設栽培で発生するコナジラミ類には天敵寄生蜂のオンシツツヤコバチ剤（エンストリップ）など、天敵微生物のバーティシリウム レカニ水和剤（マイコタール）、ボーベリア バシアーナ乳剤（ボタニガードES、露地栽培でも利用可能）などが利用できる。施設栽培で発生するアブラムシ類には天敵寄生蜂のコレマンアブラバチ剤（アフィパール、コレトップ）、天敵微生物のボーベリア バシアーナ乳剤（ボタニガードES、露地栽培でも利用可能）などが利用できる。

いずれも害虫の発生初期に所定量を放飼または散布する。

なお、トマトではスワルスキーカブリダニ、チリカブリダニ、ミヤコカブリダニなどのカブリダニ類やタイリクヒメハナカメムシの定着が阻害され、これらの天敵の放飼による防除効果が低いことから使用を控える。

果菜類
b. ナス

ナスは施設の促成栽培や半促成栽培、露地栽培などの作型がある。病害虫の発生状況を作型別に図3-4に示した。施設栽培と露地栽培では発生する病害虫に違いがあり、作型によっても異なる。ナスの病害虫防除に使用される殺菌剤と殺虫剤を、表3-18と表3-19に示した。

1- 病害

① 促成栽培

冬季から翌春に収穫する作型で、6月に播種し、高温時に育苗するため、この時期にリゾクトニア属菌、ピシウム属菌による苗立枯病や疫病が発生することがある。苗立枯病は、リゾクトニア属菌とピシウム属菌の区別が難しく、両者に対して効果の得られるオーソサイド水和剤80を散布する。リゾクトニア属菌は、発病後でもリゾレックス水和剤の灌注処理が効果的である（表3-10参照）。疫病は、銅水和剤のサンボルドーが利用できる。

8月末から9月上旬の定植後は高温期のため、うどんこ病やすすかび病、多湿環境では黒枯病などに注意する。とくに前年度にすすかび病やすす斑病が発生した圃場では、施設内が多湿になるとこれらの病害が発生し、冬季にも継続して発生する。すすかび病、灰色かび病、うどんこ病では耐性菌が発生しているので、同じ作用機作（FRACコード）の薬剤の連用は避ける。

すすかび病、うどんこ病、菌核病の防除剤を表3-20、うどんこ病とすすかび病の防除剤を表3-21に示した。

なお、異なる作用機作の薬剤を体系処理す

図3-4 ナスの病害虫発生時期

月	9	10	11	12	1	2	3	4	5	6
半促成栽培		○━━	━━━	━△	━━	━━	▓▓	▓▓	▓▓	▓▓
苗立枯病		◠								
灰色かび病			◠	━━	━━	━━	━━	◡		
すすかび病				◠	━━	━━	━━	━━	━━	◡
うどんこ病								◠	━━	◡
褐紋病								◠	━━	◡
黒枯病								◠	━━	◡
褐斑細菌病				◠	━━	━━	━━	◡		
アザミウマ類			◠	━━	━━	━━	━━	━━	━━	◡
コナジラミ類			◠	━━	━━	━━	━━	━━	━━	◡
アブラムシ類			◠	━━	━━	━━	━━	━━	━━	◡
ハモグリバエ類			◠	━━	━━	━━	━━	━━	━━	◡
チャノホコリダニ								◠	━━	◡
ハダニ類			◠	━━	━━	━━	━━	━━	━━	◡
ネコブセンチュウ類			◠	━━	━━	━━	━━	━━	━━	◡

○：播種、△：定植、▓▓：収穫を示す

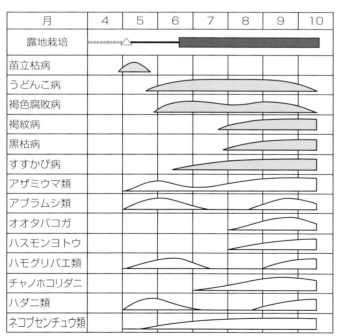

月	4	5	6	7	8	9	10
露地栽培	━△	━━	▓▓	▓▓	▓▓	▓▓	▓▓

△：定植（播種は2月上旬）、▓▓：収穫を示す

るより、混合散布するほうが耐性菌の発生が少ないとされる。耐性菌発生の防止対策として、初期防除を徹底して発病を抑制すること、ベルクート水和剤やダコニール1000などの多作用剤を有効に利用することが重要である。

②半促成栽培

10月に播種後、12月まで育苗するため、この期間中の高温時に苗立枯病が発生する。定植後は灰色かび病、3月以降はすすかび病の発生に注意する。

灰色かび病は、10月から4月頃の多湿な環境下で発生する。被害発生前、発病初期に薬剤防除することが重要で、初発時にネクスターフロアブル、カンタスドライフロアブル、セイビアーフロアブル20、アフェットフロアブルなどを散布する。

表3-18 ナスの殺菌剤

商品名	一般名	FRACコード	うどんこ病	すすかび病	フザリウム立枯病	疫病	灰色かび病	褐色腐敗病	褐紋病	菌核病	黒枯病	半身萎凋病	予防効果	治療効果	浸透性	残効性
トップジンM水和剤	チオファネートメチル水和剤	1					○			○○			○	○	○	○
ベンレート水和剤	ベノミル水和剤	1					○		○	○	○	○	○	○	○	○
ロブラール水和剤	イプロジオン水和剤	2		○			○			○			○			○
トリフミン水和剤	トリフルミゾール水和剤	3	○	○									○	○		○
ルビゲン水和剤	フェナリモル水和剤	3	○	○									○	○		○
ラリー水和剤	ミクロブタニル水和剤	3	○	○									○	○		○
パンチョTF顆粒水和剤	シフルフェナミド・トリフルミゾール水和剤	U6/3	○										○	○		○
フォリオゴールド	メタラキシルM・TPN水和剤	4/M5				○							○			○
ネクスターフロアブル	イソピラザム水和剤	7	○	○									○			○
アフェットフロアブル	ペンチオピラド水和剤	7	○	○						○			○			○
カンタスドライフロアブル	ボスカリド水和剤	7	○	○						○			○			○
ピカットフロアブル	ペンチオピラド・メパニピリム水和剤	7/9					○						○			○
ベジセイバー	ペンチオピラド・TPN水和剤	7/M5	○	○						○	○		○			○
フルピカフロアブル	メパニピリム水和剤	9	○				○						○			○
ゲッター水和剤	ジエトフェンカルブ・チオファネートメチル水和剤	10/1					○			○			○	○	○	○
スミブレンド水和剤	ジエトフェンカルブ・プロシミドン水和剤	10/2					○						○	○		○
アミスター20フロアブル	アゾキシストロビン水和剤	11	○	○									○		○	○
ストロビーフロアブル	クレソキシムメチル水和剤	11	○	○									○			○
ファンタジスタ顆粒水和剤	ピリベンカルブ水和剤	11					○						○			○
スクレアフロアブル	マンデストロビン水和剤	11							○	○			○			○
シグナムWDG	ピラクロストロビン・ボスカリド水和剤	11/7	○	○						○			○			○
アミスターオプティフロアブル	アゾキシストロビン・TPN水和剤	11/M5	○										○			○
ホライズンドライフロアブル	シモキサニル・ファモキサドン水和剤	27/11				○							○			○
セイビアーフロアブル20	フルジオキソニル水和剤	12			○								○			○
ピクシオDF	フェンピラザミン水和剤	17					○						○			○
ジャストミート顆粒水和剤	フェンヘキサミド・フルジオキソニル水和剤	17/12					○						○			○
ポリオキシンAL水溶剤「科研」	ポリオキシン水溶剤	19	○	○			○						○			○
ポリベリン水和剤	イミノクタジン酢酸塩・ポリオキシン水和剤	M7/19					○						○			○
ライメイフロアブル	アミスルブロム水和剤	21				○							○			○
ランマンフロアブル	シアゾファミド水和剤	21				○							○			○
ドーシャスフロアブル	シアゾファミド・TPN水和剤	21/M5				○							○			○
レーバスフロアブル	マンジプロパミド水和剤	40				○							○			○
フェスティバルC水和剤	ジメトモルフ・銅水和剤	40/M1				○							○			○
プロポーズ顆粒水和剤	ベンチアバリカルブイソプロピル・TPN水和剤	40/M5		○		○							○			○
プロパティフロアブル	ピリオフェノン水和剤	U8	○										○			○
ガッテン乳剤	フルチアニル乳剤	U13	○										○			○
サンボルドー	銅水和剤	M1				○							○			○
ダコニール1000	TPN水和剤	M5	○	○		○			○				○			○
ベルクートフロアブル	イミノクタジンアルベシル酸塩水和剤	M7	○	○			○						○			○
パルミノ	キノキサリン系水和剤	M10	○										○			○
タフパール	タラロマイセス フラバス水和剤	生物農薬		○									○			
アグロケア水和剤	バチルス ズブチリス水和剤	生物農薬	○	○			○						○			

耐性菌により効果が低下している場合には他剤に変える必要がある。また、ベルクートフロアブル、ダコニール1000フロアブルを初発時から散布することでも効果が得られ、耐性菌の発生圃場では、生物農薬を防除体系に加えるのも有効である。

すすかび病は、前年度発生した圃場では1～2月の低温時にも発生することがあり、早めにネクスターフロアブル、ベルクート水和剤、カンタスドライフロアブル、ベジセイバーなどを散布する。

気温が上昇する4月以降は、うどんこ病、

表3-19　ナスの殺虫剤

商品名	一般名	IRACコード	アザミウマ類	コナジラミ類	アブラムシ類	オオタバコガ	ハスモンヨトウ	ハモグリバエ類	チャノホコリダニ	ハダニ類	ネコブセンチュウ類	接触効果	食毒効果	浸透性	速効性	残効性
カネマイトフロアブル	アセキノシル水和剤	20B							○	○		○	○		○	○
アグリメック	アバメクチン乳剤	6	○	○						○		○	○		○	○
トルネードエースDF	インドキサカルブ水和剤	22A				○	○						○		○	○
アファーム乳剤	エマメクチン安息香酸塩乳剤	6				○	○	○	○	○			○		○	○
キルパー	カーバムナトリウム塩液剤	8F	○								○					
ラグビーMC粒剤	カズサホスマイクロカプセル剤	1B									○					
プレバソンフロアブル5	クロラントラニリプロール水和剤	28				○	○						○	○		○
ベリマークSC	シアントラニリプロール水和剤	28	○	○	○								○	○		○
プリロッソ粒剤	シアントラニリプロール粒剤	28	○	○	○								○	○		○
スタークル／アルバリン顆粒水溶剤	ジノテフラン水溶剤	4A	○	○	○								○	○	○	○
スタークル／アルバリン粒剤	ジノテフラン粒剤	4A	○	○	○								○	○	○	○
ディアナSC	スピネトラム水和剤	5	○			○	○	○					○		○	○
スピノエース顆粒水和剤	スピノサド水和剤	5	○			○							○		○	○
モベントフロアブル	スピロテトラマト水和剤	23							○	○				○		○
ベストガード水溶剤	ニテンピラム水溶剤	4A	○	○	○								○	○	○	○
ベストガード粒剤	ニテンピラム粒剤	4A	○	○	○								○	○	○	○
マイトコーネフロアブル	ビフェナゼート水和剤	20D								○		○			○	○
チェス顆粒水和剤	ピメトロジン水和剤	9B		○	○								○	○		○
プレオフロアブル	ピリダリル水和剤	UN				○	○						○		○	○
コルト顆粒水和剤	ピリフルキナゾン水和剤	9B		○	○								○	○		○
フェニックス顆粒水和剤	フルベンジアミド水和剤	28				○	○						○	○		○
ウララDF	フロニカミド水和剤	29		○	○								○	○		○
ネマトリンエース粒剤	ホスチアゼート粒剤	1B									○					
コロマイト乳剤	ミルベメクチン乳剤	6							○	○			○		○	○
ゼンターリ顆粒水和剤*／デルフィン顆粒水和剤*	BT水和剤	11A				○	○						○			○

＊生物農薬、野菜類で登録

表3-20　ナスの灰色かび病、菌核病、すすかび病に利用できる薬剤

商品名	一般名	FRACコード
ロブラール水和剤	イプロジオン水和剤	2
ベジセイバー	ペンチオピラド・TPN水和剤	7/M5
アフェットフロアブル	ペンチオピラド水和剤	7
カンタスドライフロアブル	ボスカリド水和剤	7
シグナムWDG	ピラクロストロビン・ボスカリド水和剤	11/7
ダイアメリットDF	イミノクタジンアルベシル酸塩・ポリオキシン水和剤	M7/19

褐紋病、黒枯病に注意する。褐紋病、黒枯病、すすかび病は、多湿条件下の施設で発生が増加する。2～4月は施設を換気し、湿度を低下させる。

無加温の施設では、夜温の低下する時期に施設内の湿度が高くなり、褐斑細菌病の発生が増加する。Zボルドーなどの銅剤が野菜類で登録されており、予防散布することで発病を防止できる。

③露地栽培

露地栽培では5～7月の梅雨期に褐色腐敗病がしばしば発生する。褐色腐敗病は、疫病菌（*Phytophthora infestans*：トマトなどの疫病菌）による病害で、環境条件によっては急速にまん延し、株が全滅することもある。予防を含めて早めの対策が必要で、ランマンフロアブル、レーバスフロアブルなどを発病前～発病初期に散布する。薬剤耐性菌が発生している場合があるので、これらの薬剤の散布は1作1回程度とする。

多発生圃場では病原菌の胞子が飛散して果実に付着し、輸送中に果実腐敗が発生することもある（市場病害）。

5月以降はうどんこ病の発生が増加する。

表3-21 ナスのうどんこ病、すすかび病に利用できる薬剤

商品名	一般名	FRACコード
トリフミン水和剤／乳剤	トリフルミゾール水和剤／乳剤	3
ルビゲン水和剤	フェナリモル水和剤	3
スコア顆粒水和剤	ジフェノコナゾール水和剤	3
ラリー水和剤	ミクロブタニル水和剤	3
フォリオゴールド	メタラキシルM・TPN水和剤	4/M5
アミスター20フロアブル	アゾキシストロビン水和剤	11
ストロビーフロアブル	クレソキシムメチル水和剤	11
ブリザード水和剤	シモキサニル・TPN水和剤	27/M5
サンヨール	DBEDC乳剤	M1
ベジセイバー	ペンチオピラド・TPN水和剤	7/M5
アフェットフロアブル	ペンチオピラド水和剤	7
アミスターオプティフロアブル	アゾキシストロビン・TPN水和剤	11/M5
シグナムWDG	ピラクロストロビン・ボスカリド水和剤	11/7
ポリオキシンAL水溶剤「科研」	ポリオキシン水溶剤	19
ダイアメリットDF	イミノクタジンアルベシル酸塩・ポリオキシン水和剤	M7/19
クリーンサポート	バチルスズブチリス・ポリオキシン水和剤	44/19
ダコニール1000	TPN水和剤	M5
ベルクートフロアブル／水和剤	イミノクタジンアルベシル酸塩水和剤	M7
アグロケア水和剤	バチルス　ズブチリス水和剤	

うどんこ病菌はルビゲン水和剤、トリフミン乳剤などの耐性菌が発生している可能性があり、効果が低い場合は、ポリオキシンAL水溶剤、プロパティフロアブル、ガッテンフロアブルなど作用機作（FRACコード）の異なる薬剤や、多作用点に作用するパルミノなどを散布する。多発すると防除が難しいので、発病初期の防除を徹底し、同一系統の薬剤（FRACコードの同じもの）の使用は1作1回程度とする。

④すす斑病の対策

すすかび病に類似する病害にすす斑病（Pseudocercospora fuligena）がある。症状は類似するが、すすかび病は葉裏の病斑部に生じる菌そうが密で盛り上がっているのに対して、すす斑病は盛り上がりがなく平面的でまばらである。

本病に対する登録薬剤はない。アミスター、アフェット、ベルクート水和剤、ロブラール水和剤、トップジンM水和剤などの薬剤で防除できるという報告がある。

2- 害虫

①播種〜育苗期

育苗期にアザミウマ類、コナジラミ類、アブラムシ類、ハモグリバエ類、ハダニ類などが発生する。アザミウマ類、コナジラミ類、アブラムシ類にはネオニコチノイド系のスタークル／アルバリン顆粒水溶剤など、ハモグリバエ類やハダニ類にはミルベマイシン系のコロマイト乳剤など、それぞれ発生を見た段階で散布する。

②定植時〜生育初期

育苗期後半〜定植時にはアザミウマ類、コナジラミ類、アブラムシ類などに対してテトロン酸およびテトラミン酸誘導体のモベントフロアブル、ジアミド系のベリマークSC、またはプリロッソ粒剤などを処理する。これらの薬剤は処理後約3週間の残効がある。

毎年ネコブセンチュウ類が発生する圃場では、定植前に有機リン系のラグビーMC粒剤またはネマトリンエース粒剤を処理する。

③収穫期

収穫期に各種害虫の発生が見られたら、発生初期に以下の薬剤で防除する。

アザミウマ類ではミナミキイロアザミウマ、ミカンキイロアザミウマなどが発生する。これらは有機リン系、カーバメート系、ピレスロイド系、ネオニコチノイド系などの薬剤に抵抗性を発達させているので、アベルメクチン系のアファーム乳剤、テトロン酸およびテトラミン酸誘導体のモベントフロアブルなどを散布する。タバココナジラミなどコナジラミ類の発生にはピリジン・アゾメチン誘導体のコルト顆粒水和剤、スピノシン系のディアナSCなどを散布する。

ワタアブラムシやモモアカアブラムシなどアブラムシ類の発生に対しては、チェス顆粒

表3-22　主要な殺ダニ剤

商品名	一般名	IRACコード	ハダニ類殺成虫	ハダニ類殺幼虫	ハダニ類殺卵	チャノホコリダニ	サビダニ類	接触効果	食毒効果	浸透性	速効性	残効性
カネマイトフロアブル	アセキノシル水和剤	20B	○	○	○	○	○	○	○		○	○
アグリメック	アバメクチン乳剤	6	○	○		○	○	○	○		○	
バロックフロアブル	エトキサゾール水和剤	10B		○	○			○	○			○
アファーム乳剤	エマメクチン安息香酸塩乳剤	6	○	○		○	○	○	○		○	
エコピタ液剤*	還元デンプン糖化物液剤		○	○				○				
コテツフロアブル	クロルフェナピル水和剤	13	○	○		○	○	○	○		○	○
スターマイトフロアブル	シエノピラフェン水和剤	25A	○	○				○			○	○
サンクリスタル乳剤*	脂肪酸グリセリド乳剤		○	○				○				
ダニサラバフロアブル	シフルメトフェン水和剤	25A	○	○				○	○		○	○
ダニエモンフロアブル	スピロジクロフェン水和剤	23	○	○	○			○				○
モベントフロアブル	スピロテトラマト水和剤	23	○	○	○				○	○		
ピラニカEW/水和剤	テブフェンピラド乳剤/水和剤	21A	○	○		○	○	○	○		○	○
粘着くん液剤*	デンプン液剤		○	○				○				
マイトコーネフロアブル	ビフェナゼート水和剤	20D	○	○				○	○		○	○
ダニコングフロアブル	ピフルブミド水和剤	25B	○	○				○			○	○
ダブルフェースフロアブル	ピフルブミド・フェンピロキシメート水和剤	25B/21A	○	○				○			○	○
サンマイトフロアブル/水和剤	ピリダベン水和剤	21A	○	○		○	○	○	○		○	○
マイトクリーン	ピリミジフェン水和剤	21A	○	○		○	○	○	○		○	○
ダニトロンフロアブル	フェンピロキシメート水和剤	21A	○	○		○	○	○	○		○	○
アプロード水和剤	ブプロフェジン水和剤	16			○			○				
アカリタッチ乳剤*	プロピレングリコールモノ脂肪酸エステル乳剤		○	○				○				
ニッソラン水和剤	ヘキシチアゾクス水和剤	10A		○	○			○				○
コロマイト水和剤/乳剤	ミルベメクチン水和剤/乳剤	6	○	○		○	○	○	○		○	

＊：気門封鎖剤

水和剤、ウララDFなどを散布する。オオタバコガやハスモンヨトウは有機リン系、カーバメート系、ピレスロイド系などの薬剤に薬剤抵抗性を発達させているため、ジアミド系のフェニックス顆粒水和剤、オキサジアジンのトルネードエースDF、BT系のゼンターリ顆粒水和剤またはデルフィン顆粒水和剤などが有効である。ハモグリバエ類の発生にはディアナSC、プレバソンフロアブル5などを散布する。

ハダニ類ではナミハダニとカンザワハダニが発生し、とくにナミハダニは多くの殺ダニ剤に抵抗性を発達させている。主要な殺ダニ剤の作用性を表3-22に示した。

発生が見られたら、カネマイトフロアブル、マイトコーネフロアブルなどを散布する。チャノホコリダニの発生に対してはコロマイト乳剤、アファーム乳剤などが有効である。

収穫終了後は圃場にキルパーを処理し、ナスの古株を枯死させるとともに、アザミウマ類、コナジラミ類、ネコブセンチュウ類のまん延を防止する。

④生物農薬の利用

施設栽培で発生する以下の害虫には生物農薬（表3-17参照）が利用できる。

アザミウマ類やコナジラミ類には捕食性ダニ類のスワルスキーカブリダニ剤（スワルスキーなど）など、天敵微生物のボーベリアバシアーナ乳剤（ボタニガードES、露地栽培でも利用可能）などが利用できる。アブラムシ類には天敵寄生蜂のコレマンアブラバチ剤（アフィパールなど）が、ハダニ類には捕食性ダニ類のチリカブリダニ剤（スパイデックスなど）、ミヤコカブリダニ剤（スパイカルEXなど）が利用できる。

いずれも害虫の発生初期に所定量を放飼、

または散布する。

なお、スワルスキーカブリダニ剤（スワルスキー）は露地栽培でもアザミウマ類やチャノホコリダニに利用できる。

果菜類
C. ピーマン

ピーマンは施設による促成長期どり栽培、半促成栽培および露地栽培など、地域ごとに多様な作型がある。図3-5に半促成栽培で発生する主要病害虫を示した。ピーマンの病害虫防除に使用される殺菌剤と殺虫剤を、表3-23と表3-24に示した。

1- 病害

10月播種の半促成栽培では、播種時に気温が高いことから苗立枯病の発生が多くなる。また低温期の育苗では、過湿状態になるとリゾクトニア属菌や疫病菌による苗の腐敗が発生する。十分に換気して蒸れないように管理する。リゾクトニア属菌による苗立枯病にはリゾレックス水和剤、リゾクトニア属菌やピシウム属菌による立枯病にはオーソサイド水和剤が有効であり、発病後にジョウロまたは噴霧器で全面散布する（109ページ表3-10参照）。

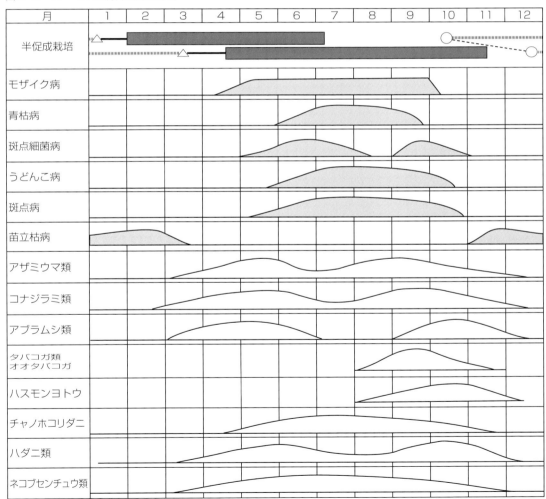

図3-5　ピーマンの病害虫発生時期

表3-23 ピーマンの殺菌剤

商品名	一般名	FRACコード	うどんこ病	疫病	灰色かび病	菌核病	黒枯病	炭疽病	軟腐病	白絹病	斑点細菌病	斑点病	予防効果	治療効果	浸透性	残効性
トップジンM水和剤	チオファネートメチル水和剤	1					○						○	○	○	○
ベンレート水和剤	ベノミル水和剤	1	○										○	○	○	○
ロブラール水和剤	イプロジオン水和剤	2			○	○							○	○		○
スミレックス水和剤	プロシミドン水和剤	2			○	○							○	○		○
トリフミン水和剤	トリフルミゾール水和剤	3	○										○	○	○	○
ラリー水和剤	ミクロブタニル水和剤	3	○									○	○	○	○	○
リドミル粒剤2	メタラキシル粒剤	4		○									○	○	○	○
ユニフォーム粒剤	アゾキシストロビン・メタラキシルM粒剤	11/4		○									○	○	○	○
アフェットフロアブル	ペンチオピラド水和剤	7	○		○	○				○			○	○	○	○
カンタスドライフロアブル	ボスカリド水和剤	7			○	○							○	○		○
ベジセイバー	ペンチオピラド・TPN水和剤	7/M5	○		○	○		○					○	○		○
シグナムWDG	ピラクロストロビン・ボスカリド水和剤	11/7	○		○								○	○	○	○
アミスター20フロアブル	アゾキシストロビン水和剤	11	○										○	○	○	○
ストロビーフロアブル	クレソキシムメチル水和剤	11	○										○	○	○	○
アミスターオプティフロアブル	アゾキシストロビン・TPN水和剤	11/M5	○	○	○							○	○	○		○
セイビアーフロアブル20	フルジオキソニル水和剤	12			○	○							○	○		○
リゾレックス水和剤	トルクロホスメチル水和剤	14								○			○	○		○
ポリオキシンAL乳剤	ポリオキシン乳剤	19	○										○	○		○
ライメイフロアブル	アミスルブロム水和剤	21		○									○	○		○
ランマンフロアブル	シアゾファミド水和剤	21		○									○	○		○
ドーシャスフロアブル	シアゾファミド・TPN水和剤	21/M5		○								○	○	○		○
カスミンボルドー	カスガマイシン・銅水和剤	24/M1	○								○	○	○	○		○
スターナ水和剤	オキソリニック酸水和剤	31							○				○	○	○	○
レーバスフロアブル	マンジプロパミド水和剤	40		○									○	○		○
アグロケア水和剤	バチルス ズブチリス水和剤	44	○		○	○							○	○		○
オリゼメート粒剤	プロベナゾール粒剤	P2									○		○	○		○
パンチョTF顆粒水和剤	シフルフェナミド・トリフルミゾール水和剤	U6/3	○										○	○	○	○
プロパティフロアブル	ピリオフェノン水和剤	U8	○										○			○
サンヨール	DBEDC乳剤	M1	○										○			○
ダコニール1000	TPN水和剤	M5			○			○				○	○			○
モレスタン水和剤	キノキサリン系水和剤	M10	○										○			

定植後にアブラムシ類の発生が多いとウイルス病が発生する。4〜7月と9〜11月はうどんこ病の発生が増加するので、早めに防除する。前作で発病した圃場では定植後の苗への感染に注意し、発病を認めたら早めに薬剤を散布する。サプロール乳剤、トルフミン水和剤などのステロール阻害剤には耐性菌が発生している場合があるので、パンチョTF顆粒水和剤、プロパティフロアブル、アフェットフロアブル、ポリオキシンAL乳剤、多作用点阻害剤のモレスタン水和剤、野菜類うどんこ病に登録のあるアカリタッチ乳剤、フーモンを散布する。

灰色かび病は10〜4月の多湿な環境下で発生する。茎葉の繁茂する頃から発生が増加し、果実が腐敗すると施設内に分生子がまん延して発生が広がる。発病初期の薬剤防除が重要になる。有糸分裂を阻害するベンズイミダゾール系のベンレート水和剤、トップジンM水和剤、浸透圧シグナル伝達を阻害するジカルボキシイミド系のロブラール水和剤やスミレックス水和剤に対して耐性菌が発生している場合は、セイビアーフロアブル20、アフェットフロアブル、カンタスドライフロアブルなどの散布が有効である。ボトキラー、インプレッション水和剤などの生物農薬は、発病初期からの散布や予防散布で効果が得られ、耐性菌に対しても効果が得られる。

表3-24 ピーマンの殺虫剤

商品名	一般名	IRACコード	アザミウマ類	コナジラミ類	アブラムシ類	タバコガ類	オオタバコガ	ハスモンヨトウ	チャノホコリダニ	ハダニ類	ネコブセンチュウ類	接触効果	食毒効果	浸透性	速効性	残効性
カネマイトフロアブル	アセキノシル水和剤	20B								○		○	○		○	○
アグリメック	アバメクチン乳剤	6	○	○						○		○	○		○	○
トルネードエース DF	インドキサカルブ水和剤	22A				○						○			○	○
アファーム乳剤	エマメクチン安息香酸塩乳剤	6					○					○	○		○	○
キルパー	カーバムナトリウム塩液剤	8F	○	○							○	○				
ラグビー MC 粒剤	カズサホスマイクロカプセル剤	1B									○					
プレバソンフロアブル5	クロラントラニリプロール水和剤	28		○			○						○	○		○
ベネビア OD	シアントラニリプロール水和剤	28	○	○	○								○	○		○
ベリマーク SC	シアントラニリプロール水和剤	28	○	○	○								○	○		○
プリロッソ粒剤	シアントラニリプロール粒剤	28	○	○	○								○	○		○
スタークル／アルバリン顆粒水溶剤	ジノテフラン水溶剤	4A	○	○	○							○	○	○	○	○
スタークル／アルバリン粒剤	ジノテフラン粒剤	4A	○	○	○								○	○		○
ディアナ SC	スピネトラム水和剤	5	○			○	○					○	○		○	○
スピノエース顆粒水和剤	スピノサド水和剤	5	○				○					○	○		○	○
モベントフロアブル	スピロテトラマト水和剤	23	○	○	○				○	○			○	○		○
ベストガード水溶剤	ニテンピラム水溶剤	4A	○	○	○							○	○	○	○	○
ベストガード粒剤	ニテンピラム粒剤	4A	○	○	○								○	○		○
マイトコーネフロアブル	ビフェナゼート水和剤	20D								○		○	○		○	○
チェス顆粒水和剤	ピメトロジン水和剤	9B		○	○								○	○		○
プレオフロアブル	ピリダリル水和剤	UN	○			○	○	○				○	○		○	○
コルト顆粒水和剤	ピリフルキナゾン水和剤	9B	○	○									○	○		○
フェニックス顆粒水和剤	フルベンジアミド水和剤	28					○						○	○		○
ウララ DF	フロニカミド水和剤	29			○								○	○		○
ネマトリンエース粒剤	ホスチアゼート粒剤	1B									○	○			○	○
コロマイト乳剤	ミルベメクチン乳剤	6		○						○		○	○			○
ゼンターリ顆粒水和剤*／デルフィン顆粒水和剤*	BT水和剤	11A				○	○						○			

＊生物農薬、野菜類で登録

　高温時に発生する病害としては、黒枯病がある。アミスター20フロアブル、カンタスドライフロアブル、トップジンM水和剤などを発病初期に散布する。また、疫病は9～11月と3～6月の気温が高く、多湿で結露の多い施設で発生する。発生するとまん延が早いので、発生を認めたらランマンフロアブル、ライメイフロアブルなどを散布する。定植後に発生する場合には、リドミル粒剤2を処理して定植後の発生を抑制する。

2-害虫

　施設の半促成栽培では11～3月の播種～育苗期にアザミウマ類、コナジラミ類、アブラムシ類などが発生する。発生が見られたら、ジアミド系のベネビアODなどを散布する。また、ハダニ類が見られたらミルベマイシン系のコロマイト乳剤などを散布する。

　育苗期後半～定植時には、アザミウマ類、コナジラミ類、アブラムシ類などを対象としてテトロン酸およびテトラミン酸誘導体のモベントフロアブル、ジアミド系のベリマークSCまたはプリロッソ粒剤などを処理する。これらの薬剤は処理後約3週間の残効がある。

　毎年ネコブセンチュウ類が発生する圃場では、定植前に有機リン系のラグビーMC粒剤またはネマトリンエース粒剤を処理する。

　また、施設の半促成栽培では2～10月の収穫期に各種害虫の発生を見たら、発生初期

にそれぞれ以下の薬剤で防除する。

ミナミキイロアザミウマやミカンキイロアザミウマなどアザミウマ類はアグリメック、モベントフロアブルなどを散布する。タバコノコナジラミなどコナジラミ類には、ピリジン・アゾメチン誘導体のコルト顆粒水和剤、スピノシン系のディアナSCなどを散布する。ワタアブラムシやモモアカアブラムシなどアブラムシ類は、チェス顆粒水和剤、ウララDFなど、オオタバコガ、タバコガ、ハスモンヨトウなどチョウ目害虫に対してはスピノシン系のディアナSC、ジアミド系のプレバソンフロアブル5など、またチャノホコリダニやハダニ類にはカネマイトフロアブルなどを散布する。

収穫終了後は圃場にキルパーを処理し、ピーマンの古株を枯死させるとともに、アザミウマ類、コナジラミ類、ネコブセンチュウ類のまん延を防止する。

生物農薬（表3-17参照）では、施設栽培で発生するアザミウマ類やコナジラミ類には捕食性ダニ類のスワルスキーカブリダニ剤（スワルスキーなど）、天敵微生物のボーベリア バシアーナ乳剤（ボタニガードES、露地栽培でも利用可能）などが利用できる。

同様に、アブラムシ類には天敵寄生蜂のコレマンアブラバチ剤（アフィパールなど）、ハダニ類には捕食性ダニ類のチリカブリダニ剤（スパイデックスなど）、ミヤコカブリダニ剤（スパイカルEXなど）が利用できる。

いずれも害虫の発生初期に所定量を放飼または散布する。

果菜類

d. キュウリ

キュウリは施設による促成長期どり栽培、半促成栽培、抑制栽培および露地栽培など、地域ごとに多様な作型がある。

図3-6に抑制栽培で発生する主要病害虫を示した。

キュウリの殺菌剤と殺虫剤を、表3-25と表3-26に示した。

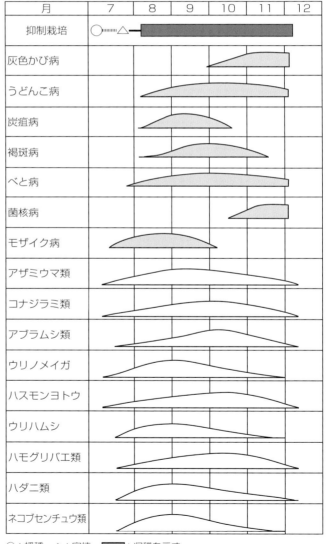

図3-6　キュウリの病害虫発生時期

○：播種、△：定植、■：収穫を示す

表3-25 キュウリの殺菌剤

商品名	一般名	FRACコード	うどんこ病	つる割病	つる枯病	べと病	疫病	灰色かび病	褐斑病	菌核病	黒星病	炭疽病	斑点細菌病	予防効果	治療効果	浸透性	残効性
トップジンM水和剤	チオファネートメチル水和剤	1	○		○			○		○	○	○		○	○	○	○
ベンレート水和剤	ベノミル水和剤	1	○	○	○			○		○	○			○	○	○	○
ロブラール水和剤	イプロジオン水和剤	2			○			○	○	○				○	○		○
ベルクローブ水和剤	イプロジオン・イミノクタジンアルベシル酸塩水和剤	2/M7	○					○	○	○				○	○		○
トリフミン水和剤	トリフルミゾール水和剤	3	○								○			○	○	○	○
ラリー水和剤	ミクロブタニル水和剤	3	○											○	○	○	○
パンチョTF顆粒水和剤	シフルフェナミド・トリフルミゾール水和剤	U6/3	○											○	○	○	○
リドミルゴールドMZ	マンゼブ・メタラキシルM水和剤	M3/4				○								○	○	○	○
ネクスターフロアブル	イソピラザム水和剤	7	○					○	○					○	○	○	○
ケンジャフロアブル	イソフェタミド水和剤	7						○		○				○	○		○
アフェットフロアブル	ペンチオピラド水和剤	7	○					○						○	○	○	○
カンタスドライフロアブル	ボスカリド水和剤	7	○											○	○	○	○
ベジセイバー	ペンチオピラド・TPN水和剤	7/M	○		○		○	○		○	○			○	○	○	○
フルピカフロアブル	メパニピリム水和剤	9	○					○		○				○	○	○	
ゲッター水和剤	ジエトフェンカルブ・チオファネートメチル水和剤	10/1						○		○				○	○	○	○
スミブレンド水和剤	ジエトフェンカルブ・プロシミドン水和剤	10/2						○		○				○	○	○	○
アミスター20フロアブル	アゾキシストロビン水和剤	11	○		○				○			○		○	○	○	○
ストロビーフロアブル	クレソキシムメチル水和剤	11	○		○				○					○	○	○	○
ファンタジスタ顆粒水和剤	ピリベンカルブ水和剤	11						○	○					○	○	○	○
ファンベル顆粒水和剤	イミノクタジンアルベシル酸塩・ピリベンカルブ水和剤	M7/11	○					○	○	○		○		○	○	○	○
セイビアーフロアブル20	フルジオキソニル水和剤	12						○		○				○	○		○
ピクシオDF	フェンピラザミン水和剤	17						○		○				○	○		○
ジャストミート顆粒水和剤	フェンヘキサミド・フルジオキソニル水和剤	17/12						○		○				○	○		○
ポリオキシンAL水溶剤	ポリオキシン水溶剤	19	○					○						○	○		○
ポリベリン水和剤	イミノクタジン酢酸塩・ポリオキシン水和剤	M7/19	○					○	○					○	○		○
ライメイフロアブル	アミスルブロム水和剤	21				○								○			○
ランマンフロアブル	シアゾファミド水和剤	21				○								○			○
エトフィンフロアブル	エタボキサム水和剤	22				○								○	○	○	○
カスミンボルドー	カスガマイシン・銅水和剤	24/M1										○	○	○	○		○
ホライズンドライフロアブル	シモキサニル・ファモキサドン水和剤	27/40				○								○	○	○	○
ベトファイター顆粒水和剤	シモキサニル・ベンチアバリカルブイソプロピル水和剤	27/40				○								○	○	○	○
アリエッティC水和剤	キャプタン・ホセチル水和剤	M4/33				○	○							○	○	○	○
フェスティバルM水和剤	ジメトモルフ・マンゼブ水和剤	40/M3				○								○	○	○	○
プロポーズ顆粒水和剤	ベンチアバリカルブイソプロピル・TPN水和剤	40/M5			○	○	○		○					○	○	○	○
ザンプロDMフロアブル	アメトクトラジン・ジメトモルフ水和剤	45/40				○								○	○	○	○
ゾーベック エニケード	オキサチアピプロリン水和剤	49				○								○	○	○	○
ラミック顆粒水和剤	イミノクタジンアルベシル酸塩・ピリオフェノン水和剤	M7/U8	○					○						○	○		○
プロパティフロアブル	ピリオフェノン水和剤	U8	○											○	○	○	○
ガッテンフロアブル2	フルチアニル水和剤	U13	○											○	○		○
フレンダーフロアブル	フルチアニル・TPN水和剤	U13/M5	○		○									○	○		○
ピシロックフロアブル	ピカルブトラゾクス水和剤	U17				○								○	○	○	○
ベフドー水和剤	イミノクタジン酢酸塩・銅水和剤	M7/M1			○			○	○	○	○	○		○			○
キノンドーフロアブル	有機銅水和剤	M1			○							○	○	○			○
コサイドボルドー	銅水和剤	M1/M1			○								○	○			○
ジマンダイセン水和剤	マンゼブ水和剤	M3			○	○			○					○			○
オーソサイド水和剤80	キャプタン水和剤	M4				○			○					○			○
ダコニール1000	TPN水和剤	M5	○		○	○		○	○					○			○
ベルクートフロアブル	イミノクタジンアルベシル酸塩水和剤	M7	○					○	○	○	○			○			○
パルミノ	キノキサリン系水和剤	M10	○											○	○		○
ジーファイン水和剤	炭酸水素ナトリウム・銅水和剤	NC/M1						○						○	○		○

1-病害

①播種〜育苗期

播種〜育苗期には急性萎凋症の発生が問題となる。ズッキーニ黄斑モザイクウイルスの感染によるもので、アブラムシ類による媒介、感染株からのハサミなどを介した汁液伝染で広がる。弱毒ウイルス製剤のズッキーニ黄斑モザイクウイルス弱毒株水溶剤（キュービオZY-02）を子葉に接種することで防除する（129ページ表3-27）。一方、アブラムシ類

の防除も徹底し、定植後は罹病株の除去に努める。

また、育苗期、春先から秋にかけて苗立枯病の発生が多く見られる。病原菌はピシウム属菌、リゾクトニア属菌、フザリウム属菌で、苗床で発生した場合は、ピシウム属菌およびフザリウム属菌にはタチガレン液剤、リゾクトニア属菌にはリゾレックス水和剤、モンカットフロアブル、バシタック水和剤75などを灌注処理する。病原菌がわからない場合には、オーソサイド水和剤80を灌注処理するとよい（表3-10参照）。

②定植後〜収穫初期

定植後からはうどんこ病、べと病、炭疽病、褐斑病、斑点細菌病などが発生する。高温期にうどんこ病が発生するとまん延が早いので、発生を認めたら薬剤を散布する。ネクスターフロアブル、パンチョTF顆粒水和剤、アフェットフロアブル、ガッテン乳剤などが有効である。また、多作用点阻害剤のハチハチ乳剤、パルミノかモレスタン水和剤、ベルクートフロアブルなどは耐性菌の発生がなく、効果が安定している。アフェットフロアブルなどとローテーション散布する。

べと病は9月中旬以降に発生することが多く、ダコニール1000、ジマンダイセン水和剤などを発病前から予防散布する。発病を認めたら、リドミルゴールドMZ、エトフィンフロアブル、ゾーベックエニケード、ピシロックフロアブル、ランマンフロアブルなどのべと・疫病専用剤を散布する。炭疽病は、ダコニール1000、ベンレート水和剤、ベルクートフロアブル、アミスターフロアブル、ゲッター水和剤などを発病初期に散布する。

褐斑病は8月中下旬から発生し、次第に発病が増加する。ベルクート水和剤、ダコニール1000、ゲッター水和剤などを発病前または発病初期から散布する。セイビアーフロアブル20、カンタスドライフロアブル、アミスター20フロアブルも有効だが、耐性菌が発生するため連用は避ける。斑点細菌病は、多湿な条件下で発生する。予防散布が重要で、発病前にキノンドーフロアブル、カスミンボルドーなどの銅剤を散布するとよい。

③収穫期

9月からの収穫期には褐斑病やうどんこ病、疫病の発生が増加する。10月に気温が低下すると灰色かび病や菌核病も発生が増加する。褐斑病は前述の薬剤を、べと病はカーゼートPZ、ダコニール1000、灰色かび病はダコニール1000、ベルクート水和剤を散布する。10月以降は灰色かび病、菌核病に注意し、灰色かび病、菌核病、褐斑病はセイビアーフロアブル20やピクシオDF、うどんこ病はアフェットフロアブルなどを散布する。べと病はエトフィンフロアブルを散布する。灰色かび病の耐性菌が発生している場合は、ベルクート水和剤やダコニール1000、生物農薬のボトキラーなどを散布する。

④灰色かび病

ベンレート水和剤などベンズイミダゾール系薬剤や、ロブラール水和剤などジカルボキシイミド系薬剤の耐性菌が発生している場合は、セイビアーフロアブル20や多作用点阻害剤のベルクート水和剤、ピクシオDF（ステロール生合成阻害剤：クラスⅢ）、ファンタジスタ顆粒水和剤（QoI剤）、アフェットフロアブル（呼吸阻害剤：SDHI剤）などが有効となる。また生物農薬のボトキラー水和剤、インプレッション水和剤、エコショットなどをローテーション散布する。ベルクート水和剤や生物農薬は発病前からの散布が有効であり、現在のところ耐性菌発生事例の報告はない。

⑤うどんこ病

トリフミン乳剤・水和剤、ルビゲン水和剤、ラリー水和剤などステロール合成阻害剤の耐性菌が発生している場合は、パンチョTF顆粒水和剤、ガッテン乳剤、プロパティフロアブルなどの薬剤が、またモレスタン水和剤、

パルミノなどのキノキサリン系薬剤、サンクリスタル（脂肪酸グリセリド）やアカリタッチ乳剤（プロピレングリコール脂肪酸エステル乳剤）、あめんこ（デンプン糖化物液剤）が有効である。薬剤は発病前または初発時から散布する。

⑥褐斑病

アミスター20フロアブルなどQoI剤に耐性菌が発生している場合は、セイビアーフロアブル20を散布する。また、呼吸阻害剤

表3-26　キュウリの殺虫剤

商品名	一般名	IRACコード	アザミウマ類	ミナミキイロアザミウマ	コナジラミ類	アブラムシ類	ウリノメイガ	ハスモンヨトウ	ウリハムシ	ハモグリバエ類	ハダニ類	ネコブセンチュウ類	接触効果	食毒効果	浸透性	速効性	残効性
カネマイトフロアブル	アセキノシル水和剤	20B									○		○	○		○	○
アファーム乳剤	エマメクチン安息香酸塩乳剤	6	○			○	○	○					○	○		○	
キルパー	カーバムナトリウム塩液剤	8F	○	○								○	○			○	
ラグビーMC粒剤	カズサホスマイクロカプセル剤	1B										○	○	○			○
プレバソンフロアブル5	クロラントラニリプロール水和剤	28					○			○				○	○	○	○
ベネビアOD	シアントラニリプロール水和剤	28	○		○	○	○			○				○	○	○	○
ベリマークSC	シアントラニリプロール水和剤	28	○			○				○				○	○		○
プリロッソ粒剤	シアントラニリプロール水和剤	28	○			○				○				○	○		○
スタークル/アルバリン顆粒水溶剤	ジノテフラン水溶剤	4A	○		○	○			○	○			○	○	○	○	○
スタークル/アルバリン粒剤	ジノテフラン粒剤	4A								○				○	○		○
ディアナSC	スピネトラム水和剤	5	○				○	○		○				○	○		○
スピノエース顆粒水和剤	スピノサド水和剤	5	○				○	○		○				○	○		○
モベントフロアブル	スピロテトラマト水和剤	23			○	○					○			○	○		○
ベストガード水溶剤	ニテンピラム水溶剤	4A		○	○	○							○	○	○	○	○
ベストガード粒剤	ニテンピラム粒剤	4A		○	○	○								○	○		○
マイトコーネフロアブル	ビフェナゼート水和剤	20D									○		○	○		○	○
チェス顆粒水和剤	ピメトロジン水和剤	9B			○	○								○	○		○
プレオフロアブル	ピリダリル水和剤	UN		○			○			○				○	○		○
コルト顆粒水和剤	ピリフルキナゾン水和剤	9B			○	○							○	○	○		○
フェニックス顆粒水和剤	フルベンジアミド水和剤	28					○	○						○	○		○
ウララDF	フロニカミド水和剤	29			○	○								○	○		○
ネマトリンエース粒剤	ホスチアゼート粒剤	1B										○	○	○			○
コロマイト乳剤	ミルベメクチン乳剤	6								○	○			○	○		○
デルフィン顆粒水和剤*	BT水和剤	11A					○	○					○				○

＊生物農薬、野菜類で登録

表3-27　キュウリ主要病害に登録のある生物農薬とその混合剤

商品名	適用病害虫	希釈倍数・使用量	使用時期	回数	使用方法名称
"京都微研"キュービオZY-02	ズッキーニ黄斑モザイクウイルスの感染によるモザイク症および萎凋症		穂木の子葉完全展開期または接木苗の第1本葉完全展開期	1	本剤を水で5倍希釈液とし、固形物を完全に溶解した後、最終的に25倍希釈液とする。この希釈液に添付のカーボランダムを加えてよく混合し、綿棒などを使って子葉（2枚）または第1本葉の全面に有傷接種する
クリーンサポート	うどんこ病	2000倍	収穫前日まで	2	散布
	ハダニ類				
	灰色かび病				
クリーンフルピカ	うどんこ病	2000倍		4	
クリーンカップ/ケミヘル	べと病	1000倍		ー	
	褐斑病				
	斑点細菌病	2000倍			

（SDHI剤）のカンタスドライフロアブル、メチオニン合成阻害剤のフルピカフロアブルも有効である。セイビアーフロアブル20、ベルクートフロアブル、ポリベリン水和剤、スミブレンド水和剤、ジマンダイセン水和剤などをローテーション散布する。多発すると防除が難しいので、発病前の予防散布、初発時の散布に努める。

2- 害虫

①播種～育苗期

施設の抑制栽培では7～8月にアザミウマ類、コナジラミ類、アブラムシ類、ハモグリバエ類などの微小害虫やワタヘリクロノメイガ（ウリノメイガ）、ハスモンヨトウなどチョウ目害虫が発生する。露地栽培では4～5月に前述の微小害虫が発生する。アザミウマ類、コナジラミ類、アブラムシ類、ハモグリバエ類の発生が見られたら、ジアミド系のベネビアODなどを、またワタヘリクロノメイガ（ウリノメイガ）やハスモンヨトウなどチョウ目害虫の発生が見られたら、ジアミド系のフェニックス顆粒水和剤などを散布する。

②定植時～生育初期

苗期後半～定植時にはアザミウマ類、コナジラミ類、アブラムシ類などを対象としてテトロン酸およびテトラミン酸誘導体のモベントフロアブル、ジアミド系のプリロッソ粒剤またはベリマークSCなどを処理する。これらは処理後約3週間の残効がある。一方、毎年ネコブセンチュウ類が発生する圃場では、定植前に有機リン系のラグビーMC粒剤またはネマトリンエース粒剤を処理する。

③収穫期

施設の抑制栽培では8～12月、露地栽培では6～9月の収穫期に各種害虫の発生が見られたら、それぞれ発生初期に以下の薬剤で防除する。

アザミウマ類ではミナミキイロアザミウマ、ミカンキイロアザミウマなどが発生する。これらは有機リン系、カーバメート系、ピレスロイド系、ネオニコチノイド系の薬剤に抵抗性を発達させているため、アベルメクチン系のアファーム乳剤、テトロン酸およびテトラミン酸誘導体のモベントフロアブルなどを用いる。

コナジラミ類ではおもにタバココナジラミバイオタイプQが発生する。本種は有機リン系、カーバメート系、ピレスロイド系、一部のネオニコチノイド系の薬剤に抵抗性を発達させているため、ピリジン・アゾメチン誘導体のコルト顆粒水和剤、ミルベマイシン系のコロマイト乳剤などが有効である。

ワタアブラムシやモモアカアブラムシなどアブラムシ類に対してはチェス顆粒水和剤、ウララDFなどを、ワタヘリクロノメイガ（ウリノメイガ）やハスモンヨトウなどチョウ目害虫にはフェニックス顆粒水和剤、アファーム乳剤などが有効である。トマトハモグリバエなどハモグリバエ類にはスピノシン系のディアナSC、ジアミド系のプレバソンフロアブル5などを散布する。ハダニ類ではナミハダニとカンザワハダニが発生し、とくにナミハダニは多くの殺ダニ剤に抵抗性を発達させている。発生が見られたらカネマイトフロアブル、マイトコーネフロアブルなどで対応する。

収穫終了後は圃場にキルパーを処理し、キュウリの古株を枯死させるとともに、アザミウマ類、コナジラミ類、ネコブセンチュウ類のまん延を防止する。

④生物農薬の利用

生物農薬（表3-17参照）についてはナスと同様に対処する（122ページ参照）。

B 葉菜類

葉菜類

a. キャベツ

キャベツは播種期により春まき、夏まき、秋まきの作型がある。図3-7に春まき栽培

図3-7 キャベツの病害虫発生時期

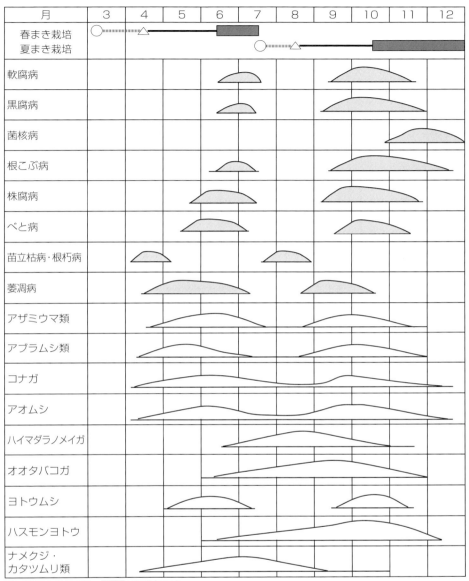

○：播種、△：定植、■：収穫を示す

と夏まき栽培で発生する病害虫を示した。作型によって病害虫の発生が異なる。キャベツの病害虫防除に使用される殺菌剤と殺虫剤を、表3-28と表3-29に示した。

1- 病害

①育苗時〜生育期

　セルトレイによる育苗で発生する病害として根朽病がある。根朽病は、気温の高い時期に播種する夏秋作で発生が多く、原因は汚染種子や汚染したプラグ苗トレイによる。また、リゾクトニア属菌やピシウム属菌による苗立枯病もしばしば発生する。根朽病は温湯などでプラグ苗トレイを消毒し、発生が見られたら、アフェットフロアブル、ベンレート水和剤、トップジンM水和剤などを散布する。苗立枯病は、野菜類の苗立枯病に登録のあるオーソサイド水和剤80、モンカット水和剤、

表 3-28 キャベツの殺菌剤

商品名	一般名	FRACコード	べと病	灰色かび病	株腐病	菌核病	黒すす病	黒斑細菌病	黒斑病	黒腐病	根こぶ病	根朽病	軟腐病	予防効果	治療効果	浸透性	残効性
トップジンM水和剤	チオファネートメチル水和剤	1				○					○			○	○	○	○
ベンレート水和剤	ベノミル水和剤	1				○					○			○	○	○	○
リドミルゴールドMZ	マンゼブ・メタラキシルM水和剤	M3/4	○											○			○
ネクスターフロアブル	イソピラザム水和剤	7			○	○								○		○	
オルフィンフロアブル	フルオピラム水和剤	7			○	○								○		○	
アフェットフロアブル	ペンチオピラド水和剤	7			○	○						○		○		○	
カンタスドライフロアブル	ボスカリド水和剤	7			○	○								○		○	
ベジセイバー	ペンチオピラド・TPN水和剤	7/M5	○		○	○								○		○	
アミスター20フロアブル	アゾキシストロビン水和剤	11			○	○		○						○		○	
メジャーフロアブル	ピコキシストロビン水和剤	11	○			○								○		○	
ファンタジスタ顆粒水和剤	ピリベンカルブ水和剤	11		○		○								○		○	
シグナムWDG	ピラクロストロビン・ボスカリド水和剤	11/7	○		○	○								○		○	
セイビアーフロアブル2C	フルジオキソニル水和剤	12				○								○			
リゾレックス水和剤	トルクロホスメチル水和剤	14				○								○			
ポリオキシンAL水溶剤	ポリオキシン水溶剤	19			○	○								○			
ライメイフロアブル	アミスルブロム水和剤	21	○								○			○		○	
オラクル顆粒水和剤	アミスルブロム粉剤	21									○			○			
ランマンフロアブル	シアゾファミド水和剤	21	○											○		○	
カスミンボルドー	カスガマイシン・銅水和剤	24/M1						○		○				○			
アグレプト水和剤	ストレプトマイシン水和剤	25								○				○			
フロンサイドSC	フルアジナム水和剤	29				○					○			○			
カセット水和剤	オキソリニック酸・カスガマイシン水和剤	31/24						○						○			
ネビジン粉剤	フルスルファミド粉剤	36									○			○			
レーバスフロアブル	マンジプロパミド水和剤	40	○											○		○	
フェスティバルC水和剤	ジメトモルフ・銅水和剤	40/M1	○											○		○	
アグリマイシン-100	オキシテトラサイクリン・ストレプトマイシン水和剤	41/25						○						○			
ヨネポン水和剤	ノニルフェノールスルホン酸銅水和剤	M1	○					○					○	○			○
ドイツボルドーA	銅水和剤	M1						○		○				○			○
ジマンダイセン水和剤	マンゼブ水和剤	M3	○											○			○
ダコニール1000	TPN水和剤	M5	○									○		○			○
ベルクートフロアブル	イミノクタジンアルベシル酸塩水和剤	M7				○								○	○		
オリゼメート粒剤	プロベナゾール粒剤	P2								○				○			
ビシロックフロアブル	ピカルブトラゾクス水和剤	U17	○											○	○		
バリダシン液剤5	バリダマイシン液剤	U18				○								○			○
ミニタンWG	コニオチリウム ミニタンス水和剤				○									○			
ベジキーパー水和剤	シュードモナス フルオレッセンス水和剤										○			○			
マスタピース水和剤	シュードモナス ロデシア水和剤					○								○			

バシタック水和剤75を種子粉衣する。また、モンカットファイン粉剤、フロンサイドSCを土壌処理する。

夏〜秋の高温時の育苗では黒すす病が発生することがある。育苗時の灌水によって胞子が飛散して大きな被害になることがあるので、種子消毒し、頭上灌水を避けて底面給液とすることで被害を抑制できる。

8月下旬定植の栽培では、気温の高い9〜10月に萎黄病、根こぶ病が発生する。根こぶ病が例年発生する圃場では、オラクル粉剤（同顆粒水和剤）、ネビジンSCなどを土壌処理後、キャベツ苗を定植する。萎黄病は、土壌消毒のほか萎黄病抵抗性品種を利用する。

②**生育期〜収穫期**

本葉が展開するころから、べと病、黒斑病、白斑病が発生する。

べと病は5月中旬〜7月中旬、9月中旬〜11月中旬に発生する。発生する前にダコニール1000、ジマンダイセン水和剤、銅水和剤

表3-29 キャベツの殺虫剤

商品名	一般名	IRACコード	アザミウマ類	アブラムシ類	コナガ	ハイマダラノメイガ	ウワバ類	ネキリムシ類	オオタバコガ	ヨトウムシ	ハスモンヨトウ	アオムシ	ナメクジ・カタツムリ類	接触効果	食毒効果	浸透性	速効性	残効性
トルネードエースDF	インドキサカルブ水和剤	22A			○	○				○		○			○		○	○
アファーム乳剤	エマメクチン安息香酸塩乳剤	6			○	○				○		○		○	○		○	
プレバソンフロアブル5	クロラントラニリプロール水和剤	28			○	○	○		○	○	○	○			○	○		○
ベネビアOD	シアントラニリプロール水和剤	28	○	○	○	○			○	○		○			○	○		○
ベリマークSC	シアントラニリプロール水和剤	28	○	○	○					○		○			○	○		○
ブリロッソ粒剤	シアントラニリプロール粒剤	28		○	○					○		○			○	○		○
スタークル/アルバリン顆粒水溶剤	ジノテフラン水溶剤	4A		○										○	○	○	○	
スタークル/アルバリン粒剤	ジノテフラン粒剤	4A		○										○	○	○	○	
ディアナSC	スピネトラム水和剤	5	○		○				○	○		○			○	○	○	○
スピノエース顆粒水和剤	スピノサド水和剤	5	○		○					○		○			○		○	○
プレオフロアブル	ピリダリル水和剤	UN			○				○	○		○			○		○	○
コルト顆粒水和剤	ピリフルキナゾン水和剤	9B		○											○	○	○	○
プリンス粒剤	フィプロニル粒剤	2B			○			○		○					○			○
フェニックス顆粒水和剤	フルベンジアミド水和剤	28			○				○	○		○			○	○		○
ウララDF	フロニカミド水和剤	29		○											○	○		○
ガードベイトA/ネキリベイト	ペルメトリン粒剤	3A						○							○		○	
ナメナイト/ナメクリーン3	メタアルデヒド粒剤	8											○		○			
アクセルフロアブル	メタフルミゾン水和剤	22B			○				○	○	○	○			○			○
アクセルベイト	メタフルミゾン粒剤	22B						○		○					○			○
スラゴ	燐酸第二鉄粒剤*	UN											○		○			
ゼンターリ顆粒水和剤	BT水和剤**	11A			○				○	○		○			○			○

*加害農作物に使用可能、**生物農薬、野菜類で登録

などを予防散布する。また発病が見られたら、ピシロックフロアブル、ランマンフロアブル、レーバスフロアブルなどを散布する。薬剤の連用は避け、1作1回程度とする。

黒腐病は、種子伝染のほか、強風による傷口や害虫の食痕から土壌中の病原菌が感染して発生する。予防的にカスミンボルドーや銅剤の散布で効果が得られ、葉の表裏両面、株元などに丁寧に散布する。強風や降雨の後に薬剤散布する。また、定植時にオリゼメート粒剤を土壌混和しておくと予防効果が高い。

株腐病はリゾクトニア ソラニの感染で発生する病害で、やや高温過湿な条件下を好む。初夏に収穫する作型で発生が多く、防除対策としてアフェットフロアブル、リゾレックス水和剤、モンカット水和剤などを地際部など土と接する部分に丁寧に散布する。

低温時に収穫する作型では、結球期〜収穫期に菌核病が発生する。前年度に発生した圃場では多発することがあるので、早めに薬剤を株の地際部に丁寧に散布する。オルフィンフロアブル、ネクスターフロアブル、ロブラール水和剤、セイビアーフロアブル20などが有効である。なお、耐性菌が発生するおそれがあるので連用は避ける。多発圃場では水田にするか、夏場に1〜2カ月湛水することで被害が減少する。

2- 害虫

①播種〜育苗期

春まき栽培では4月からアザミウマ類、アブラムシ類などの微小害虫が発生し、夏まき栽培では7〜8月に前述の微小害虫やコナガ、アオムシ、ハイマダラノメイガなどチョウ目害虫が発生する。アザミウマ類、アブラムシ類に対してはジアミド系のベネビアOD

表3-30 主要な性フェロモン剤

商品名	一般名	コナガ	タマナギンウワバ	イラクサギンウワバ	オオタバコガ	ヨトウガ	シロイチモジヨトウ	ハスモンヨトウ	リンゴコカクモンハマキ	チャノコカクモンハマキ	リンゴモンハマキ	ミダレカクモンハマキ	ナシヒメシンクイ	チャハマキ	モモハモグリガ	キンモンホソガ	コスカシバ	モモシンクイガ	ヒメボクトウ	対象作物
コンフューザーV	アルミゲルア・ウワバルア・ダイアモルア・ビートアーミルア・リトルア剤	○	○	○	○	○	○	○												野菜類
コナガコン-プラス	アルミゲルア・ダイアモルア剤	○			○	○														コナガ、オオタバコガ、ヨトウガが加害する農作物
ヨトウコン-S	ビートアーミルア剤					○														─
ヨトウコン-H	リトルア剤							○												
コンフューザーAA	アリマルア・オリフルア・トートリルア・ピーチフルア剤								○	○			○		○	○				果樹類
コンフューザーN	オリフルア・トートリルア・ピーチフルア剤								○	○		○	○							
コンフューザーR	オリフルア・トートリルア・ピーチフルア剤								○	○						○				
コンフューザーMM	オリフルア・トートリルア・ピーチフルア・ピリマルア剤								○	○			○		○					
ボクトウコン-H	コッシンルア剤																		○	
スカシバコンL	シナンセルア剤																○			
ハマキコン-N	トートリルア剤								○	○	○	○								

など、またチョウ目害虫の発生が見られたら、スピノシン系のディアナSCなどを散布する。

②定植時～生育初期

育苗期後半～定植時にはアブラムシ類、コナガ、アオムシなどを対象としてジアミド系のベリマークSCまたはプリロッソ粒剤などを処理する。これらの薬剤は処理後約3週間の残効がある。野菜類や果樹類で使用できる性フェロモン剤を表3-30に示した。毎年コナガ、オオタバコガなどが発生する広域圃場では、定植後に性フェロモン剤のコンフューザーVなどを処理する。また、ネキリムシ類の発生が見られたら、ピレスロイド系のガードベイトA／ネキリベイト、セミカルバゾンのアクセルベイトなどを散布する。

③収穫期

収穫期に各種害虫が見られたら、発生初期に以下の薬剤で防除する。

ネギアザミウマなどアザミウマ類にはディアナSCなど、モモアカアブラムシやニセダイコンアブラムシなどアブラムシ類はスタークル／アルバリン顆粒水溶剤、ウララDFなどを散布する。

コナガは有機リン系、カーバメート系、ピレスロイド系、ネオニコチノイド系の薬剤とともに、プレバソンフロアブル5やフェニックス顆粒水和剤など一部のジアミド系の薬剤に抵抗性を発達させているので、発生が見られたら、アベルメクチン系のアファーム乳剤、オキサジアジンのトルネードエースDF、BT系のゼンターリ顆粒水和剤などが有効である。

ハイマダラノメイガ、オオタバコガ、ハスモンヨトウなど各種チョウ目害虫に対してはプレバソンフロアブル5、プレオフロアブル、アクセルフロアブルなどを散布する。

ナモグリバエなどハモグリバエ類にはディアナSC、プレバソンフロアブル5など、ナメクジ類やカタツムリ類にはナメナイト／ナメクリーン3、スラゴなどを散布する。

④生物農薬の利用

生物農薬（116ページ表3-17参照）では、アザミウマ類、アブラムシ類、コナガに対して天敵微生物のボーベリア バシアーナ乳剤（ボタニガードES）が利用できる。害虫の発生初期に散布する。

葉菜類
b. ハクサイ

ハクサイは播種期により春まき、夏まき、秋まきの作型がある。図3-8に夏まき栽培で発生する病害虫を示した。ハクサイの病害虫防除に使用される殺菌剤と殺虫剤を、表3-31と表3-32に示した。

1- 病害

べと病、菌核病、白斑病、黒斑病、軟腐病などが栽培期間中に発生する。また、根こぶ病の対策が必要となる。根こぶ病は、バスアミド微粒剤などによる土壌消毒が有効であり、ネビジン粉剤、ネビリュウ、オラクル顆粒水和剤、ランマンフロアブルを圃場に全面処理する。苗床についても土壌処理をする。

軟腐病は代表的な腐敗性病害で、夏まき栽培で発生が多く、秋季の高温時に多発する。害虫の傷口から発生することが多く、害虫の防除も重要である。抗生物質剤として、アグリマイシン100、オキソリニック酸の混合剤（マテリーナ水和剤、ナレート水和剤）があり、発生初期に散布する。スターナ、マテリーナ、カセットの各水和剤、銅剤のコサイドDF、キノドーフロアブルは予防的に散布すると有効で、結球前頃から強風の後に散布する。抗生物質剤（アタッキン水和剤、カセット水和剤、マテリー

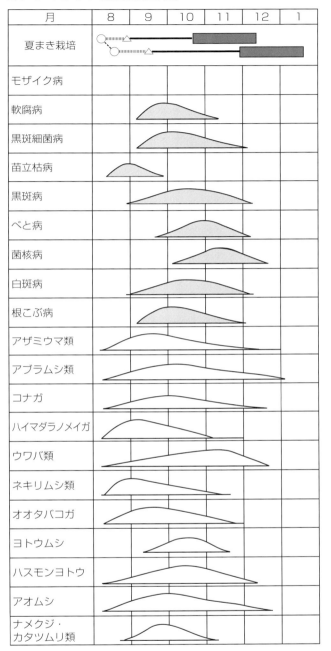

図3-8 ハクサイの病害虫発生時期

○：播種、△：定植、■：収穫を示す

ナ水和剤）は耐性菌が発生しやすいので、同一系統薬剤は1作1回とし、銅剤や種類の異なる抗生物質剤、生物農薬などをローテーション散布する。また、軟腐病はピシウム腐敗病と同時に発生することがあるので、フォ

表3-31 ハクサイの殺菌剤

商品名	一般名	FRACコード	ピシウム腐敗病	べと病	菌核病	黒斑細菌病	黒斑病	黒腐病	根こぶ病	尻腐病	軟腐病	白さび病	白斑病	予防効果	治療効果	浸透性	残効性
トップジンM水和剤	チオファネートメチル水和剤	1			○								○	○	○	○	○
ベンレート水和剤	ベノミル水和剤	1			○								○	○	○	○	○
ロブラール水和剤	イプロジオン水和剤	2			○		○						○	○	○		○
フォリオゴールド	メタラキシルM・TPN水和剤	4/M5	○	○								○		○		○	○
ネクスターフロアブル	イソピラザム水和剤	7											○	○	○	○	○
オルフィンフロアブル	フルオピラム水和剤	7											○	○	○	○	○
アフェットフロアブル	ペンチオピラド水和剤	7			○								○	○	○	○	○
ベジセイバー	ペンチオピラド・TPN水和剤	7/M5		○									○	○	○	○	○
アミスター20フロアブル	アゾキシストロビン水和剤	11		○									○	○	○	○	○
メジャーフロアブル	ピコキシストロビン水和剤	11		○									○	○	○	○	○
シグナムWDG	ピラクロストロビン・ボスカリド水和剤	11/7		○	○								○	○	○	○	○
ホライズンドライフロアブル	シモキサニル・ファモキサドン水和剤	27/11		○										○	○	○	○
ポリオキシンAL水溶剤	ポリオキシン水溶剤	19					○						○	○			○
ライメイフロアブル	アミスルブロム水和剤	21		○										○		○	○
オラクル顆粒水和剤	アミスルブロム粉剤	21							○					○		○	○
ランマンフロアブル	シアゾファミド水和剤	21	○	○					○					○		○	○
エトフィンフロアブル	エタボキサム水和剤	22		○					○					○		○	○
アグレプト水和剤	ストレプトマイシン水和剤	25									○			○	○		
フロンサイドSC	フルアジナム水和剤	29							○	○	○			○			○
カセット水和剤	オキソリニック酸・カスガマイシン水和剤	31/24				○					○			○	○		
ナレート水和剤	オキソリニック酸・有機銅水和剤	31/M1		○			○				○			○	○		
ネビジンSC	フルスルファミド水和剤	36							○					○			○
レーバスフロアブル	マンジプロパミド水和剤	40		○										○		○	○
プロポーズ顆粒水和剤	ベンチアバリカルブイソプロピル・TPN水和剤	40/M5		○										○		○	○
アグリマイシン-100	オキシテトラサイクリン・ストレプトマイシン水和剤	41/25				○					○			○	○		
ゾーベック エニケード	オキサチアピプロリン水和剤	49		○										○		○	○
オリゼメート粒剤	プロベナゾール粒剤	P2									○			○		○	○
ピシロックフロアブル	ピカルブトラゾクス水和剤	U17		○										○			○
バリダシン液剤5	バリダマイシン液剤	U18				○					○			○	○		
キノンドーフロアブル	有機銅水和剤	M1									○			○			○
ジマンダイセン水和剤	マンゼブ水和剤	M3		○			○					○		○			○
オーソサイド水和剤80	キャプタン水和剤	M4		○										○			○
ダコニール1000	TPN水和剤	M5		○								○		○			○
ベジキーパー水和剤	シュードモナス フルオレッセンス水和剤					○		○						○			
マスタピース水和剤	シュードモナス ロデシア水和剤						○				○			○			

リオゴールドやランマンフロアブルなどの散布も有効である。

べと病は春季や晩秋の低温期に発生する。過湿な圃場で発生が多く、昼夜の気温較差の大きいときに多発する。ジマンダイセン水和剤、オーソサイド水和剤80、ダコニール1000などを予防散布し、発生が見られたらランマンフロアブル、レーバスフロアブル、ホライズンドライフロアブルなどべと疫病専用剤を早めに散布する。

菌核病は、近年多発傾向の病害で、晩秋の結球時から発生が増加し、外葉下で発生するため発見が遅れる。結球前から予防的にシグナムWGD、ロブラール水和剤、ファンタジスタ顆粒水和剤、トップジンM水和剤を葉裏にも十分かかるように散布する。また、定植前に生物農薬のミニタンWDを処理する。効果の発現には時間がかかるが、微生物が菌核に寄生して密度を低下させる。また、水田と輪作することで菌密度を低下させる。

白斑病は、低温時の9〜11月に発生する。初発時からアミスター20フロアブル、シグ

表3-32 ハクサイの殺虫剤

商品名	一般名	IRACコード	アザミウマ類	アブラムシ類	コナガ	ハイマダラノメイガ	ウワバ類	ネキリムシ類	オオタバコガ	ヨトウムシ	ハスモンヨトウ	アオムシ	ナメクジ・カタツムリ類	接触効果	食毒効果	浸透性	速効性	残効性
トルネードエースDF	インドキサカルブ水和剤	22A			○	○				○	○				○		○	○
アファーム乳剤	エマメクチン安息香酸塩乳剤	6			○				○	○	○	○		○	○			
プレバソンフロアブル5	クロラントラニリプロール水和剤	28			○	○			○	○	○	○			○	○		○
ベネビアOD	シアントラニリプロール水和剤	28	○	○	○					○	○	○			○	○		○
ベリマークSC	シアントラニリプロール水和剤	28	○	○	○					○	○	○			○	○		○
ブリロッソ粒剤	シアントラニリプロール粒剤	28	○	○	○					○	○	○			○	○		○
スタークル/アルバリン顆粒水溶剤	ジノテフラン水溶剤	4A		○										○	○	○	○	
スタークル/アルバリン粒剤	ジノテフラン粒剤	4A		○										○	○	○		○
ディアナSC	スピネトラム水和剤	5	○		○	○			○	○	○	○			○	○		○
スピノエース顆粒水和剤	スピノサド水和剤	5			○					○	○	○			○			○
プレオフロアブル	ピリダリル水和剤	UN			○				○	○	○	○		○	○			○
コルト顆粒水和剤	ピリフルキナゾン水和剤	9B		○											○	○		○
フェニックス顆粒水和剤	フルベンジアミド水和剤	28			○				○	○	○	○			○			○
ウララDF	フロニカミド水和剤	29		○											○	○		○
ガードベイトA/ネキリベイト	ペルメトリン粒剤	3A						○							○			○
アクセルフロアブル	メタフルミゾン水和剤	22B			○	○			○	○	○				○			○
アクセルベイト	メタフルミゾン粒剤	22B						○							○			○
スラゴ*	燐酸第二鉄粒剤	UN											○		○			
ゼンターリ顆粒水和剤**	BT水和剤	11A			○					○	○	○			○			○

*加害農作物に使用可能、**生物農薬、野菜類で登録

ナムWGD、ジマンダイセン水和剤などを散布する。

黒斑病は、やや高温時の8月下旬〜9月上旬から発生する。ロブラール水和剤、アミスター20フロアブル、ダコニール1000などを発病初期から散布する。

2- 害虫

①播種〜育苗期

播種〜育苗期はアザミウマ類、アブラムシ類などの微小害虫が発生する。また、夏まき栽培では8〜9月に前述の微小害虫やコナガ、アオムシ、ハイマダラノメイガなどチョウ目害虫が発生する。アザミウマ類、チョウ目害虫の発生が見られたら、スピノシン系のディアナSCなどを、アブラムシ類には、ネオニコチノイド系のスタークル/アルバリン顆粒水溶剤などを散布する。

②定植時〜生育初期

育苗期後半〜定植時にはアブラムシ類、コナガ、アオムシなどを対象としてキャベツと同様に対処する（134ページ参照）。

毎年コナガ、オオタバコガなどが発生する広域圃場では、定植後に性フェロモン剤（表3-30参照）のコンフューザーVなどを処理する。また、ネキリムシ類の発生が見られたら、キャベツと同様に対処する。

③収穫期

収穫期に各種害虫が見られたら、発生初期に以下の薬剤で防除する。

ネギアザミウマなどアザミウマ類、モモアカアブラムシやニセダイコンアブラムシなどアブラムシ類、コナガの発生にはいずれもキャベツと同様に対処する。

ハイマダラノメイガ、ヨトウムシ、ハスモンヨトウなど各種チョウ目害虫の発生に対してはプレバソンフロアブル5、アクセルフロアブルなどを、ナメクジ類やカタツムリ類にはスラゴなどを散布する。

生物農薬（表3-17参照）についてはキャ

ベツと同様に対処する（135ページ参照）。

葉菜類
c. レタス

レタスは暖地と寒冷地で作付けが異なるが、ほぼ周年の作付けが可能である。図3-9に作型と発生する病害虫を示した。作型によって病害虫の発生が異なる。レタスの病害虫防除に使用される殺菌剤と殺虫剤を、表3-33と表3-34に示した。

1- 病害

高温期に育苗する作型では、ピシウム属菌による立枯病やリゾクトニア属菌による苗立枯病が発生する。種子消毒を行ない、育苗用土は新しい土を用いる。定植後に降雨の多い場合は斑点細菌病、気温がやや高い場合は腐敗病が発生する。発生が見られたら、カセット水和剤、ナレート水和剤などのオキソリニック酸と銅剤との混合剤、ベニドー、キノンドー水和剤40などの銅剤を散布する。ま

図3-9　レタス（結球）の病害虫発生時期

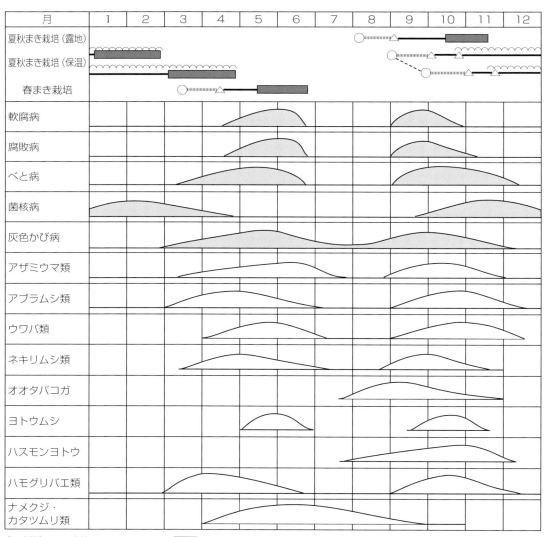

た、腐敗病の多い圃場では、定植前にオリゼメート粒剤を処理すると発生が軽減され、軟腐病の発生も抑制できる。軟腐病は気温がやや高い時期に発生し、結球期の気温上昇時に多発する。結球前にスターナ水和剤や銅剤を散布する。

べと病は3～6月と9～11月に発生する。ジマンダイセン水和剤やダコニール1000を予防散布し、発生が見られたら、ゾーベックエニケード、ランマンフロアブル、レーバス

表3-33 レタスの殺菌剤

商品名	一般名	FRACコード	すそ枯病	ビッグベイン病	べと病	灰色かび病	菌核病	軟腐病	白絹病	斑点細菌病	腐敗病	予防効果	治療効果	浸透性	残効性
トップジンM水和剤	チオファネートメチル水和剤	1		○	○	○	○					○	○	○	○
ベンレート水和剤	ベノミル水和剤	1				○	○					○	○	○	○
ロブラール水和剤	イプロジオン水和剤	2	○			○	○					○			○
スミレックス水和剤	プロシミドン水和剤	2				○	○					○			○
ロブドー水和剤	イプロジオン・有機銅水和剤	2/M1				○	○			○		○			○
スクレタン水和剤	銅・プロシミドン水和剤	M1/2				○	○			○		○			○
フォリオゴールド	メタラキシルM・TPN水和剤	4/M5			○							○		○	○
ネクスターフロアブル	イソピラザム水和剤	7	○			○	○					○			○
ケンジャフロアブル	イソフェタミド水和剤	7				○	○					○			○
オルフィンフロアブル	フルオピラム水和剤	7				○	○					○			○
アフェットフロアブル	ペンチオピラド水和剤	7	○			○						○			○
カンタスドライフロアブル	ボスカリド水和剤	7				○	○					○	○	○	○
バシタック水和剤75	メプロニル水和剤	7	○									○			○
ベジセイバー	ペンチオピラド・TPN水和剤	7/M5			○	○						○			○
シグナムWDG	ピラクロストロビン・ボスカリド水和剤	11/7				○	○					○	○	○	○
ゲッター水和剤	ジエトフェンカルブ・チオファネートメチル水和剤	10/1				○	○					○	○	○	○
スミブレンド水和剤	ジエトフェンカルブ・プロシミドン水和剤	10/2				○	○					○			○
アミスター20フロアブル	アゾキシストロビン水和剤	11	○			○	○					○		○	○
メジャーフロアブル	ピコキシストロビン水和剤	11	○			○	○					○		○	○
ファンタジスタ顆粒水和剤	ピリベンカルブ水和剤	11				○	○					○			○
スクレアフロアブル	マンデストロビン水和剤	11				○	○					○			○
リゾレックス水和剤	トルクロホスメチル水和剤	14	○						○			○			○
ベジターボDF	ポリオキシン水和剤2	19	○			○						○			○
ライメイフロアブル	アミスルブロム水和剤	21			○							○			○
ランマンフロアブル	シアゾファミド水和剤	21			○							○			○
カスミンボルドー	カスガマイシン・銅水和剤	24/M1								○	○	○			○
カセット水和剤	オキソリニック酸・カスガマイシン水和剤	31/24						○		○	○	○			
アグレプト水和剤	ストレプトマイシン水和剤	25								○		○	○		
フロンサイドSC	フルアジナム水和剤	29	○	○			○					○			○
スターナ水和剤	オキソリニック酸水和剤	31						○		○		○			
ナレート水和剤	オキソリニック酸・有機銅水和剤	31/M1						○		○		○			
レーバスフロアブル	マンジプロパミド水和剤	40			○							○			○
ザンプロDMフロアブル	アメトクトラジン・ジメトモルフ水和剤	45/40			○							○			○
ゾーベック エニケード	オキサチアピプロリン水和剤	49			○							○			○
オリゼメート粒剤	プロベナゾール粒剤	P2						○				○			○
ピシロックフロアブル	ピカルブトラゾクス水和剤	U17			○							○			○
バリダシン液剤5	バリダマイシン液剤	U18	○					○				○	○		
Zボルドー	銅水和剤	M1						○		○		○			○
コサイドボルドー	有機銅・TPN水和剤	M1						○		○		○			○
キノンドーフロアブル	有機銅水和剤1	M1						○		○		○			○
ダコニール1000	TPN水和剤	M5	○	○		○						○			○
ベルクート水和剤	イミノクタジンアルベシル酸塩水和剤	M7				○	○					○			○
ベジキーパー水和剤	シュードモナス フルオレッセンス水和剤										○	○			
マスタピース水和剤	シュードモナス ロデシア水和剤									○		○			

表3-34　レタスの殺虫剤

商品名	一般名	IRACコード	アザミウマ類	アブラムシ類	ウワバ類	ネキリムシ類	オオタバコガ	ヨトウムシ	ハスモンヨトウ	ハモグリバエ類	ナメクジ・カタツムリ類	接触効果	食毒効果	浸透性	速効性	残効性
トルネードエース DF	インドキサカルブ水和剤	22A					○	○					○		○	○
アファーム乳剤	エマメクチン安息香酸塩乳剤	6					○	○				○	○	○	○	
プレバソンフロアブル 5	クロラントラニリプロール水和剤	28				○	○	○					○	○		○
ベネビア OD	シアントラニリプロール水和剤	28		○			○	○					○	○		○
ベリマーク SC	シアントラニリプロール水和剤	28		○			○	○					○	○		○
プリロッソ粒剤	シアントラニリプロール粒剤	28		○			○	○					○	○		○
スタークル／アルバリン顆粒水溶剤	ジノテフラン水溶剤	4A		○								○	○	○	○	○
スタークル／アルバリン粒剤	ジノテフラン粒剤	4A		○									○	○		○
ディアナ SC	スピネトラム水和剤	5					○	○					○	○	○	○
スピノエース顆粒水和剤	スピノサド水和剤	5					○	○				○	○		○	○
モベントフロアブル	スピロテトラマト水和剤	23	○	○									○	○		○
プレオフロアブル	ピリダリル水和剤	UN	○										○			○
コルト顆粒水和剤	ピリフルキナゾン水和剤	9B		○								○		○		○
フェニックス顆粒水和剤	フルベンジアミド水和剤	28			○		○	○					○	○		○
ウララ DF	フロニカミド水和剤	29		○									○	○		○
ガードベイトA／ネキリベイト	ペルメトリン粒剤	3A				○							○			○
アクセルフロアブル	メタフルミゾン水和剤	22B					○	○					○			○
アクセルベイト	メタフルミゾン粒剤	22B				○							○			○
スラゴ*	燐酸第二鉄粒剤	UN									○		○			
ゼンターリ顆粒水和剤**	BT水和剤	11A					○	○					○			○

＊加害農作物に使用可能、＊＊生物農薬、野菜類で登録

フロアブル、ライメイフロアブルなどのべと疫専用剤を散布する。

灰色かび病は、12～3月のトンネル栽培や施設栽培で発生が見られ、多発すると防除が難しい。オルフィンフロアブル、ファンタジスタ顆粒水和剤、シグナムWGD、スミブレンド水和剤、ロブラール水和剤、ベルクート水和剤を発病初期に散布する。同一薬剤の連用は耐性菌が発生するので、作用機作（FRACコード）の異なる薬剤をローテーション散布する。

菌核病は、気温15～20℃の時期に発生し、結球時だと被害が大きい。ネクスターフロアブル、オルフィンフロアブル、カンタスドライフロアブル、ファンタジスタ顆粒水和剤、アフェットフロアブル、ベルクート水和剤などを早めに散布する。耐性菌の発生があるので、作用機作の異なる薬剤をローテーション散布する。すそ枯病は、苗立枯病菌と同様にリゾクトニア属菌の感染により発生し、外葉からやがて株全体が枯死する。モンカットフロアブル、リゾレックス水和剤などを散布する。多発圃場では、作付け前にフロンサイド粉剤を圃場全面に処理する。

ビッグベイン病は連作によって発生が増加する。クロルピクリン剤、カーバムナトリウム塩液剤による土壌くん蒸剤による土壌消毒が有効であり、アミスター20フロアブル、トップジンM水和剤、ダコニール1000の土壌灌注処理により発生を抑制する。

2- 害虫

播種～育苗期はアザミウマ類、アブラムシ類、ハモグリバエ類などの微小害虫が発生する。また、露地の夏秋まき栽培ではこれら微小害虫のほかオオタバコガ、ハスモンヨトウなどチョウ目害虫が発生する。発生が見られたら、ジアミド系のベネビアODなどを散布

する。

育苗期後半～定植時にはハモグリバエ類、オオタバコガ、ハスモンヨトウなどを対象としてジアミド系のベリマークSC、プレバソンフロアブル5などを処理する。これらの薬剤は処理後約3週間の残効がある。毎年オオタバコガやハスモンヨトウなどが発生する広域圃場では、定植後に性フェロモン剤（134ページ表3－30参照）のコンフューザーVなどを処理する。また、ネキリムシ類の発生が見られたら、ガードベイトA／ネキリベイト、アクセルベイトなどを散布する。

収穫期に各種害虫の発生が見られたら、それぞれ発生初期に以下の薬剤で防除する。

ネギアザミウマなどアザミウマ類の発生にはモベントフロアブルなど、モモアカアブラムシやタイワンヒゲナガアブラムシなどアブラムシ類にはスタークル／アルバリン顆粒水溶剤、ウララDFなど、オオタバコガ、ハスモンヨトウなど各種チョウ目害虫にはトルネードエースDF、フェニックス顆粒水和剤、BT系のゼンターリ顆粒水和剤など、ナメクジ類やカタツムリ類に対してはスラゴなどを散布する。

生物農薬（表3-17参照）では、アザミウマ類、アブラムシ類、オオタバコガに対して天敵微生物のボーベリア　バシアーナ乳剤（ボタニガードES）が利用できる。ただし害虫の発生初期に散布する。

葉菜類

d. ネギ

ネギは周年栽培され、1～5月に播種する春まき栽培と、秋期に播種して翌年収穫する秋まき栽培に分類される。図3-10に作型と発生する病害虫を示した。作型によって病害虫の発生が異なる。ネギの病害虫防除に使用される殺菌剤と殺虫剤を、表3-35と表3-36に示した。

図3-10　ネギの病害虫発生時期

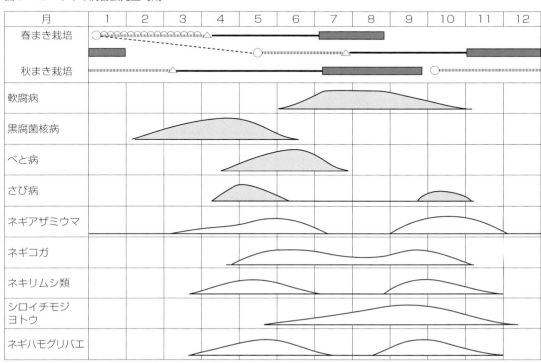

表3-35 ネギの殺菌剤

商品名	一般名	FRACコード	さび病	べと病	ボトリチス葉枯症	リゾクトニア葉鞘腐敗病	萎凋病	疫病	黄斑病	黒斑病	黒腐菌核病	黒穂病	小菌核腐敗病	軟腐病	白絹病	苗立枯病（リゾクトニア菌）	葉枯病	予防効果	治療効果	浸透性	残効性
トップジンM水和剤	チオファネートメチル水和剤	1				○					○							○	○	○	○
ベンレート水和剤	ベノミル水和剤	1				○					○							○	○	○	○
ロブラール水和剤	イプロジオン水和剤	2			○				○		○				○			○	○		○
スミレックス水和剤	プロシミドン水和剤	2									○							○	○		○
モンガリット粒剤	シメコナゾール粒剤	3									○	○	○					○			○
トリフミン水和剤	トリフルミゾール水和剤	3					○											○			○
ラリー乳剤	ミクロブタニル水和剤	3	○															○			○
リドミルゴールドMZ	マンゼブ・メタラキシルM水和剤	M3/4		○														○			○
モンカットフロアブル40	フルトラニル水和剤	7													○			○			○
アフェットフロアブル	ペンチオピラド水和剤	7							○	○	○		○		○	○		○			○
ベジセイバー	ペンチオピラド・TPN水和剤	7/M5	○	○											○			○			○
フルピカフロアブル	メパニピリム水和剤	9									○							○			○
アミスター20フロアブル	アゾキシストロビン水和剤	11	○	○		○			○	○						○		○			○
ストロビーフロアブル	クレソキシムメチル水和剤	11	○							○								○			○
メジャーフロアブル	ピコキシストロビン水和剤	11	○							○								○			○
アミスターオプティフロアブル	アゾキシストロビン・TPN水和剤	11/M5	○	○						○								○			○
セイビアーフロアブル20	フルジオキソニル水和剤	12									○		○					○			○
ベジターボDF	ポリオキシン水和剤	19	○							○								○			○
ポリベリン水和剤	イミノクタジン酢酸塩・ポリオキシン水和剤	M7/19							○	○					○			○			○
ランマンフロアブル	シアゾファミド水和剤	21		○														○			○
フロンサイド粉剤	フルアジナム粉剤	29											○	○				○			○
スターナ水和剤	オキソリニック酸水和剤	31													○			○	○		
アリエッティ水和剤	ホセチル水和剤	33		○				○										○			○
フェスティバル水和剤	ジメトモルフ水和剤	40		○														○			○
レーバスフロアブル	マンジプロパミド水和剤	40		○														○			○
プロポーズ顆粒水和剤	ベンチアバリカルブイソプロピル・TPN水和剤	40/M5		○											○			○	○		○
ザンプロDMフロアブル	アメトクトラジン・ジメトモルフ水和剤	45/40		○														○			○
オリゼメート粒剤	プロベナゾール粒剤	P2												○				○			○
バリダシン液剤5	バリダマイシン液剤	U18												○	○	○		○			
ヨネポン水和剤	ノニルフェノールスルホン酸銅水和剤	M1	○	○						○				○				○			○
ジマンダイセン水和剤	マンゼブ水和剤	M3	○	○						○								○			○
オキシラン水和剤	キャプタン・有機銅水和剤	M4/M1		○						○								○			○
ダコニール1000	TPN水和剤	M5	○	○					○		○				○			○			○
ベルクート水和剤	イミノクタジンアルベシル酸塩水和剤	M7	○							○					○			○			○
ミニタンWG	コニオチリウムミニタンス水和剤												○					○			

1- 病害

　苗立枯病は、夏まき、秋まき栽培など高温期に播種する作型で発生する。リゾクトニア属菌による病害で、過湿な土壌で発生が多く、苗が軟腐状となり立枯れ、消えるように消

表3-36 ネギの殺虫剤

商品名	一般名	IRACコード	アザミウマ類	ネギアザミウマ	ネギコガ	ネキリムシ類	シロイチモジヨトウ	ハモグリバエ類	ネギハモグリバエ	接触効果	食毒効果	浸透性	速効性	残効性
アグリメック	アバメクチン乳剤	6		○					○	○	○		○	
トルネードエースDF	インドキサカルブ水和剤	22A					○				○		○	○
アファーム乳剤	エマメクチン安息香酸塩乳剤	6					○	○		○	○		○	
プレバソンフロアブル5	クロラントラニリプロール水和剤	28			○		○	○			○	○		○
ベネビアOD	シアントラニリプロール水和剤	28	○				○	○			○	○		○
ベリマークSC	シアントラニリプロール水和剤	28	○								○	○		○
スタークル/アルバリン顆粒水溶剤	ジノテフラン水溶剤	4A	○		○			○		○	○	○	○	
スタークル/アルバリン粒剤	ジノテフラン粒剤	4A	○					○			○	○		○
ディアナSC	スピネトラム水和剤	5	○				○	○		○	○	○	○	○
スピノエース顆粒水和剤	スピノサド水和剤	5	○				○			○	○		○	○
プレオフロアブル	ピリダリル水和剤	UN		○			○			○	○			○
コルト顆粒水和剤	ピリフルキナゾン水和剤	9B		○							○	○		○
フェニックス顆粒水和剤	フルベンジアミド水和剤	28			○		○				○			○
ガードベイトA/ネキリベイト	ペルメトリン粒剤	3A				○					○			
アニキ乳剤	レピメクチン乳剤	6	○	○				○		○	○		○	
ゼンターリ顆粒水和剤*/デルフィン顆粒水和剤*	BT水和剤	11A					○				○			○

＊生物農薬、野菜類で登録

失する。発生が見られたらダコニール1000、バリダシン液剤5を灌注する。例年発生する圃場では、バスアミド微粒剤などによる土壌消毒が有効である。

生育期～収穫期の気温の高い6～10月は軟腐病が発生する。例年発生する圃場では、作付け時にオリゼメート粒剤を処理する。発生を見たら、スターナ水和剤、カスミンボルドーなどを散布する。

秋まき栽培では3～6月に黒腐菌核病が発生する。例年発生する圃場では、アフェットフロアブル、セイビアーフロアブル20、モンガリット粒剤を株元に散布する。また、定植前にバスアミド微粒剤、トラペックサイド油剤などで土壌消毒する。生物農薬として、病原菌の菌核に寄生する微生物を使ったミニタンWGがある。

べと病は4～6月と9月下旬～10月下旬に発生が見られる。ランマンフロアブル、アミスター20フロアブル、ザンプロDMフロアブルなどを散布する。耐性菌が発生している場合があるので、作用機作（FRACコード）の異なる薬剤をローテーション処理する。多作用点阻害剤のジマンダイセン水和剤、ダコニール1000などを発病初期、または予防的に散布すると有効である。

さび病は5～10月に発生し、夏場の高温時には発生が減少する。ステロール合成阻害剤のラリー乳剤、呼吸阻害剤（SDHI剤）のアフェットフロアブル、呼吸阻害剤（QoI剤）のアミスター20フロアブル、細胞壁阻害剤のベジターボDFなどを散布する。耐性菌が発生している可能性があるので、同じ作用機作の薬剤の連用を避け、多作用点阻害剤のベルクート、ジマンダイセン水和剤、ダコニール1000などを用いてローテーション散布する。

2- 害虫

播種～育苗期はアザミウマ類、ハモグリバエ類などの微小害虫が発生する。また、秋まき栽培ではこのほかにシロイチモジヨトウなどチョウ目害虫が発生する。これらの発生が見られたら、アベルメクチン系のアニキ乳剤

などを散布する。

育苗期後半〜定植時にはハモグリバエ類、シロイチモジヨトウなどを対象としてジアミド系のベリマークSCまたはプレバソンフロアブル5などを処理する。これらの薬剤は処理後約3週間の残効がある。毎年シロイチモジヨトウなどが発生する広域圃場では、定植後に性フェロモン剤（134ページ表3-30参照）のコンフューザーVまたはヨトウコン-Sなどを処理する。また、ネキリムシ類が発生したら、ピレスロイド系のガードベイトA/ネキリベイトを散布する。

収穫期に以下の害虫を見たら、それぞれ発生初期に下記の薬剤で防除する。

ネギアザミウマなどアザミウマ類は、スピノシン系のディアナSCなど、ネギコガ、シロイチモジヨトウなどチョウ目害虫はディアナSC、フェニックス顆粒水和剤など、ネギハモグリバエなどハモグリバエ類にはベネビアOD、アニキ乳剤などを散布する。

生物農薬（表3-17参照）では、アザミウマ類に対しては天敵微生物のボーベリア バシアーナ乳剤（ボタニガードES）が利用できる。ただし害虫の発生初期に散布する。

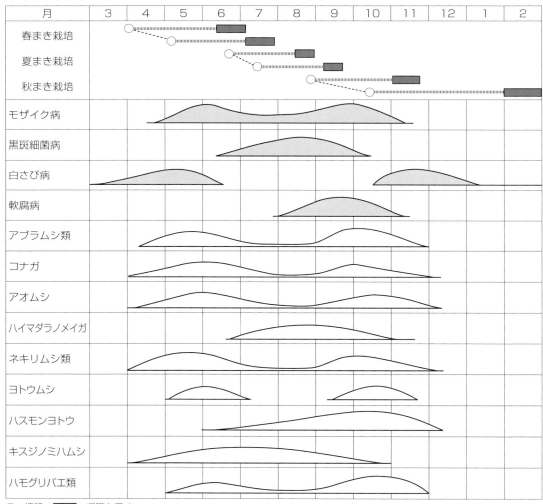

図3-11 ダイコンの病害虫発生時期

C 根菜類

葉菜類

a. ダイコン

　ダイコンは播種時期によって春まき、夏まき、秋まきの作型がある。図3-11に作型と発生する病害虫を示した。ダイコンの病害虫防除に使用される殺菌剤と殺虫剤を、表3-37と表3-38に示した。

1- 病害

　ダイコンでは4～6月、10～1月に白さび病が発生し、収穫時にダイコン表面が黒色小円となるワッカ症を発症する。これは白さび病菌が生育して根の表面を侵すことによるもので、品質低下につながる。例年発生の多い圃場では4月中旬から、秋まき栽培では9月上旬から、ダコニール1000を予防散布し、発生を見たらランマンフロアブル、アミスター20フロアブルを散布する。

　高冷地の夏まき栽培や高温時の栽培では黒斑病細菌病が発生する。葉に斑点が生じ、茎基部から根部に病原菌が侵入すると黒芯症が発症する。播種後2～4週間に3回程度、カスミンボルドーを散布する。

　軟腐病は夏期高温時に栽培する作型で発生し、8～10月に多発する。カスミンボルドーなどの銅剤を予防散布する。また、発生が見られたら、スターナ水和剤やマイコシールドなどの抗生物質剤が有効であり、早めに散布する。抗生物質剤は連用すると耐性菌が発生するため、連用は避ける。

表3-37 ダイコンの殺菌剤

商品名	一般名	FRACコード	ワッカ症	亀裂褐変症(リゾクトニア菌)	黒斑細菌病	根こぶ病	炭疽病	軟腐病	白さび病	白斑病	苗立枯病(リゾクトニア菌)	予防効果	治療効果	浸透性	残効性
リドミル粒剤2	メタラキシル粒剤	4							○			○	○	○	○
バシタック水和剤75	メプロニル水和剤	7		○							○	○			○
アミスター20フロアブル	アゾキシストロビン水和剤	11	○						○			○		○	○
ユニフォーム粒剤	アゾキシストロビン・メタラキシルM粒剤	11/4							○			○		○	○
アミスターオプティフロアブル	アゾキシストロビン・TPN水和剤	11/M5							○			○		○	○
リゾレックス粉剤	トルクロホスメチル粉剤	14									○	○			○
ライメイフロアブル	アミスルブロム水和剤	21	○						○			○		○	○
ランマンフロアブル	シアゾファミド水和剤	21	○						○			○		○	○
カスミンボルドー	カスガマイシン・銅水和剤	24/M1	○		○			○				○			○
カセット水和剤	オキソリニック酸・カスガマイシン水和剤	31/24			○			○				○			○
マテリーナ水和剤	オキソリニック酸・ストレプトマイシン水和剤	31/25						○				○			○
フロンサイドSC	フルアジナム水和剤	29	○									○			○
スターナ水和剤	オキソリニック酸水和剤	31						○				○			○
ナレート水和剤	オキソリニック酸・有機銅水和剤	31/M1						○				○			○
ネビジン粉剤	フルスルファミド粉剤	36				○						○			○
マイコシールド	オキシテトラサイクリン水和剤	41						○				○			○
ピシロックフロアブル	ピカルブトラゾクス水和剤	U17	○						○			○	○	○	○
バリダシン液剤5	バリダマイシン液剤	U18						○				○			○
ヨネポン水和剤	ノニルフェノールスルホン酸銅水和剤	M1			○			○				○			○
Zボルドー	銅水和剤	M1			○			○				○			○
キンセット水和剤80	銅・有機銅水和剤	M1/M1						○				○			○
ダコニール1000	TPN水和剤	M5	○			○			○			○			○
マスタピース水和剤	シュードモナス ロデシア水和剤				○			○				○			

表3-38 ダイコンの殺虫剤

商品名	一般名	IRACコード	アブラムシ類	コナガ	ハイマダラノメイガ	ネキリムシ類	ヨトウムシ	アオムシ	キスジノミハムシ	ハモグリバエ類	タネバエ	ネグサレセンチュウ類	接触効果	食毒効果	浸透性	速効性	残効性
トルネードエースDF	インドキサカルブ水和剤	22A		○	○		○	○						○		○	○
アファーム乳剤	エマメクチン安息香酸塩乳剤	6		○			○			○				○		○	
ラグビーMC粒剤	カズサホスマイクロカプセル剤	1B										○					○
プレバソンフロアブル5	クロラントラニリプロール水和剤	28		○	○		○							○	○		○
ベネビアOD	シアントラニリプロール水和剤	28	○	○	○		○		○	○				○	○		○
プリロッソ粒剤	シアントラニリプロール粒剤	28	○	○	○		○		○						○		○
スタークル/アルバリン顆粒水溶剤	ジノテフラン水溶剤	4A	○						○					○	○	○	○
スタークル/アルバリン粒剤	ジノテフラン粒剤	4A	○						○	○					○		○
ディアナSC	スピネトラム水和剤	5		○	○		○			○				○	○	○	○
スピノエース顆粒水和剤	スピノサド水和剤	5		○										○		○	○
プレオフロアブル	ピリダリル水和剤	UN		○	○									○		○	○
フェニックス顆粒水和剤	フルベンジアミド水和剤	28		○	○									○	○		○
ウララDF	フロニカミド水和剤	29	○											○	○	○	○
ガードベイトA/ネキリベイト	ペルメトリン粒剤	3A				○								○		○	
ネマトリンエース粒剤	ホスチアゼート粒剤	1B										○	○	○			○
アクセルフロアブル	メタフルミゾン水和剤	22B		○			○	○						○		○	○
アクセルベイト	メタフルミゾン粒剤	22B				○								○		○	○
ゼンターリ顆粒水和剤*/エスマルクDF*	BT水和剤	11A		○											○		○

*生物農薬、野菜類で登録

2- 害虫

播種～生育初期にはアブラムシ類やキスジノミハムシなどの微小害虫やコナガ、アオムシなどチョウ目害虫が発生する。播種時にはこれらを対象としてジアミド系のプリロッソ粒剤などを処理する。これらの薬剤は処理後約3週間の残効がある。毎年コナガ、ヨトウムシなどが発生する広域圃場では、播種後に性フェロモン剤（表3-30参照）のコンフューザーVなどを処理する。また、毎年ネグサレセンチュウ類が発生する圃場では、播種前に有機リン系のラグビーMC粒剤またはネマトリンエース粒剤などを処理する。ネキリムシ類の発生に対しては、ガードベイトA/ネキリベイト、アクセルベイトなどを散布する。

生育中期～収穫期の各種害虫には、それぞれ発生初期に次の薬剤で防除する。

モモアカアブラムシやニセダイコンアブラムシなどアブラムシ類にはスタークル/アルバリン顆粒水溶剤、ウララDFなどを散布する。コナガなどチョウ目害虫に対してはディアナSC、トルネードエースDF、BT系のゼンターリ顆粒水和剤またはエスマルクDFなどを、キスジノミハムシはスタークル/アルバリン顆粒水溶剤、アクセルフロアブルなど、ナモグリバエなどハモグリバエ類はディアナSCなどをそれぞれ散布する。

生物農薬（表3-17参照）についてはキャベツと同様に対処する（135ページ参照）。

根菜類
b. ニンジン

ニンジンは播種時期によって春まき、夏まき、秋まきの作型があり、春まき栽培と秋まき栽培ではトンネル栽培される期間がある。図3-12に作型と発生する病害虫を示した。ニンジンの病害虫防除に使用される殺菌剤と殺虫剤を、表3-39と表3-40に示した。

図3-12 ニンジンの病害虫発生時期

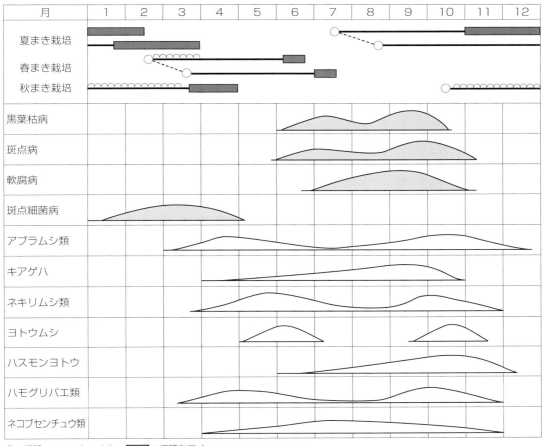

○：播種、⌒：トンネル、■：収穫を示す

1- 病害

　黒葉枯病は、夏まき栽培では8月から発生が増加する。早めに多作用点阻害剤のダコニール1000、ベルクート水和剤、呼吸阻害剤（QoI剤）のストロビーフロアブルなどを散布する。収穫時近くで防除する場合、薬剤により使用時期が異なるので注意する。

　斑点細菌病は、秋まき栽培のトンネル内で発生する。カスミンボルドー、スターナ水和剤を発生初期に散布する。多発すると十分な防除効果が得られない場合がある。また軟腐病は高温・多雨の時期に発生する。7月に収穫する作型や夏まき栽培で高温、多雨となる場合は、カスミンボルドー、スターナ水和剤などを予防散布する。

2- 害虫

　播種～生育初期にはアブラムシ類やハモグリバエ類などの微小害虫やキアゲハなどチョウ目害虫が発生する。ハモグリバエ類の発生が多い圃場ではネオニコチノイド系のスタークル／アルバリン粒剤などを処理する。

　毎年ネグサレセンチュウ類が発生する圃場では、播種前に有機リン系のネマトリンエース粒剤などを処理する。また、ネキリムシ類の発生が見られたら、ピレスロイド系のガードベイトA／ネキリベイトなどを散布する。

　生育中期～収穫期の各種害虫には発生初期に次の薬剤で防除する。

表3-39 ニンジンの殺菌剤

商品名	一般名	FRACコード	うどんこ病	しみ腐病	菌核病	黒葉枯病	根腐病	軟腐病	斑点細菌病	斑点病	予防効果	治療効果	浸透性	残効性
ロブラール水和剤	イプロジオン水和剤	2			○					○	○	○		○
スミレックス水和剤	プロシミドン水和剤	2			○						○	○	○	○
トリフミン水和剤	トリフルミゾール水和剤	3	○								○	○	○	○
アフェットフロアブル	ペンチオピラド水和剤	7				○					○	○	○	○
カンタスドライフロアブル	ボスカリド水和剤	7			○					○	○	○	○	○
ストロビーフロアブル	クレソキシムメチル水和剤	11				○					○	○	○	○
ユニフォーム粒剤	アゾキシストロビン・メタラキシルM粒剤	11/4		○							○	○	○	○
シグナムWDG	ピラクロストロビン・ボスカリド水和剤	11/7	○		○						○	○	○	○
アミスターオプティフロアブル	アゾキシストロビン・TPN水和剤	11/M5	○	○	○	○					○	○	○	○
セイビアーフロアブル20	フルジオキソニル水和剤	12			○						○	○		○
リゾレックス粉剤	トルクロホスメチル粉剤	14					○				○	○		○
ポリオキシンAL水和剤	ポリオキシン水和剤	19			○						○	○		○
ポリベリン水和剤	イミノクタジン酢酸塩・ポリオキシン水和剤	M7/19			○				○		○	○		○
カスミンボルドー	カスガマイシン・銅水和剤	24/M1						○	○		○	○		○
フロンサイド水和剤	フルアジナム水和剤	29			○						○	○		○
スターナ水和剤	オキソリニック酸水和剤	31						○	○		○	○		○
アリエッティ水和剤	ホセチル水和剤	33			○						○	○	○	○
ヨネポン水和剤	ノニルフェノールスルホン酸銅水和剤	M1	○			○					○			○
Zボルドー	銅水和剤	M1				○					○			○
ケミヘル	銅・バチルス ズブチリス水和剤	M1/44				○					○			○
キノンドーフロアブル	有機銅水和剤	M1				○					○			○
ジマンダイセン水和剤	マンゼブ水和剤	M3				○					○			○
ダコニール1000	TPN水和剤	M5				○					○			○
ベルクートフロアブル	イミノクタジンアルベシル酸塩水和剤	M7	○								○	○		○

表3-40 ニンジンの殺虫剤

商品名	一般名	IRACコード	アブラムシ類	キアゲハ	ネキリムシ類	ヨトウムシ	ハスモンヨトウ	ハモグリバエ類	ネグサレセンチュウ類	接触効果	食毒効果	浸透性	速効性	残効性
モスピラン水溶剤/顆粒水溶剤（劇）	アセタミプリド水溶剤	4A	○	○						○	○	○	○	○
アファーム乳剤	エマメクチン安息香酸塩乳剤	6					○			○	○		○	○
コテツフロアブル（劇）	クロルフェナピル水和剤	13		○		○				○	○		○	○
スタークル/アルバリン顆粒水溶剤	ジノテフラン水溶剤	4A	○							○	○	○	○	○
スタークル/アルバリン粒剤	ジノテフラン粒剤	4A						○			○	○		○
スピノエース顆粒水和剤	スピノサド水和剤	5					○			○	○		○	○
プレオフロアブル	ピリダリル水和剤	UN					○			○	○		○	○
フェニックス顆粒水和剤	フルベンジアミド水和剤	28				○				○	○		○	○
ガードベイトA/ネキリベイト	ペルメトリン粒剤	3A			○					○	○			○
ネマトリンエース粒剤	ホスチアゼート粒剤	1B							○	○	○			○
ゼンターリ顆粒水和剤*	BT水和剤	11A				○	○			○	○			○

*生物農薬、野菜類で登録

　ニンジンアブラムシやモモアカアブラムシなどアブラムシ類には、スタークル/アルバリン顆粒水溶剤などを散布する。また、キアゲハはコテツフロアブル、ヨトウムシはフェニックス顆粒水和剤、ハスモンヨトウはプレオフロアブルなどを散布する。

　マメハモグリバエなどハモグリバエ類にはアベルメクチン系のアファーム乳剤、スピノシン系のスピノエース顆粒水和剤などで対応する。

図3-13 ジャガイモの病害虫発生時期

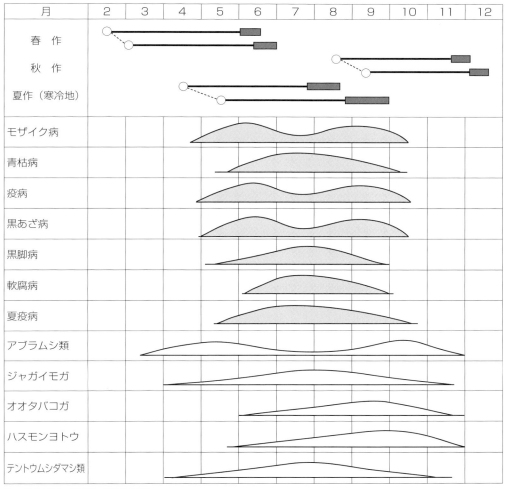

○：植え付け、▬▬：収穫を示す

根菜類

c. ジャガイモ

ジャガイモは温暖地では春作と秋作、寒冷地では夏作がある。図3-13に作型と発生する病害虫を示した。ジャガイモの病害虫防除に使用される殺菌剤と殺虫剤を、表3-41と表3-42に示した。

1- 病害

モザイク病は、春作では5～7月、秋作では8～10月に注意が必要で、アブラムシ類の防除が必要である。

疫病は、春作では5月から発生する。ジマンダイセン水和剤、ダコニール1000、銅水和剤を予防散布する。発生が見られたら、エキナイン顆粒水和剤、ゾーベックエニケード、ホライズンドライフロアブル、プロポーズ顆粒水和剤を散布する。

夏疫病は、春作では5月から発生し、気温上昇とともに多発する。予防的にダコニール1000、ベルクート水和剤、フロンサイド水和剤などを散布する。発生を見たら、ロブラール水和剤、アミスター20フロアブルを散布する。

ジャガイモでは黒あざ病、黒脚病、そうか病など土壌伝染する病害も発生する。黒あざ

表3-41 ジャガイモの殺菌剤

商品名	一般名	FRACコード	そうか病	疫病	夏疫病	菌核病	黒あざ病	黒あし病	青枯病	軟腐病	粉状そうか病	予防効果	治療効果	浸透性	残効性
トップジンM水和剤	チオファネートメチル水和剤	1				○						○	○	○	○
ベンレート水和剤	ベノミル水和剤	1					○					○	○	○	○
スクレタン水和剤	銅・プロシミドン水和剤	M1/2			○					○		○			○
シルバキュアフロアブル	テブコナゾール水和剤	3			○							○		○	○
リドミルゴールドMZ	マンゼブ・メタラキシルM水和剤	M3/4		○								○	○	○	○
モンカットフロアブル40	フルトラニル水和剤	7					○					○	○		○
バシタック水和剤75	メプロニル水和剤	7					○					○			○
アミスター20フロアブル	アゾキシストロビン水和剤	11		○	○							○		○	○
セイビアーフロアブル20	フルジオキソニル水和剤	12	○									○			○
リゾレックス水和剤	トルクロホスメチル水和剤	14					○					○			○
ロブラール水和剤	イプロジオン水和剤	2			○	○						○	○		○
スミレックス水和剤	プロシミドン水和剤	2				○						○	○		○
オラクル顆粒水和剤	アミスルブロム水和剤	21									○	○			○
ライメイフロアブル	アミスルブロム水和剤	21		○								○			○
ランマンフロアブル	シアゾファミド水和剤	21		○								○			○
エトフィンフロアブル	エタボキサム水和剤	22		○								○			○
カスミンボルドー	カスガマイシン・銅水和剤	24/M1							○			○			○
アグレプト水和剤	ストレプトマイシン水和剤	25	○					○				○			○
アタッキン水和剤	ストレプトマイシン・チオファネートメチル水和剤	25/1	○				○	○				○			○
ホライズンドライフロアブル	シモキサニル・ファモキサドン水和剤	27/11		○	○							○			○
ベトファイター顆粒水和剤	シモキサニル・ベンチアバリカルブイソプロピル水和剤	27/40		○								○			○
リライアブルフロアブル	フルオピコリド・プロパモカルブ塩酸塩水和剤	43/28		○								○			○
フロンサイド水和剤	フルアジナム水和剤	29		○	○	○						○			○
スターナ水和剤	オキソリニック酸水和剤	31								○		○			○
ネビジン粉剤	フルスルファミド粉剤	36	○								○	○			○
レーバスフロアブル	マンジプロバミド水和剤	40		○								○			○
プロポーズ顆粒水和剤	ベンチアバリカルブイソプロピル・TPN水和剤	40/M5		○	○							○			○
ザンプロDMフロアブル	アメトクトラジン・ジメトモルフ水和剤	45/40		○								○			○
マイコシールド	オキシテトラサイクリン水和剤	41								○		○			○
ゾーベック エニケード	オキサチアピプロリン水和剤	49		○								○			○
コサイド3000	銅水和剤	M1		○						○		○			○
ジマンダイセン水和剤	マンゼブ水和剤	M3			○							○			○
ダコニール1000	TPN水和剤	M5			○							○			○
ベルクート水和剤	イミノクタジンアルベシル酸塩水和剤	M7			○							○			○
バリダシン液剤5	バリダマイシン液剤	U18					○		○	○		○			○
バイオキーパー水和剤	非病原性エルビニア カロトボーラ水和剤									○		○			

病は、植え付け前にバリダシン液剤5による種イモ粉衣、リゾレックス水和剤による種イモ浸漬で予防できる。

また、アタッキン水和剤による種イモ浸漬は、黒あざ病、そうか病、黒脚病を、バスアミド微粒剤の土壌処理は黒あざ病、そうか病、粉状そうか病に有効である。青枯病発生圃場では、クロールピクリン、クロルピクリン錠剤、ソイリーンで土壌消毒する。バリダマイシン液剤5による種イモ浸漬、発病前散布も被害軽減効果がある。

2- 害虫

植え付け～生育初期にワタアブラムシ、モモアカアブラムシ、ジャガイモヒゲナガアブラムシなどアブラムシ類が発生する。発生を見たら、ネオニコチノイド系のダントツ水溶剤、ピリジン・アゾメチン誘導体のチェス顆粒水和剤などを散布する。毎年ネコブセンチュウ類が発生する圃場では、植え付け前に有機リン系のネマトリンエース粒剤などを処理する。また、ネキリムシ類が発生したら、

表3-42 ジャガイモの殺虫剤

商品名	一般名	IRACコード	アブラムシ類	ジャガイモガ	ネキリムシ類	オオタバコガ	ハスモンヨトウ	テントウムシダマシ類	ネコブセンチュウ類	接触効果	食毒効果	浸透性	速効性	残効性
モスピラン水溶剤／顆粒水溶剤（劇）	アセタミプリド水溶剤	4A	○	○				○		○	○	○	○	○
ダントツ水溶剤	クロチアニジン水溶剤	4A	○					○		○	○	○	○	○
ベネビアOD	シアントラニリプロール水和剤	28	○				○			○	○	○		○
チェス顆粒水和剤	ピメトロジン水和剤	9B	○							○		○		
プレオフロアブル	ピリダリル水和剤	UN				○	○			○	○			○
フェニックス顆粒水和剤	フルベンジアミド水和剤	28					○			○	○			○
トクチオン乳剤	プロチオホス乳剤	1B	○	○						○	○		○	
ガードベイトA／ネキリベイト	ペルメトリン粒剤	3A			○					○	○			
ネマトリンエース粒剤	ホスチアゼート粒剤	1B	○						○	○		○		○
デルフィン顆粒水和剤＊	BT水和剤	11A				○	○			○				○

＊生物農薬、野菜類で登録

ピレスロイド系のガードベイトA／ネキリベイトなどを散布する。

生育中期～収穫期の各種害虫には発生初期に次の薬剤で防除する。

ジャガイモガは有機リン系のトクチオン乳剤などを、ハスモンヨトウはプレオフロアブル、ジアミド系のフェニックス顆粒水和剤、BT系のデルフィン顆粒水和剤などを散布する。ニジュウヤホシテントウなどテントウムシダマシ類はダントツ水溶剤などを散布する。

3 果樹

果樹に発生する病害虫は、樹幹、枝、樹皮などで発生をくり返すものが多く、地域、園の状況で異なるものの発生時期は年間を通してほぼ決まっている。

果樹類の病害虫防除は、基幹防除剤を中心に防除暦が組まれており、生育時期に対応した防除薬剤が決められている。しかし、近年、薬剤に対する耐性菌や抵抗性害虫の発生が増加しており、同一作用機作薬剤の連用は避ける必要がある。また基幹防除剤として使われる多作用点阻害剤の利用や異なる作用機作をもつ薬剤のローテーション散布が重要となる。

以下、ナシ、ブドウ、モモ、リンゴ、カキの露地栽培を中心にした落葉果樹とカンキツの防除薬剤の選択事例を紹介する。

果樹

a. ナシ

ナシの病害虫防除に使用される殺菌剤を表3-43、殺虫剤を表3-44に示した。また、ナシ（幸水、豊水など赤ナシ）の防除暦を表3-45に示した。

①休眠期防除

ハダニ類、カイガラムシ類、ニセナシサビダニには12～3月の休眠期に粗皮削りを行なうとともに、マシン油乳剤95などを散布する。

黒星病は発生初期の防除が重要で、休眠期、芽基部の発病芽、病葉、病果を早期に除去し、処分する。落ち葉は伝染源となるので園外に持ち出し処分する。また、病原菌が越冬している果そう部を中心に石灰硫黄合剤、デランフロアブルなどを処理する。

輪紋病は、枝の病患部（いぼとその周辺）

表3-43 ナシの殺菌剤

商品名	一般名	FRACコード	うどんこ病	疫病	褐色斑点病	紅粒がんしゅ病	黒星病	黒斑細菌病	黒斑病	枝枯細菌病	枝枯病	心腐れ症（胴枯病菌）	赤星病	炭疽病	胴枯病	白紋羽病	腐らん病	輪紋病	予防効果	治療効果	浸透性	残効性
トップジンMペースト	チオファネートメチルペースト剤	1				○		○							○		○	○	○	○	○	○
トップジンM水和剤	チオファネートメチル水和剤	1	○				○				○				○		○	○	○	○	○	○
ベンレート水和剤	ベノミル水和剤	1	○				○			○	○				○			○	○	○	○	○
ルミライト水和剤	チオファネートメチル・トリフルミゾール水和剤	1/3	○				○						○						○	○	○	○
キャプレート水和剤	キャプタン・ベノミル水和剤	M4/1					○											○	○	○	○	○
デランT水和剤（劇）	ジチアノン・チオファネートメチル水和剤	M9/1					○						○	○				○	○	○	○	○
オーシャイン水和剤	オキスポコナゾールフマル酸塩水和剤	3	○				○						○						○	○	○	○
スコア顆粒水和剤	ジフェノコナゾール水和剤	3					○						○						○	○	○	○
オンリーワンフロアブル	テブコナゾール水和剤	3	○				○						○						○	○	○	○
トリフミン水和剤	トリフルミゾール水和剤	3	○				○						○						○	○	○	○
ルビゲン水和剤	フェナリモル水和剤	3	○				○						○						○	○	○	○
インダーフロアブル	フェンブコナゾール水和剤	3	○				○						○						○	○	○	○
アンビルフロアブル	ヘキサコナゾール水和剤	3	○				○						○						○	○	○	○
ラリー水和剤	ミクロブタニル水和剤	3					○												○	○	○	○
オルフィンプラスフロアブル	テブコナゾール・フルオピラム水和剤	3/7			○		○						○						○	○	○	○
アスパイア水和剤	フェンブコナゾール・マンゼブ水和剤	3/M3			○		○												○	○	○	○
ネクスターフロアブル	イソピラザム水和剤	7	○				○												○	○	○	○
オルフィンフロアブル	フルオピラム水和剤	7					○												○	○	○	○
フルーツセイバー	ペンチオピラド水和剤	7	○		○		○						○						○	○	○	○
アミスター10フロアブル	アゾキシストロビン水和剤	11					○						○	○					○	○	○	○
ストロビードライフロアブル	クレソキシムメチル水和剤	11					○						○						○	○	○	○
ファンタジスタ顆粒水和剤	ピリベンカルブ水和剤	11					○						○	○					○	○	○	○
スクレアフロアブル	マンデストロビン水和剤	11	○				○												○	○	○	○
ナリアWDG	ピラクロストロビン・ボスカリド水和剤	11/7					○						○				○		○	○	○	○
ポリベリン水和剤	イミノクタジン酢酸塩・ポリオキシン水和剤	M7/19	○				○												○			○
フロンサイドSC	フルアジナム水和剤	29					○									○			○			○
ICボルドー48Q	銅水和剤	M1					○												○			○
キノンドーフロアブル	有機銅水和剤	M1			○		○												○			○
石灰硫黄合剤	石灰硫黄合剤	M2					○												○			○
チオノックフロアブル	チウラム水和剤	M3			○		○												○			○
トレノックスフロアブル	チウラム水和剤	M3			○		○												○			○
アントラコール顆粒水和剤	プロピネブ水和剤	M3					○						○						○	○		○
ジマンダイセン水和剤	マンゼブ水和剤	M3					○												○			○
オーソサイド水和剤80	キャプタン水和剤	M4		○			○						○	○					○			○
オキシラン水和剤	キャプタン・有機銅水和剤	M4/M1			○		○	○	○				○						○			○
ダコニール1000	TPN水和剤	M5					○												○			○
ベルクートフロアブル	イミノクタジンアルベシル酸塩水和剤	M7	○				○										○		○			○
ベフラン液剤25（劇）	イミノクタジン酢酸塩液剤	M7															○		○			○
デランフロアブル（劇）	ジチアノン水和剤	M9		○	○		○						○						○			○

表3-44 ナシの殺虫剤

商品名	一般名	IRACコード	アザミウマ類	カメムシ類	アブラムシ類	カイガラムシ類	コナカイガラムシ類	ハマキムシ類	シンクイムシ類	ケムシ類	ハダニ類	ニセナシサビダニ	接触効果	食毒効果	浸透性	速効性	残効性
カネマイトフロアブル	アセキノシル水和剤	20B									○	○	○	○		○	○
モスピラン水溶剤/顆粒水溶剤(劇)	アセタミプリド水溶剤	4A		○	○	○			○				○	○	○	○	○
バロックフロアブル	エトキサゾール水和剤	10B									○		○	○			○
ダントツ水溶剤	クロチアニジン水和剤	4A		○	○	○	○		○				○	○	○	○	○
サムコルフロアブル10	クロラントラニリプロール水和剤	28						○	○				○	○			○
エクシレルSE	シアントラニリプロール水和剤	28						○	○				○	○			○
スターマイトフロアブル	シエノピラフェン水和剤	25A									○		○	○			○
スタークル/アルバリン顆粒水溶剤	ジノテフラン水溶剤	4A		○	○				○				○	○	○	○	○
ダニサラバフロアブル	シフルメトフェン水和剤	25A									○		○	○			○
ディアナWDG	スピネトラム水和剤	5	○					○	○	○			○	○		○	○
石灰硫黄合剤 *,**	石灰硫黄合剤	UN				○					○		○				
ダイアジノン水和剤34(劇)	ダイアジノン水和剤	1B		○									○	○		○	
アクタラ顆粒水溶剤	チアメトキサム水和剤	4A		○	○								○	○	○	○	○
ベストガード水溶剤	ニテンピラム水溶剤	4A	○	○	○								○	○	○	○	○
マイトコーネフロアブル	ビフェナゼート水和剤	20D									○		○	○			○
チェス顆粒水和剤	ピメトロジン水和剤	9B			○								○	○	○		○
コルト顆粒水和剤	ピリフルキナゾン水和剤	9B			○	○							○	○	○		○
フェニックスフロアブル	フルベンジアミド水和剤	28						○	○	○			○	○			○
ウララDF	フロニカミド水和剤	29			○								○	○	○		○
アディオン乳剤	ペルメトリン乳剤	3A		○				○	○				○	○		○	○
マシン油乳剤**/機械油乳剤**など	マシン油乳剤	―				○					○	○	○			○	
コロマイト乳剤	ミルベメクチン乳剤	6									○	○	○	○		○	
エスマルクDF***/デルフィン顆粒水和剤***	BT水和剤	11A						○	○					○			○
スプラサイド水和剤(劇)	DMTP水和剤	1B		○	○	○	○	○					○	○		○	
スミチオン乳剤	MEP乳剤	1B		○				○	○				○	○		○	

＊果樹類で登録、＊＊落葉果樹で登録、＊＊＊生物農薬、果樹類で登録

を丁寧に削り取り、傷口にはトップジンMペーストを塗布する。黒斑病は、ボケ芽、被害枝、被害果実を除去処分する。胴枯病は、冬季の凍害、高温時の日焼けなどによる樹皮の傷口から病原菌が侵入するので、傷口部分には石灰乳（生石灰2kgを水10ℓに溶解）または石灰硫黄合剤を丁寧に散布する。これらの処理は発芽10日前までに終える。

②りん片脱落期～落花期（4月）

4月上旬（りん片脱落期）には、黒星病に対してデランフロアブル、インダーフロアブルなどを薬剤の残効期間を見ながら、効力が低下しないように散布する。赤星病に対してインダーフロアブル、ルビゲン水和剤、トリフミン水和剤などのDMI剤を用いる。ワタアブラムシやユキヤナギアブラムシなどアブラムシ類の発生が始まるので、ウララDF、チェス顆粒水和剤などを散布する。

4月中旬（開花直前）には、黒星病、赤星病に対してデランフロアブル、ネクスターフロアブル、オルフィンフロアブル、インダーフロアブルを散布し、DMI剤の連用は避ける。4月下旬（落花直前）には、黒星病、赤星病に対してチオノックフロアブルなどを散布する。また、アブラムシ類、シンクイムシ類の発生が多くなるので、ネオニコチノイド系のスタークル/アルバリン顆粒水溶剤などを散布する。

③新梢伸長期（5月）

5月上中旬は黒星病がまん延する時期で、薬効が切れないように薬剤を散布する。また、赤星病の発生の多い園では、ファンタジスタ

表3-45 ナシの防除暦（幸水、豊水などの赤ナシ）

散布時期	対象病害虫	商品名	一般名	FRAC/IRACコード	希釈倍数	使用時期	備考
12～3月（休眠期）	ハダニ類、カイガラムシ類、ニセナシサビダニ	マシン油乳剤95、機械油乳剤95など	マシン油95%乳剤	−	16～24倍		粗皮削りを行なう。3月にマシン油乳剤を散布する場合には石灰硫黄合剤を散布しない
3月上中旬	黒星病	石灰硫黄合剤	石灰硫黄合剤	M2	7倍	発芽前	ICボルドー48Qを散布する場合は石灰硫黄合剤より2週間以上あけること
4月上旬（りん片脱落期）	黒星病、赤星病	デランフロアブル	ジアチノン水和剤	M9	1000倍	60日前まで/4回	黒星病の多い園では、アントラコール顆粒水和剤、マネージDFを散布する
	アブラムシ類	ウララDF	フロニカミド水和剤	29	2000～4000倍	14日前まで/2回	
4月中旬（開花直前）	黒星病、赤星病、輪紋病	スコア顆粒水和剤	ジフェノコナゾール水和剤	3	黒星病、赤星病（4000）、輪紋病（2000）	14日前まで/3回	
4月下旬（落花直前）	黒星病、赤星病、芯腐病	チオノックフロアブル	チウラム水和剤	M3	500倍	30日前まで/5回	赤星病の多い園ではDMI剤が効果が高い（トリフミン水和剤等を散布する）
	アブラムシ類、シンクイムシ類、コナカイガラムシ類	スタークル/アルバリン顆粒水溶剤	ジノテフラン水溶剤	4A	2000倍	前日まで/3回	
5月上旬（新梢伸長期）	黒星病、輪紋病、赤星病	インダーフロアブル	フェンブコナゾール水和剤	3	黒星病（5000～12000倍）、輪紋病（5000倍）、赤星病（8000～12000倍）	7日前まで/3回	
	黒星病、芯腐病	ファンタジスタ顆粒水和剤	ピリベンカルブ水和剤	11	3000～4000倍	前日まで/3回	
	アブラムシ類、ハマキムシ類、シンクイムシ類、コナカイガラムシ類若齢幼虫	ダイアジノン水和剤34	ダイアジノン水和剤	1B	1000～1500倍	14日前まで/6回	
	ハマキムシ類、シンクイムシ類	コンフューザーN	オリフルア・トートリルア・ピーチフルア剤	−	50～200本/10a	成虫発生初期～終期	毎年発生が多い園ではフェロモンディスペンサーを枝に巻き付け、または挟み込み設置する
5月中旬	黒星病、赤星病	アンビルフロアブル	ヘキサコナゾール水和剤	3	1000倍	7日前まで/3回	
	カイガラムシ類	スプラサイド水和剤	DMTP水和剤	1B	1500～2000倍	21日前まで/2回（無袋栽培）	有袋栽培の場合は7日前まで/3回以内
5月下旬	黒星病、赤星病	トレノックスフロアブル	チウラム水和剤	M3	500倍	30日前まで/5回	
	ハダニ類	マイトコーネフロアブル	ビフェナゼート水和剤	20D	1000～1500倍	前日まで/1回	
6月上旬	黒星病、輪紋病	トレノックスフロアブル	チウラム水和剤	M3	500倍	30日前まで/5回	
6月中旬（果実肥大期）	黒星病、輪紋病	ベルクートフロアブル	イミノクタジンアルベシル酸塩水和剤	M7	1500倍	14日前まで/5回	
	シンクイムシ類、コナカイガラムシ類	ダントツ水溶剤	クロチアニジン水溶剤	4A	2000～4000倍	前日まで/3回	
6月下旬	輪紋病、黒星病	オキシラン水和剤	キャプタン・有機銅水和剤	M4/M1	500～600倍	3日前まで/9回	
7月上旬	輪紋病、黒星病、うどんこ病	ベンレート水和剤	ベノミル水和剤	1	2000～3000倍	前日まで/4回	
	輪紋病、黒星病	ベルクートフロアブル	イミノクタジンアルベシル酸塩水和剤	M7	1500倍	14日前まで/5回	
	シンクイムシ類、ハマキムシ類、カメムシ類	アディオン乳剤	ペルメトリン乳剤	3A	2000倍	前日まで/2回	
7月中下旬	輪紋病、黒星病、うどんこ病	ナリアWDG	ピラクロストロビン・ボスカリド水和剤	11/7	2000倍	前日まで/3回	
	シンクイムシ類、ハマキムシ類、ケムシ類	サムコルフロアブル10	クロラントラニリプロール水和剤	28	2500～5000倍	前日まで/3回	
	ハダニ類、ニセナシサビダニ	カネマイトフロアブル	アセキノシル水和剤	20B	1000倍	前日まで/1回	
8月上旬（果実成熟期）	シンクイムシ類、カメムシ類	アクタラ顆粒水溶剤	チアメトキサム水溶剤	4A	2000倍	前日まで/3回	
	輪紋病・炭疽病	ストロビードライフロアブル	クレソキシムメチル水和剤	11	2000倍	前日まで/3回	
8月下旬	シンクイムシ類、ハマキムシ類	ディアナWDG	スピネトラム水和剤	5	5000～10000倍	前日まで/2回	
	ハダニ類、ニセナシサビダニ	コロマイト乳剤	ミルベメクチン乳剤	6	1000～1500倍	前日まで/1回	
9月上中旬（収穫後）	うどんこ病、黒星病	ICボルドー48Q	銅水和剤	M1	30倍	収穫後～開花前	
	シンクイムシ類、ハマキムシ類	スミチオン乳剤	MEP乳剤	1B	1000～2000倍	21日前まで/6回（無袋栽培）	有袋栽培の場合は14日前まで/6回以内
10月上旬～11月上旬	黒星病、炭疽病	オキシラン水和剤	キャプタン・有機銅水和剤	M4/M1	500倍	3日前まで/3回	翌春の伝染源除去（落葉などの処理）

顆粒水和剤、ナリアWDG、アンビルフロアブル、ネクスターフロアブル、オルフィンフロアブルなどが有効である。なお、デランフロアブル、の使用時期は収穫60日前までに限定されるので注意する。

5月上旬からナシヒメシンクイやモモシンクイガなどシンクイムシ類、チャノコカクモンハマキ、チャハマキ、リンゴコカクモンハマキなどハマキムシ類の発生が増加する。有機リン系のダイアジノン水和剤34などを散布するとともに、毎年発生が多い園では性フェロモン剤（134ページ表3-30参照）のコンフューザーNを設置する。ナシマルカイガラムシやクワコナカイガラムシなどカイガラムシ類の発生が多い場合には、有機リン系のスプラサイド水和剤、ピリジン・アゾメチン誘導体のコルト顆粒水和剤などを5月中旬に散布する。なお、スプラサイド水和剤の新葉展開時の散布は、新水、幸水、豊水に薬害を生じるおそれがあるので注意する。また、カンザワハダニやナミハダニ、ミカンハダニなどハダニ類の発生が多い場合には、マイトコーネフロアブル、スターマイトフロアブルなど殺ダニ剤を5月下旬に散布する。

④**果実肥大期（6〜7月上旬）**

梅雨時に入ると黒星病と輪紋病の発生に注意する。気温が高いと輪紋病、気温が低いと黒星病の発生が多くなる。輪紋病に対しては、キャプレート水和剤、ナリアWDG、アミスターを散布する。とくに、キャプレート水和剤は黒星病と輪紋病の両病害に対して効果が安定している。降雨により薬剤の残効性が低下する場合があるので、発生状況に応じて薬剤を追加散布する。果実肥大期にはシンクイムシ類、コナカイガラムシ類の発生が増加する。ネオニコチノイド系のダントツ水溶剤またはモスピラン顆粒水溶剤などを散布する。また、シンクイムシ類、ハマキムシ類、チャバネアオカメムシやツヤアオカメムシなどカメムシ類の発生が多い場合にはピレスロイド系のアディオン乳剤などで対処する。

⑦**果実成熟期（7月中旬〜8月）**

高温期になると黒星病の発生が減少し、うどんこ病の発生が増加する。ナリア水和剤、ベルクート水和剤などを散布する。両剤は黒星病にも有効である。シンクイムシ類、ハマキムシ類、ケムシ類などチョウ目害虫の発生が多い場合は、ジアミド系のサムコルフロアブル10またはエクシレルSEなどを散布する。ハダニ類やニセナシサビダニの発生が多い場合は、カネマイトフロアブルなどの殺ダニ剤を散布する。

果実成熟期になり、カメムシ類の発生が多い場合はアクタラ顆粒水溶剤など、シンクイムシ類やハマキムシ類などチョウ目害虫の発生が多い場合はスピノシン系のディアナWDGまたはジアミド系のフェニックスフロアブルなど、ハダニ類やニセナシサビダニの発生が続く場合にはミルベマイシン系のコロマイト乳剤など殺ダニ剤を散布する。

⑧**収穫後（9〜11月）**

収穫後はうどんこ病、黒星病の発生に注意し、ICボルドー48Q、オキシラン水和剤などを散布する。また、シンクイムシ類やハマキムシ類に対して有機リン系のスミチオン乳剤などを散布する。

| 果樹 |

b. ブドウ

ブドウの病害虫防除に使用される殺菌剤を表3-46、殺虫剤を表3-47に示した。また、大粒種ブドウ（ハウス栽培）の防除暦を表3-48、小粒種ブドウ（デラウェア）の防除暦を表3-49に示した。

1● 大粒種（ピオーネ・巨峰：ハウス栽培）

①**発芽前〜樹液流動期**

黒とう病、晩腐病はベフラン液剤25、カイガラムシ類、ハダニ類は石灰硫黄合剤を混用して散布する。クワコナカイガラムシなど

表3-46　ブドウの殺菌剤

商品名	農薬名	FRACコード	うどんこ病	さび病	すす点病	つる割細菌病	つる割病	ペスタロチアつる枯病	べと病	芽枯病	灰色かび病	褐斑病	苦腐病	黒とう病	枝膨病	白腐病	白紋羽病	晩腐病	予防効果	治療効果	浸透性	残効性
トップジンM水和剤	チオファネートメチル水和剤	1								○	○	○	○					○	○	○	○	○
ベンレート水和剤	ベノミル水和剤	1	○			○					○			○	○			○	○	○	○	○
ロブラール水和剤	イプロジオン水和剤	2									○			○		○		○	○	○	○	○
マネージ水和剤	イミベンコナゾール水和剤	3	○				○				○								○	○	○	○
オンリーワンフロアブル	テブコナゾール水和剤	3	○	○	○						○			○		○			○	○	○	○
トリフミン水和剤	トリフルミゾール水和剤	3	○								○								○	○	○	○
インダーフロアブル	フェンブコナゾール水和剤	3	○								○	○		○					○	○	○	○
オルフィンプラスフロアブル	テブコナゾール・フルオピラム水和剤	3/7	○								○								○	○	○	○
ネクスターフロアブル	イソピラザム水和剤	7									○	○							○	○	○	○
ケンジャフロアブル	イソフェタミド水和剤	7									○	○							○	○	○	○
オルフィンフロアブル	フルオピラム水和剤	7									○								○	○	○	○
アフェットフロアブル	ペンチオピラド水和剤	7	○	○							○								○	○	○	○
フルーツセイバー	ペンチオピラド水和剤1	7	○	○							○								○	○	○	○
フルピカフロアブル	メパニピリム水和剤	9	○								○								○	○	○	○
スイッチ顆粒水和剤	シプロジニル・フルジオキソニル水和剤	9/12									○								○	○	○	○
ゲッター水和剤	ジエトフェンカルブ・チオファネートメチル水和剤	10/1									○								○	○	○	○
アミスター10フロアブル	アゾキシストロビン水和剤	11	○						○		○	○							○	○	○	○
ストロビードライフロアブル	クレソキシムメチル水和剤	11	○	○					○		○			○					○	○	○	○
ファンタジスタ顆粒水和剤	ピリベンカルブ水和剤	11		○							○								○	○	○	○
スクレアフロアブル	マンデストロビン水和剤	11	○								○								○	○	○	○
セイビアーフロアブル20	フルジオキソニル水和剤	12									○								○	○	○	○
ピクシオDF	フェンピラザミン水和剤	17									○								○	○	○	○
ポリベリン水和剤	イミノクタジン酢酸塩・ポリオキシン水和剤	M7/19	○						○		○							○	○	○		○
ライメイフロアブル	アミスルブロム水和剤	21							○										○	○	○	○
ランマンフロアブル	シアゾファミド水和剤	21							○										○	○	○	○
エトフィンフロアブル	エタボキサム水和剤	22							○										○	○	○	○
ホライズンドライフロアブル	シモキサニル・ファモキサドン水和剤	27/11							○										○	○	○	○
ベトファイター顆粒水和剤	シモキサニル・ベンチアバリカルブイソプロピル水和剤	27/40							○										○	○	○	○
フロンサイドSC	フルアジナム水和剤	29							○		○							○	○			○
アリエッティC水和剤	キャプタン・ホセチル水和剤	M4/33							○		○							○	○	○	○	○
レーバスフロアブル	マンジプロパミド水和剤	40							○										○	○	○	○
ザンプロフロアブル	アメトクトラジン水和剤	45							○										○			○
ゾーベック　エニケード	オキサチアピプロリン水和剤	49							○										○	○	○	○
プロパティフロアブル	ピリオフェノン水和剤	U8	○																○	○	○	○
ビオネクト	脂肪酸グリセリド・有機銅水和剤	M1				○			○				○	○					○			○
ICボルドー48Q	銅水和剤	M1							○									○	○			○
Zボルドー	銅水和剤	M1		○	○				○										○			○
キノンドーフロアブル	有機銅水和剤	M1							○				○						○			○
チオノックス/トレノックスフロアブル	チウラム水和剤	M3							○	○	○							○	○			○
ジマンダイセン水和剤	マンゼブ水和剤	M3	○						○					○					○	○		○
オーソサイド水和剤80	キャプタン水和剤	M4							○					○				○	○			○
パスポート顆粒水和剤	TPN水和剤	M5									○								○			○
ベフラン液剤25（劇）	イミノクタジン酢酸塩液剤	M7					○		○					○				○	○	○		○
デランフロアブル（劇）	ジチアノン水和剤	M9					○	○	○					○				○	○			○

表3-47 ブドウの殺虫剤

商品名	一般名	IRACコード	アザミウマ類	チャノキイロアザミウマ	フタテンヒメヨコバイ	カイガラムシ類	ハマキムシ類	スカシバ類	ケムシ類	コガネムシ類	ブドウトラカミキリ	ハダニ類	接触効果	食毒効果	浸透性	速効性	残効性
カネマイトフロアブル	アセキノシル水和剤	20B										○	○	○		○	○
モスピラン水溶剤／顆粒水溶剤（劇）	アセタミプリド水和剤	4A	○		○	○				○	○		○	○	○	○	○
バロックフロアブル	エトキサゾール水和剤	10B										○	○				○
ダントツ水溶剤	クロチアニジン水和剤	4A		○	○	○				○	○		○	○	○	○	○
サムコルフロアブル10	クロラントラニリプロール水和剤	28					○		○					○	○		○
エクシレルSE	シアントラニリプロール水和剤	28		○					○					○	○		○
スターマイトフロアブル	シエノピラフェン水和剤	25A										○	○				○
スタークル／アルバリン顆粒水溶剤	ジノテフラン水溶剤	4A	○		○	○				○	○		○	○	○	○	○
ディアナWDG	スピネトラム水和剤	5	○				○		○					○	○		○
石灰硫黄合剤 *,**	石灰硫黄合剤	UN			○							○	○				
アクタラ顆粒水溶剤	チアメトキサム水和剤	4A		○	○	○							○	○	○	○	○
ベストガード水溶剤	ニテンピラム水溶剤	4A	○		○	○							○	○	○	○	○
マイトコーネフロアブル	ビフェナゼート水和剤	20D										○	○				○
ダニコングフロアブル	ピフルブミド水和剤	25B										○	○				○
コルト顆粒水和剤	ピリフルキナゾン水和剤	9B		○	○	○								○	○		○
フェニックスフロアブル	フルベンジアミド水和剤	28					○	○	○					○	○		○
アディオン水和剤	ペルメトリン水和剤	3A		○	○					○			○	○		○	○
コロマイト水和剤	ミルベメクチン水和剤	6										○	○				○
エスマルクDF***／デルフィン顆粒水和剤***	BT水和剤	11A					○		○					○			○
スプラサイド水和剤（劇）	DMTP水和剤	1B		○	○								○	○		○	○
スミチオン水和剤40	MEP水和剤	1B			○				○		○		○	○		○	○
スミチオン乳剤	MEP乳剤	1B			○						○		○	○		○	○

＊果樹類で登録、＊＊落葉果樹で登録、＊＊＊生物農薬、果樹類で登録

コナカイガラムシ類が毎年発生する園ではネオニコチノイド系のスタークル／アルバリン顆粒水溶剤1gを水1mℓの割合で混合し、樹あたり20～40g相当で懸濁後に主幹、主枝の粗皮を環状に剥いだ部分に塗布する。

② 5～6葉展葉期

べと病、褐斑病、黒とう病には多作用点阻害剤で予防効果に優れたジマンダイセン水和剤を散布する。褐斑病、黒とう病、べと病に効果の得られる薬剤として、ホライズンドライフロアブル、アミスター10フロアブルなどがある。

コガネムシ類が多発する園ではネオニコチノイド系のダントツ水溶剤またはピレスロイド系のアディオン水和剤、クワゴマダラヒトリやトビイロトラガなどケムシ類、ハスモンヨトウが多発する園ではジアミド系のフェニックスフロアブル、BT系のエスマルクDFまたはデルフィン顆粒水和剤などを散布する。

なお、チャノコカクモンハマキなどハマキムシ類の発生が毎年多い園では、性フェロモン剤（表3-30参照）のハマキコン-Nを設置する。また、カンザワハダニやナミハダニなどハダニ類が多発する園では生物農薬（116ページ表3-17参照）のミヤコカブリダニ剤（スパイカルプラス）を茎や枝などに吊り下げて放飼する。

③ 開花直前

灰色かび病、うどんこ病の予防剤として、ストロビードライフロアブル、ベンレート水和剤、アフェットフロアブルなどを散布する。

表3-48 大粒種ブドウ（ハウス栽培）の防除暦

散布時期	対象病害虫	商品名	一般名	FRAC/IRACコード	希釈倍数	使用時期	備考
発芽前	黒とう病、晩腐病	ベフラン液剤25（ベンレート水和剤）	イミノクタジン酢酸塩液剤（ベノミル水和剤）	M7(1)	250倍（200～500倍）	休眠期/1回（休眠期/1回）	
	ハダニ類、カイガラムシ類	石灰硫黄合剤	石灰硫黄合剤	UN	7～10倍	発芽前/−	
樹液流動期	コナカイガラムシ類	スタークル/アルバリン顆粒水溶剤	ジノテフラン水溶剤	4A	20～40g/樹	幼果期まで、ただし収穫30日前まで/1回	薬剤を1gあたり水1mlの割合で混合し、懸濁後、主幹、主枝の粗皮を環状に剥いだ部分に塗布する
5～6葉展開期	べと病、褐斑病、黒とう病	ジマンダイセン水和剤	マンゼブ水和剤	M3	1000倍	45日前まで/2回	
	コガネムシ類	ダントツ水溶剤	クロチアニジン水溶剤	4A	2000～4000倍	前日まで/3回	
	ケムシ類、ハスモンヨトウ	フェニックスフロアブル	フルベンジアミド水和剤	28	4000倍	14日前まで/2回	
	ハダニ類	スパイカルプラス	ミヤコカブリダニ剤	−	1～5パック/樹（約50～250頭/樹）	発生初期	毎年多発する園では茎や枝などに吊り下げて放飼
開花直前	灰色かび病、うどんこ病、褐斑病、晩腐病	アフェットフロアブル（フルーツセーバー）	ペンチオピラド水和剤（ペンチオピラド水和剤）	7	2000倍（1500倍）	7日前まで/3回（7日前まで/3回）	開花期は古ビニールで地面をマルチし、ハウス内を乾燥させる
落花直後	灰色かび病、晩腐病	スイッチ顆粒水和剤	シプロジニル・フルジオキソニル水和剤	9/12	2000～3000倍	30日前まで/2回	
	チャノキイロアザミウマ、カイガラムシ類	モスピラン顆粒水溶剤	アセタミプリド水溶剤	4A	2000～4000倍	14日前まで/3回	
袋かけ前	灰色かび病、黒とう病、晩腐病	ファンタジスタ顆粒水和剤	ピリベンカルブ顆粒水和剤	11	3000～4000倍	14日前まで/3回	
	チャノキイロアザミウマ、コナカイガラムシ類	コルト顆粒水和剤	ピリフルキナゾン水和剤	9B	3000倍	前日まで/3回	
	ハダニ類	バロックフロアブル	エトキサゾール水和剤	10B	2000倍	7日前まで/1回	
	ハマキムシ類	サルコムフロアブル10	クロラントラニリプロール水和剤	28	5000倍	前日まで/3回	毎年多発する園では性フェロモン剤のハマキコン-N（100～150本/10a）を成虫発生初期～終期に枝にかけて交尾阻害する
着色期（袋かけ後）	べと病	ICボルドー48Q	銅水和剤	M1	25～50倍	−	
	晩腐病、灰色かび病	オンリーワンフロアブル	テブコナゾール水和剤	3	2000倍	前日まで/3回	
収穫後	べと病	ICボルドー48Q	銅水和剤	M1	25～50倍	−	
	ブドウトラカミキリ、フタテンヒメヨコバイ	スミチオン乳剤	MEP乳剤	1B	1000～2000倍	30日前まで/3回	
休眠期	ブドウトラカミキリ	モスピラン顆粒水溶剤	アセタミプリド水溶剤	4A	2000倍	収穫後秋季/3回	10月中旬の幼虫食入初期に散布
	カイガラムシ類、ハダニ類						粗皮を剥ぎ取って越冬密度を下げる

晩腐病、褐斑病、黒とう病にも有効である。

フルーツセイバーもアフェットフロアブルと同じ成分の薬剤で、同様の病害に効果がある。

④落花直後

灰色かび病、晩腐病に対してスイッチ顆粒水和剤を散布する。オンリーワンフロアブル、フルーツセイバーなど呼吸阻害剤とは作用機作の異なる薬剤で、灰色かび病に防除効果の高いセイビアーフロアブル20の有効成分フルジオキソニルとフルピカフロアブルの有効成分シプロジニルを含有する。晩腐病に対してはフロンサイドSC、アフェットフロアブル、ファンタジスタ果粒水和剤なども効果が高い。

チャノキイロアザミウアマ、カイガラムシ類に対してはネオニコチノイド系のモスピラン顆粒水溶剤を散布する。

表3-49 小粒種ブドウ（デラウェア）の防除暦

散布時期	対象病害虫	商品名	一般名	FRAC/IRACコード	希釈倍数	使用時期	備考
発芽前	晩腐病、黒とう病	ベフラン液剤25（ベンレート水和剤）	イミノクタジン酢酸塩液剤（ベノミル水和剤）	M7(1)	250倍(200～500倍)	休眠期/1回（休眠期/1回）	
	カイガラムシ類、ハダニ類	石灰硫黄合剤	石灰硫黄合剤	UN	7～10倍	発芽前/ー	
樹液流動期	コナカイガラムシ類	スタークル/アルバリン顆粒水溶剤	ジノテフラン水溶剤	4A	20～40g/樹	幼果期まで、ただし収穫30日前まで/1回	薬剤を1gあたり水1mℓの割合で混合し、懸濁後、主幹、主枝の粗皮を環状に剥いだ部分に塗布する
第1回GA処理前	べと病、褐斑病	ジマンダイセン水和剤	マンゼブ水和剤	M3	1000倍	45日前まで/2回	
	チャノキイロアザミウマ	ダントツ水溶剤	クロチアニジン水溶剤	4A	2000～4000倍	前日まで/3回	
	ケムシ類、ハスモンヨトウ	フェニックスフロアブル	フルベンジアミド水和剤	28	4000倍	14日前まで/2回	
	ハダニ類	スパイカルプラス	ミヤコカブリダニ剤	ー	1～5パック/樹（約50～250頭/樹）	発生初期	毎年多発する園では茎や枝などに吊り下げて放飼
第1回GA処理後	灰色かび病、晩腐病、黒とう病	ファンタジスタ顆粒水和剤	ピリベンカルブ顆粒水和剤	11	3000～4000倍	14日前まで/3回	薬剤散布はジベレリン処理後3日以上あける。開花期は古ビニールで地面をマルチし、ハウス内を乾燥させる。べと病の発生が多い園ではリドミルゴールドMZ1000倍（45日前まで2回）を散布する
第2回GA処理後	べと病	レーバスフロアブル（エトフィンフロアブル）	マンジプロパミド水和剤（エタボキサム水和剤）	40(22)	2000～3000倍（1000倍）	7日前まで/3回（7日前まで/4回）	薬剤散布はジベレリン処理後3日以上あける
	フタテンヒメヨコバイ、アザミウマ類、カイガラムシ類	モスピラン顆粒水溶剤	アセタミプリド水溶剤	4A	2000～4000倍	14日前まで/3回	
	ハマキムシ類	サルコムフロアブル10	クロラントラニリプロール水和剤	28	5000倍	前日まで/3回	毎年多発する園では性フェロモン剤のハマキコン－N（100～150本/10a）を成虫発生初期～終期に枝にかけて交尾阻害する
新梢伸長期～果粒肥大期	ハダニ類	バロックフロアブル	エトキサゾール水和剤	10B	2000倍	7日前まで/1回	
	べと病	ライメイフロアブル（ベトファイター顆粒水和剤）	アミスルブロム水和剤（シモキサニル・ベンチアバリカルブイソプロピル水和剤）	21(27/40)	3000～4000倍（2000～3000倍）	14日前まで/3回（30日前まで/3回）	
	灰色かび病、晩腐病、褐斑病	オンリーワンフロアブル	テブコナゾール水和剤	3	2000倍	前日まで/3回	
収穫後	べと病	ICボルドー48Q	銅水和剤	M1	25～50倍	ー	
	ブドウトラカミキリ、フタテンヒメヨコバイ	スミチオン乳剤	MEP乳剤	1B	1000～2000倍	90日前まで/2回	
休眠期	ブドウトラカミキリ	モスピラン顆粒水溶剤	アセタミプリド水溶剤	4A	2000倍	収穫後秋期/3回	10月中旬の幼虫食入初期に散布
	カイガラムシ類、ハダニ類						粗皮を剥ぎ取って越冬密度を下げる

⑤**袋かけ前**

　灰色かび病、黒とう病、晩腐病に対してファンタジスタ顆粒水和剤を散布する。べと病の発生が多い場合は、ランマンフロアブル、エトフィンフロアブル、ゾーベックエニケード、ザンプロフロアブル、レーバスフロアブル、ベトファイター顆粒水和剤など、耐性菌発生を防止するうえで作用機作の異なる薬剤を散布する。混合剤を使う場合は、混合成分の回数制限に注意する。

　また、チャノキイロアザミウマ、コナカイガラムシ類の発生が増加するので、ピリジン・アゾメチン誘導体のコルト顆粒水和剤、またはネオニコチノイド系のアクタラ顆粒水溶剤

を散布する。ハダニ類の発生が多い場合は、バロックフロアブルまたはマイトコーネフロアブルを、チャノコカクモンハマキなどハマキムシ類の発生が多い場合は、ジアミド系のサムコルフロアブル10またはエクシレルSEを用いる。

⑥着色期（袋かけ後）

べと病に対して袋かけ後にICボルドー48Qを散布する。多発している場合は、ザンプロフロアブル、ゾーベックエニケード、レーバスフロアブルなどを散布する。ベトファイター顆粒水和剤も使えるが、この薬剤は使用時期に注意が必要で、「収穫30日前」という基準がある。または、灰色かび病、晩腐病に対して袋かけ後にオンリーワンフロアブルを、収穫2週間前までであればオルフィンフロアブルを散布する。

⑦収穫後

収穫終了後は、べと病の予防にICボルドー48Q、ブドウトラカミキリ、フタテンヒメヨコバイに対して有機リン系のスミチオン乳剤を散布する。

⑧休眠期防除

10月中旬のブドウトラカミキリ幼虫の樹幹食入初期にモスピラン顆粒水溶剤を散布する。カイガラムシ類、ハダニ類に対してブドウの粗皮を剥ぎ取り、越冬密度を下げる。

2 ● 小粒種（デラウェア）

①発芽前〜樹液流動期

晩腐病、黒とう病に対してベフラン液剤25、カイガラムシ類、ハダニ類に対して石灰硫黄合剤を混用散布する。ベフラン液剤25を希釈し、かき混ぜながら、石灰硫黄合剤を所定量添加する。晩腐病の発生が多い園ではベンレートT水和剤20を単用散布後、ベフラン液剤25と石灰硫黄合剤を混用散布する。クワコナカイガラムシなどコナカイガラムシ類が毎年発生する園はネオニコチノイド系のスタークル／アルバリン顆粒水溶剤を、大粒種ブドウの場合と同様に対処する（155ページ参照）。

②第1回ジベレリン処理前

展葉6〜7枚程度の時期で、べと病の予防的な防除としてジマンダイセン水和剤を散布する。本剤は、褐斑病、黒とう病、晩腐病、さび病にも有効である。べと病のみでは、ランマンフロアブル、エトフィンフロアブル、ゾーベックエニケード、ザンプロフロアブル、レーバスフロアブル、ベトファイター顆粒水和剤などを散布する。

チャノキイロアザミウマが発生する園ではネオニコチノイド系のダントツ水溶剤またはベストガード水溶剤、クワゴマダラヒトリやトビイロトラガなどケムシ類、ハスモンヨトウが多発する園ではジアミド系のフェニックスフロアブル、BT系のエスマルクDFまたはデルフィン顆粒水和剤などを散布する。なお、チャノコカクモンハマキなどハマキムシ類の発生が毎年多い園では性フェロモン剤（表3-30参照）のハマキコン-Nを設置する。カンザワハダニやナミハダニなどハダニ類が多発する園では生物農薬（表3-17参照）のミヤコカブリダニ剤（スパイカルプラス）を茎や枝などに吊り下げて放飼する。

③第1回ジベレリン処理後

ジベレリン処理後の花房に灰色かび病が発生するのを防止する目的で、ピクシオDF、オルフィンプラスフロアブル、トップジンM水和剤、オンリーワンフロアブル、ファンタジスタ顆粒水和剤などを散布する。薬剤散布はジベレリン処理後3日以上をあけて行なう。ファンタジスタ顆粒水和剤、オルフィンプラスフロアブルは晩腐病、黒とう病にも予防効果がある。

④第2回ジベレリン処理後

べと病の発生に注意し、レーバスフロアブル、エトフィンフロアブル、ゾーベックエニケード、ザンプロフロアブルなどを予防的に散布する。灰色かび病の発生している園で

は、ストロビードライフロアブル、ホライズンドライフロアブルで対処する。また、フタテンヒメヨコバイ、チャノキイロアザミウマなどアザミウマ類、クワコナカイガラムシなどカイガラムシ類に対してネオニコチノイド系のモスピラン顆粒水溶剤またはアクタラ顆粒水溶剤など、チャノコカクモンハマキなどハマキムシ類の発生の多い園ではジアミド系のサルコムフロアブル10またはスピノシン系のディアナWDGを散布する。これらの薬剤散布はジベレリン処理後3日以上あけて行なう。

⑤新梢新長期〜顆粒肥大期

カンザワハダニやナミハダニなどハダニ類の発生が見られたら、バロックフロアブル、マイトコーネフロアブル、ダニコングフロアブルなどを散布する。べと病の発生が多い場合は、発生状況を見てライメイフロアブル、ベトファイター顆粒水和剤などで対処する。また、灰色かび病、晩腐病、褐斑病が発生する園ではオンリーワンフロアブルを散布する。なお、ベトファイター顆粒水和剤の使用時期は収穫30日前までのため、収穫時期に注意して薬剤を散布する。

⑥収穫後

収穫後は果実がないことから、べと病対策としてICボルドー48Qを保護剤として、褐斑病の多い園では、オーソサイド水和剤80、ジマンダイセン水和剤などを散布する。ブドウトラカミキリ、フタテンヒメヨコバイに対して有機リン系のスミチオン乳剤を散布する。

⑦休眠期防除

ブドウトラカミキリでは10月中旬の幼虫食入初期にネオニコチノイド系のモスピラン顆粒水溶剤を散布する。カイガラムシ類、ハダニ類に対してブドウの粗皮を剥ぎ取り、越冬密度を下げる。

果樹

c. モモ

モモの病害虫防除に使用される殺菌剤を表3-50、殺虫剤を表3-51に示した。また、モモの防除暦を表3-52に示した。

①発芽前（12〜3月中下旬）

休眠期防除として、発芽前（12〜2月上旬）に縮葉病、黒星病、胴枯病に対して石灰硫黄合剤を散布する。かけむらが出ないように、枝の先端部から幹に十分量を散布する。ただし石灰硫黄合剤の厳寒期の散布は避ける。住宅地周辺の隣接園では、石灰硫黄合剤に代えてチオノックフロアブルを散布してもよい。ウメシロカイガラムシやクワシロカイガラムシなどカイガラムシ類の多発園では12月上中旬にマシン油95％乳剤を散布する。マシン油乳剤と石灰硫黄合剤の散布間隔は1カ月以上あける。発芽前までにマシン油97％乳剤（トモノールSなど）を散布してもよい。

せん孔細菌病が発生する園では3月中下旬の花弁が見え始める頃までに4・12式ボルドー液か、ICボルドー412を散布する。コスカシバが多発する園ではジアミド系のフェニックスフロアブルを開花期までに、主幹や樹冠部に散布する。

②落花後〜幼果期（4月中旬〜5月上旬）

4月中旬の落花後には、せん孔細菌病、縮葉病、黒星病に対してチオノックフロアブル、デランフロアブルを散布する。また、ナシヒメシンクイやモモシンクイガなどシンクイムシ類、モモハモグリガ、モモコフキアブラムシやモモアカアブラムシなどアブラムシ類に対してネオニコチノイド系のモスピラン顆粒水溶剤を散布する。毎年、シンクイムシ類、ハマキムシ類、モモハモグリガの発生が多い園では性フェロモン剤（表3-30参照）のコンフューザーMMを設置する。5月上旬の幼果期には、せん孔細菌病に対してスターナ水和剤、黒星病に対してEBI剤のアンビル、またはインダーフロアブルを散布する。

表3-50　モモの殺菌剤

商品名	一般名	FRACコード	うどんこ病	すすかび病	せん孔細菌病	ホモプシス腐敗病	果実赤点病	灰星病	黒星病	黒斑病	枝折病	縮葉病	縮葉病（休眠期）	炭疽病	白紋羽病	予防効果	治療効果	浸透移行性	残効性
トップジンM水和剤	チオファネートメチル水和剤	1				○		○		○		○			●	○	○	○	○
ベンレート水和剤	ベノミル水和剤	1				○		○		○						○	○	○	○
スミレックス水和剤	プロシミドン水和剤	2						○								○	○		○
ロブラール水和剤	イプロジオン水和剤	2						○								○	○		○
アンビルフロアブル	ヘキサコナゾール水和剤	3							○							○	○	○	○
インダーフロアブル	フェンブコナゾール水和剤	3							○							○	○	○	○
オーシャイン水和剤	オキスポコナゾールフマル酸塩水和剤	3							○							○	○	○	○
オンリーワンフロアブル	テブコナゾール水和剤	3						○	○			○				○	○	○	○
サルバトーレ ME	テトラコナゾール液剤	3							○							○	○	○	○
スコア顆粒水和剤	ジフェノコナゾール水和剤	3							○							○	○	○	○
トリフミン水和剤	トリフルミゾール水和剤	3							○							○	○	○	○
アフェットフロアブル	ペンチオピラド水和剤	7						○								○	○	○	○
オルフィンフロアブル	フルオピラム水和剤	7						○								○	○	○	○
フルーツセイバー	ペンチオピラド水和剤	7						○								○	○	○	○
フルピカフロアブル	メパニピリム水和剤	9						○								○	○	○	○
アミスター10フロアブル	アゾキシストロビン水和剤	11		○				○								○	○	○	○
スクレアフロアブル	マンデストロビン水和剤	11		○				○								○	○	○	○
ストロビードライフロアブル	クレソキシムメチル水和剤	11	○					○	○			○				○	○	○	○
ファンタジスタ顆粒水和剤	ピリベンカルブ水和剤	11						○								○	○	○	○
ナリア WDG	ピラクロストロビン・ボスカリド水和剤	11/7	○	○				○	○					○		○	○	○	○
カスミンボルドー	カスガマイシン・銅水和剤	24/M1			○						○					○			○
アタッキン水和剤	ストレプトマイシン・チオファネートメチル水和剤	25/1			○					○						○	○	○	○
スターナ水和剤	オキソリニック酸水和剤	31			○											○			○
マイコシールド	オキシテトラサイクリン水和剤	41			○											○			○
アグリマイシン-100	オキシテトラサイクリン・ストレプトマイシン水和剤	41/25			○											○			○
パンチョ顆粒水和剤	シフルフェナミド水和剤	U6	○						○							○	○	○	○
IC ボルドー412	銅水和剤	M1			○						○					○			○
チオノックフロアブル	チウラム水和剤	M3			○					○		○				○			○
オキシラン水和剤	キャプタン・有機銅水和剤	M4/M1										○				○			○
ダコニール1000	TPN 水和剤	M5						○								○			○
ベフラン液剤25	イミノクタジン酢酸塩液剤25	M7											○			○			
ベルクート水和剤	イミノクタジンアルベシル酸塩水和剤	M7	○	○				○	○							○			○
デランフロアブル	ジチアノン水和剤	M9			○	○			○							○			○
石灰硫黄合剤	石灰硫黄合剤	M2											○			○			○

●モモ苗木で登録

③袋かけ前（5月中下旬）

せん孔細菌病に対してマイコシールド、アグリマイシン-100またはバリダシン液剤5を散布するとともに、黒星病、灰星病の防除に重点をおいてQoI剤のストロビードライフロアブル、または混合剤のナリアWDGを散布する。また、シンクイムシ類、クワコナカイガラムシ若齢幼虫、アブラムシ類に対して有機リン系のダイアジノン水和剤34を散布する。

④袋かけ後（6月中旬～7月中旬）

黒星病、灰星病に対してベルクート水和剤を散布する。シンクイムシ類、モモハモグリガ、ハマキムシ類などチョウ目害虫の発生が増加した場合にはジアミド系のサムコルフロアブル10またはエクシレルSE、チャバネア

表3-51 モモの殺虫剤

商品名	一般名	IRAC コード	カメムシ類	アブラムシ類	カイガラムシ類	ハマキムシ類	モモハモグリガ	コスカシバ	シンクイムシ類	ケムシ類	ハダニ類	モモサビダニ	接触効果	食毒効果	浸透性	速効性	残効性
カネマイトフロアブル	アセキノシル水和剤	20B									○	○	○	○		○	○
モスピラン水溶剤/顆粒水溶剤（劇）	アセタミプリド水溶剤	4A	○	○	○		○	○	○				○	○	○	○	○
アドマイヤーフロアブル（劇）	イミダクロプリド水和剤	4A	○	○			○						○	○	○	○	○
バロックフロアブル	エトキサゾール水和剤	10B									○	○	○	○			○
ダントツ水溶剤	クロチアニジン水溶剤	4A	○	○			○						○	○	○	○	○
サムコルフロアブル10	クロラントラニリプロール水和剤	28				○	○		○					○	○		○
エクシレルSE	シアントラニリプロール水和剤	28				○	○		○					○	○		○
スターマイトフロアブル	シエノピラフェン水和剤	25A									○		○	○			○
スタークル/アルバリン顆粒水溶剤	ジノテフラン水溶剤	4A	○	○			○						○	○	○	○	○
ディアナWDG	スピネトラム水和剤	5				○	○		○					○	○	○	○
石灰硫黄合剤 *,**	石灰硫黄合剤	UN			○					○	○		○			○	
ダイアジノン水和剤34（劇）	ダイアジノン水和剤	1B		○				○					○	○		○	○
マイトコーネフロアブル	ビフェナゼート水和剤	20D									○	○	○	○		○	○
チェス顆粒水和剤	ピメトロジン水和剤	9B		○										○	○		○
コルト顆粒水和剤	ピリフルキナゾン水和剤	9B		○	○									○	○		○
フェニックスフロアブル	フルベンジアミド水和剤	28				○	○	○	○					○			○
ウララDF	フロニカミド水和剤	29		○										○	○		○
アディオン乳剤	ペルメトリン乳剤	3A	○	○		○			○				○	○		○	○
マシン油乳剤**/機械油乳剤など**	マシン油乳剤	－			○						○	○	○				
エスマルクDF***/デルフィン顆粒水和剤***	BT水和剤	11A				○								○			○
スプラサイド水和剤（劇）	DMTP水和剤	1B			○								○	○		○	
スミチオン乳剤	MEP乳剤	1B	○	○		○	○		○				○	○		○	

＊果樹類で登録、＊＊落葉果樹で登録、＊＊＊生物農薬、果樹類で登録

オカメムシやツヤアオカメムシなどカメムシ類の発生が見られたら、ピレスロイド系のアディオン乳剤またはネオニコチノイド系のアドマイヤーフロアブルを散布する。ナミハダニやカンザワハダニ、ミカンハダニなどハダニ類、モモサビダニに対してはマイトコーネフロアブルまたはバロックフロアブルなどを用いる。

⑤収穫後（8月下旬〜10月）

せん孔細菌病が多発した園では9月中旬〜10月上旬に2週間間隔でICボルドー412を散布する。9月中旬に散布する場合はモモハモグリガを対象として有機リン系のスミチオン乳剤を加用することもできる。

表3-52 モモの防除暦

散布時期	対象病害虫	商品名	一般名	FRAC/IRACコード	希釈倍数	使用時期	備考
12～2月上旬（発芽前）	縮葉病、黒星病、胴枯病	石灰硫黄合剤	石灰硫黄合剤	M2	7倍	発芽前	かけむらのないように丁寧に散布する。厳寒期の散布は避ける
3月中下旬	せん孔細菌病、縮葉病	ICボルドー412	銅水和剤	M1	30倍	－	せん孔細菌病が増加傾向にある。昨年多かった園ではICボルドー412（30倍）を散布する。開花後の散布は薬害が出るので散布しない
	コスカシバ	フェニックスフロアブル	フルベンジアミド水和剤	28	200～500倍	開花期まで/1回	樹冠および主枝に散布する
4月中旬（落花後）	せん孔細菌病、縮葉病、灰星病	チオノックフロアブル	チウラム水和剤	M3	500倍	7日前まで/5回	
	せん孔細菌病	アグリマイシン100	オキシテトラサイクリン・ストレプトマイシン水和剤	41/25	1500倍	60日前まで/2回	アグリマイシン100は収穫前日数（60日前まで）に注意する
	シンクイムシ類、モモハモグリガ、アブラムシ類	モスピラン顆粒水溶剤	アセタミプリド水溶剤	4A	2000～4000倍	前日まで/3回	
4月下旬	ハマキムシ類、シンクイムシ類、モモシンクイガ	コンフューザーMM	オリフルア・トートリルア・ピーチフルア・ピリマルア剤	－	100～120本/10a	成虫発生初期～終期	毎年発生が多い園ではフェロモンディスペンサーを枝に巻き付け、または挟み込み設置する
5月上旬（幼果期）	せん孔細菌病	スターナ水和剤	オキソリニック酸水和剤	31	1000倍	7日前まで/3回	
	黒星病	アンビルフロアブル	ヘキサコナゾール水和剤	3	1000倍	前日まで/3回以内	黒星病の防除は降雨後が効果的である
5月中下旬（袋かけ前）	せん孔細菌病	マイコシールド（バリダシン液剤5）	オキシテトラサイクリン水和剤（バリダマイシン液剤）	41（U18）	1500～3000倍（500倍）	21日前まで/5回（7日前まで/4回）	
	黒星病、灰星病	ストロビードライフロアブル	クレソキシムメチル水和剤	11	2000倍	前日まで/3回	
	シンクイムシ類、クワコナカイガラムシ若齢幼虫、アブラムシ類	ダイアジノン水和剤34	ダイアジノン水和剤34	1B	1000～1500倍	前日まで/4回	シンクイムシ類、カイガラムシ類幼虫の発生初期に散布する
6月中旬（袋かけ後）	黒星病、灰星病	ベルクート水和剤	イミノクタジンアルベシル酸塩水和剤	M7	2000倍	前日まで/3回	
	シンクイムシ類、モモハモグリガ、ハマキムシ類	サルコムフロアブル10	クロラントラニリプロール水和剤	28	5000倍	前日まで/2回	クワシロカイガラムシの発生が多い場合はスプラサイド水和剤（1500倍/21日前まで/2回）を追加散布する
7月中旬	シンクイムシ類、モモハモグリガ、カメムシ類	アディオン乳剤	ペルメトリン乳剤	3A	2000～3000倍	7日前まで/6回	
	ハダニ類、モモサビダニ	マイトコーネフロアブル	ビフェナゼート水和剤	20D	1000倍	前日まで/1回	
8月下旬（収穫後）	モモハモグリガ	スミチオン乳剤	MEP乳剤	1B	1000～2000倍	3日前まで/6回	5～6月には落葉のおそれがあるため使用しない
9～10月	せん孔細菌病	ICボルドー412	銅水和剤	M1	30倍	－	せん孔細菌病の多発園では9～10月に2回ICボルドー412（30倍）を散布する。なお、9月中旬にスミチオン乳剤を加用してもよい

果樹

d. リンゴ

リンゴの病害虫防除に使用される殺菌剤を表3-53、殺虫剤を表3-54に示した。また、リンゴの防除暦を表3-55に示した。

①休眠期（12月上旬～2月下旬）

腐らん病、いぼ皮病の発生園では、病患部を丁寧に削り、処理後にトップジンMオイルペースト、ベフラン塗布剤3、パッチレートなどを塗布する。

表3-53 リンゴの殺菌剤

商品名	農薬名	FRACコード	うどんこ病	すす点病	すす斑病	モニリア病	モニリア病（実腐れ）	灰色かび病	褐斑病	黒星病	黒点病	紫紋羽病	赤衣病	赤星病	炭疽病	白紋羽病（苗木含む）	斑点落葉病	腐らん病	輪紋病	予防効果	治療効果	浸透性	残効性
トップジンMペースト	チオファネートメチルペースト剤	1																○	○	○	○	○	○
トップジンM水和剤	チオファネートメチル水和剤	1	○	○	○	○			○	○	○							○		○	○	○	○
ベンレート水和剤	ベノミル水和剤	1	○	○	○	○			○	○	○							○		○	○	○	○
ラビライト水和剤	チオファネートメチル・マンネブ水和剤	1/M3	○	○	○				○	○	○			○			○		○	○	○	○	○
マネージ水和剤	イミベンコナゾール水和剤	3	○	○	○					○			○				○			○	○	○	○
オーシャイン水和剤	オキスポコナゾールフマル酸塩水和剤	3	○	○	○					○			○				○			○	○	○	○
スコア顆粒水和剤	ジフェノコナゾール水和剤	3	○			○				○							○			○	○	○	○
オンリーワンフロアブル	テブコナゾール水和剤	3	○	○	○		○			○							○			○	○	○	○
インダーフロアブル	フェンブコナゾール水和剤	3	○							○							○			○	○	○	○
アンビルフロアブル	ヘキサコナゾール水和剤	3	○							○							○			○	○	○	○
ラリー水和剤	ミクロブタニル水和剤	3	○							○							○			○	○	○	○
オルフィンプラスフロアブル	テブコナゾール・フルオピラム水和剤	3/7	○			○	○		○	○	○						○			○	○	○	○
マネージM水和剤	イミベンコナゾール・マンゼブ水和剤	3/M3	○	○	○					○							○			○	○	○	○
アスパイア水和剤	フェンブコナゾール・マンゼブ水和剤	3/M3	○							○							○			○	○	○	○
ブローダ水和剤	マンゼブ・ミクロブタニル水和剤	M3/3	○			○				○							○			○	○	○	○
フジワン粒剤	イソプロチオラン粒剤	6														○			○	○			
ネクスターフロアブル	イソピラザム水和剤	7	○		○				○	○			○				○			○	○	○	○
オルフィンフロアブル	フルオピラム水和剤	7																		○	○	○	○
アフェットフロアブル	ペンチオピラド水和剤	7	○							○										○	○	○	○
フルーツセイバー	ペンチオピラド水和剤	7	○							○										○	○	○	○
フルピカフロアブル	メパニピリム水和剤	9	○							○										○	○	○	○
ストロビードライフロアブル	クレソキシムメチル水和剤	11	○							○							○			○	○	○	○
ファンタジスタ顆粒水和剤	ピリベンカルブ水和剤	11	○		○					○							○		○	○	○	○	○
スクレアフロアブル	マンデストロビン水和剤	11	○			○				○										○	○	○	○
フルーツメイト水和剤	トリフロキシストロビン・ホセチル水和剤	11/33		○	○					○										○	○	○	○
ナリアWDG	ピラクロストロビン・ボスカリド水和剤			○	○					○							○			○	○	○	○
ポリオキシンAL水和剤	ポリオキシン水和剤	19						○				○								○	○		○
ポリベリン水和剤	イミノクタジン酢酸塩・ポリオキシン水和剤	M7/19	○			○				○							○			○	○		○
フロンサイドSC	フルアジナム水和剤	29		○	○	○			○	○	○					○	○			○	○		○
アリエッティC水和剤	キャプタン・ホセチル水和剤	M4/33		○	○					○					○					○	○	○	○
プロパティフロアブル	ピリオフェノン水和剤	U8	○																	○	○	○	○
ICボルドー412	銅水和剤	M1				○				○										○			○
石灰硫黄合剤	石灰硫黄合剤	M2	○							○								○		○			○
チオノックフロアブル	チウラム水和剤	M3		○	○				○	○	○			○			○			○			○
アントラコール顆粒水和剤	プロピネブ水和剤	M3		○	○				○	○	○						○			○			○
ジマンダイセン水和剤	マンゼブ水和剤	M3		○	○				○	○	○			○			○			○			○
オーソサイド水和剤80	キャプタン水和剤	M4		○	○					○							○			○			○
オキシラン水和剤	キャプタン・有機銅水和剤	M4/M1		○	○					○							○			○			○
パスポート顆粒水和剤	TPN水和剤	M5		○	○					○							○			○			○
ベルクートフロアブル	イミノクタジンアルベシル酸塩水和剤	M7	○	○						○							○			○	○		○
ベフラン液剤25（劇）	イミノクタジン酢酸塩液剤	M7		○	○					○	○						○			○	○		○
デランフロアブル（劇）	ジチアノン水和剤	M9			○					○							○			○			○
ストライド顆粒水和剤	フルオルイミド水和剤	M11		○	○				○	○							○			○	○		○

表3-54 リンゴの殺虫剤

商品名	一般名	IRACコード	カメムシ類	アブラムシ類	カイガラムシ類	コナカイガラムシ類	ハマキムシ類	ギンモンハモグリガ	キンモンホソガ	シンクイムシ類	ケムシ類	ハダニ類	接触効果	食毒効果	浸透性	速効性	残効性
アーデントフロアブル	アクリナトリン水和剤	3A	○	○					○	○		○	○	○		○	○
モスピラン水溶剤／顆粒水溶剤（劇）	アセタミプリド水溶剤	4A	○	○			○		○	○			○	○	○		○
オリオン水和剤40（劇）	アラニカルブ水和剤	1A		○		○	○		○	○			○	○		○	
ダントツ水溶剤	クロチアニジン水溶剤	4A	○	○		○	○						○	○	○		○
サムコルフロアブル10	クロラントラニリプロール水和剤	28					○			○			○	○			○
ダーズバンDF（劇）	クロルピリホス水和剤	1B					○			○			○	○		○	
エクシレルSE	シアントラニリプロール水和剤	28					○			○			○	○			○
スターマイトフロアブル	シエノピラフェン水和剤	25A										○	○	○			○
スタークル／アルバリン顆粒水溶剤	ジノテフラン水溶剤	4A	○	○		○	○		○	○			○	○	○		○
ディアナWDG	スピネトラム水和剤	5					○			○			○	○	○		○
石灰硫黄合剤 *,**	石灰硫黄合剤	UN			○							○	○			○	
ダイアジノン水和剤34（劇）	ダイアジノン水和剤	1B					○			○			○	○		○	
バリアード顆粒水和剤	チアクロプリド水和剤	4A		○			○		○	○			○	○	○		○
アクタラ顆粒水溶剤	チアメトキサム水溶剤	4A		○									○	○	○		○
ダニコングフロアブル	ピフルブミド水和剤	25B										○	○	○			○
コルト顆粒水和剤	ピリフルキナゾン水和剤	9B		○	○								○	○	○	○	
フェニックスフロアブル	フルベンジアミド水和剤	28					○			○			○	○			○
ウララDF	フロニカミド水和剤	29		○											○		○
アディオン水和剤	ペルメトリン水和剤	3A	○				○		○	○			○	○		○	○
トモノールS／スプレーオイルなど	マシン油乳剤	−			○							○	○			○	
コロマイト乳剤	ミルベメクチン乳剤	6							○			○	○	○			○
エスマルクDF***／デルフィン顆粒水和剤***	BT水和剤	11A					○				○			○			
スプラサイド水和剤（劇）	DMTP水和剤	1B	○	○	○		○						○	○		○	
スミチオン水和剤40	MEP水和剤	1B	○	○			○						○	○		○	

＊果樹類で登録、＊＊落葉果樹で登録、＊＊＊生物農薬

うどんこ病の罹病枝、斑点落葉病や黒星病などが発生した落葉は集めて園外へ持ち出す。発芽前には石灰硫黄合剤またはベフラン液剤25を散布する。

輪紋病によるいぼ皮症状は冬季に削り取り、石灰硫黄合剤を塗布する。白紋羽病および紫紋羽病は罹病患部を掘り出して除去するとともに、罹病樹周辺にフロンサイドSCを土壌灌注する。

カイガラムシ類やハダニ類の発生園ではマシン油97％乳剤（トモノールS、スプレーオイルなど）を発芽前までに散布する。

②**展葉初期（4月上旬）**

腐らん病、モニリア病に対してベフラン液剤25またはインダーフロアブルを1週間間隔で散布する。

実腐れ、葉腐れが多い場合には、トップジンM水和剤、アンビルフロアブルを用いる。

黒星病は5月下旬までが重要な防除時期であるため、展葉初期から天候状況も見ながら、フルーツセイバー（アフェットフロアブル）、アンビルフロアブル、ラリー水和剤などを散布する。黒星病、モニリア病には、オルフィンフロアブル、ストライド顆粒水和剤も効果的である。赤星病、モニリア病、斑点落葉病には、ジマンダイセン水和剤、ベフラン液剤25などが有効である。

ハマキムシ類、シンクイムシ類、ケムシ類などが発生し始めるので有機リン系のダーズバンDFなどを散布する。

③**開花直前（4月下旬）**

赤星病、黒星病に対してインダーフロアブ

表3-55 リンゴの防除暦

散布時期	対象病害虫	商品名	一般名	FRAC/IRACコード	希釈倍数	使用時期	備考
12月上旬～2月下旬（休眠期）	腐らん病、黒星病、輪紋病	石灰硫黄合剤	石灰硫黄合剤	M2	10倍	休眠期／−	輪紋病対策として枝についたイボ皮を丁寧に削り取って塗布剤を塗布する
	カイガラムシ類、ハダニ類	トモノールS、スプレーオイルなど	マシン油97％乳剤	−	25～50倍	発芽前／−	マシン油は石灰硫黄合剤とは混用しない。石灰硫黄合剤の散布後1週間以上あける
4月上旬（展葉初期）	黒星病	ベフラン液剤25	イミノクタジン酢酸塩液剤	M7	1500倍	前日まで／3回	
	ハマキムシ類、シンクイムシ類、ケムシ類、クワコナカイガラムシ	ダーズバンDF	クロルピリホス水和剤	1B	3000倍	45日前まで／1回	
4月下旬（開花直前）	黒星病、うどんこ病	インダーフロアブル	フェンブコナゾール水和剤	3	5000～12000倍	14日前まで／3回	開花直前～落花20日後頃は黒星病の重点防除時期にあたるので散布間隔があかないように注意し薬剤を散布する。トリフミン水和剤2000～3000倍（前日まで／3回）を散布してもよい
	シンクイムシ類、ハマキムシ類、キンモンホソガ、ギンモンハモグリガ、ケムシ類	サルコムフロアブル10	クロラントラニリプロール水和剤	28	2500～5000倍	前日まで／3回	
5月上中旬（落花直後）	黒星病、斑点落葉病、うどんこ病、灰色かび病、褐斑病、赤星病	オンリーワンフロアブル	テブコナゾール水和剤	3	2000倍	7日前まで／3回	落花直後から黒星病の重要な防除時期で、遅れないように散布する。花腐に注意する。開花期から落花15日までは展着剤を使用しない。黒星病、うどんこ病の多発が予測される場合にはフルーツセイバー1500～3000倍（収穫前日まで／3回）を散布する
	アブラムシ類、ギンモンハモグリガ、キンモンホソガ、コナカイガラムシ類、シンクイムシ類、カメムシ類	バリアード顆粒水和剤	チアクロプリド水和剤	4A	2000～4000倍	前日まで／3回	開花期から落花15日までは展着剤を使用しない
		クレフノン	炭酸カルシウム水和剤	−	80～100倍	−	
5月下旬（落花10～20日後）	黒星病、黒点病、斑点落葉病、褐斑病、炭疽病、輪紋病、すす点病、すす斑病	アントラコール顆粒水和剤	プロピネブ水和剤	M3	500倍	45日前まで／4回	花腐に注意する。開花期から落花15日までは展着剤を使用しない
		クレフノン	炭酸カルシウム水和剤	−	80～100倍	−	
	シンクイムシ類、ハマキムシ類	コンフューザーR	オリフルア・トートリルア・ピーチフルア剤	−	100～120本/10a	成虫発生初期～終期	毎年発生が多い園ではフェロモンディスペンサーを枝に巻き付け、または挟み込み設置する
6月上旬（落花30日後）	斑点落葉病、黒星病、黒点病、褐斑病、炭疽病、輪紋病、モニリア病	デランフロアブル	ジチアノン水和剤	M9	1000～2000倍	60日前まで／3回	斑点落葉病が多発傾向の場合には、ポリキャプタン水和剤1000倍（14日前まで／3回）を散布する
	アブラムシ類、カイガラムシ類、カメムシ類、ギンモンハモグリガ、キンモンホソガ、シンクイムシ類、ケムシ類	モスピラン顆粒水溶剤	アセタミプリド水溶剤	4A	2000～4000倍	前日まで／3回	
		クレフノン	炭酸カルシウム水和剤	−	80～100倍	−	
6月中旬（果実肥大初期）	斑点落葉病、炭疽病、褐斑病、輪紋病、黒星病、黒点病、すす点病、すす斑病	パスポートフロアブル	TPN水和剤	M5	1000～1500倍	45日前まで／3回	腐らん病対策として摘果痕からの感染を防止するため、摘果後（6月中旬頃）にトップジンM水和剤1,500倍（前日まで、6回以内）またはベンレート水和剤2,000倍（前日まで、4回以内）を枝幹部にも十分かかるよう散布する
	シンクイムシ類、カイガラムシ類、アブラムシ類、ハマキムシ類、キンモンハモグリガ、カメムシ類	スプラサイド水和剤	DMTP水和剤	1B	1500～2000倍	30日前まで／2回	
6月下旬	斑点落葉病、輪紋病、褐斑病、炭疽病、すす斑病、すす点病、黒星病、黒点病	オキシラン水和剤	キャプタン・有機銅水和剤	3/M1	500～600倍	14日前まで／4回	斑点落葉病の多発園ではロブドー水和剤600～800倍（14日前まで／4回）を散布する。降雨の多い場合にはICEボルドー412の33倍液を散布してもよい
	アブラムシ類、シンクイムシ類、キンモンホソガ、ギンモンハモグリガ、ハマキムシ類、ケムシ類、カイガラムシ類	オリオン水和剤40	アラニカルブ水和剤	1A	1000倍	前日まで／2回	
7月上旬（果実肥大中期）	斑点落葉病、輪紋病、褐斑病、すす斑病、黒星病、黒点病	オキシラン水和剤	キャプタン・有機銅水和剤	3/M1	500～600倍	14日前まで／4回	褐斑病の発生が多い場合にはトップジンM水和剤1500～2000倍（前日まで／6回）を散布してもよい
	ハダニ類	スターマイトフロアブル	シエノピラフェン水和剤	25A	2000倍	前日まで／1回	ゴマダラカミキリの多発園では株元にガットサイドS1～1.5倍（30日前まで／3回）を散布する
7月中下旬	斑点落葉病、輪紋病、褐斑病、炭疽病、すす斑病、黒星病、黒点病	ナリアWDG	ピラクロストロビン・ボスカリド水和剤	11/7	2000倍	前日まで／3回	
		フリントフロアブル25	トリフロキシストロビン水和剤	11	1500～3000倍	前日まで／4回	
	ハマキムシ類、シンクイムシ類、キンモンホソガ、ギンモンハモグリガ、ケムシ類	ディアナWDG	スピネトラム水和剤	5	5000～10000倍	前日まで／2回	
8月上中旬（果実成熟期）	斑点落葉病、輪紋病、褐斑病、すす斑病、すす点病、黒星病	ベフラン液剤25	イミノクタジン酢酸塩液剤	M7	1500～2000倍	前日まで／6回（開花期以降は3回）	
	シンクイムシ類、キンモンホソガ、ギンモンハモグリガ、アブラムシ類、カメムシ類、コナカイガラムシ類	ダントツ水溶剤	クロチアニジン水溶剤	4A	2000～4000倍	前日まで／3回	
	ハダニ類、リンゴサビダニ、キンモンホソガ	コロマイト乳剤	ミルベメクチン乳剤	6	1000倍	前日まで／1回	
8月下旬	斑点落葉病、すす点病、すす斑病、黒星病、黒点病、褐斑病、炭疽病、輪紋病	ストロビードライフロアブル	クレソキシムメチル水和剤	11	1500～3000倍	前日まで／3回	
	シンクイムシ類、キンモンホソガ、アブラムシ類、カメムシ類、ハダニ類	アーデントフロアブル	アクリナトリン水和剤	3A	2000倍	前日まで／3回	
9月中旬（収穫後）	斑点落葉病、すす点病、すす斑病、黒点病、褐斑病、輪紋病	オーソサイド水和剤80	キャプタン水和剤	M4	600～800倍	14日前まで／6回	
	モモシンクイガ、ハマキムシ類、ギンモンハモグリガ、アブラムシ類、カメムシ類、クワコナカイガラムシ	スミチオン水和剤40	MEP水和剤	1B	800～1200倍	30日前まで／3回	

ル、ジマンダイセン水和剤、チオノックフロアブルなどを散布する。発生が多い場合には、フルーツセイバー（アフェットフロアブル）、アスパイア水和剤、アンビルフロアブル、ルビゲン水和剤、ラリー水和剤、スコア顆粒水和剤などの防除効果が高い。黒星病についてはオルフィンフロアブルも効果が高い。シンクイムシ類やハマキムシ類などチョウ目害虫の発生が続くので、ジアミド系のサムコルフロアブル10、エクシレルSE、フェニックスフロアブルなどを散布する。

④落花直後（5月上中旬）

赤星病、黒星病、斑点落葉病に対してオンリーワンフロアブル、オーシャイン水和剤／フロアブル、アンビルフロアブル、ブローダ水和剤などのエルゴステロール阻害剤が有効である。耐性菌が発生して効果が低い場合は、フルーツセイバーなどSDHI剤、ジマンダイセン水和剤などを用いる。

アブラムシ類、コナカイガラムシ類、カメムシ類などの発生が多くなるので、ネオニコチノイド系のバリアード顆粒水和剤またはスタークル／アルバリン顆粒水溶剤などを散布する。

⑤落花10〜20日後（5月下旬）

赤星病、黒星病、斑点落葉病に対してアントラコール顆粒水和剤、チオノックフロアブル、ジマンダイセン水和剤（ペンコゼブ水和剤）、ブローダ水和剤、フルーツセイバーなどを散布する。毎年、シンクイムシ類、ハマキムシ類の発生が多い園では性フェロモン剤（表3-30参照）のコンフューザーRを設置する。

⑥落花30日後（6月上旬）

赤星病、斑点落葉病に対してデランフロアブル、ジマンダイセン水和剤、チオノックフロアブル、ブローダ水和剤、フルーツセイバー、アンビルフロアブルなどを散布する。斑点落葉病の多い園では、アリエッティC水和剤、ストライド顆粒水和剤、ポリオキシンAL水和剤などが有効である。また、腐らん病の防除を兼ねる場合にはトップジンM水和剤、ナリアWDGなどを用いる。ギンモンハモグリガ、キンモンホソガなどの発生が多くなるので、ネオニコチノイド系のモスピラン顆粒水溶剤またはアクタラ顆粒水溶剤などを散布する。

⑦果実肥大初期（6月中下旬）

黒星病、斑点落葉病の発生は減少してくるが、輪紋病、すす点病、褐斑病、炭疽病の対策が必要な時期で、パスポートフロアブル、オキシラン水和剤とフリントフロアブル25、ファンタジスタ顆粒水和剤、フルーツメイト水和剤を交互に散布する。アブラムシ類、キンモンホソガ、ギンモンハモグリガ、ハマキムシ類、カイガラムシ類などの発生が続く場合は有機リン系のスプラサイド水和剤、カーバメート系のオリオン水和剤40などを散布する。

⑧果実肥大中期（7月）

斑点落葉病、輪紋病、炭疽病、褐斑病、すす点病、すす斑病に対してナリアWDG、フリントフロアブル25、ファンタジスタ顆粒水和剤、フルーツメイト水和剤とオーソサイド水和剤80、ベフラン液剤25を交互に散布する。ハマキムシ類、シンクイムシ類、キンモンホソガ、ギンモンハモグリガなどチョウ目害虫が多発する時期なので、スピノシン系のディアナWDGなど、リンゴハダニやナシハダニなどハダニ類が発生する場合はスターマイトフロアブル、ダニコングフロアブルなど殺ダニ剤を散布する。

⑨果実成熟期（8月）

晩成種については、斑点落葉病、すす点病、すす斑病に対してストロビーフロアブル、フルーツメイト水和剤、ベフラン液剤25などを散布する。シンクイムシ類、キンモンホソガ、ギンモンハモグリガ、カメムシ類などに対してネオニコチノイド系のダントツ水溶剤、ピレスロイド系のアーデントフロアブル

またはアディオン水和剤など、ハダニ類やリンゴサビダニが発生する場合はミルベマイシン系のコロマイト乳剤を散布する。

⑩収穫後（9月中旬）

斑点落葉病、すす点病、すす斑病、黒星病、黒点病、褐斑病、炭疽病、輪紋病などに対してオーソサイド水和剤80を散布する。腐らん病の発生園では病患部を削り取り、罹病枝を切除後にトップジンペーストなどを塗布し、白紋羽、紫紋羽病の発生園では被害根を切除してフロンサイドSCを土壌灌注する。ハマキムシ類、ギンモンハモグリガ、クワコナカイガラムシの発生が多かった園では有機リン系のスミチオン水和剤40を散布する。

果樹

e. カキ

カキの病害虫防除に使用される殺菌剤を表3-56、殺虫剤を表3-57に示した。また、カキの防除暦を表3-58に示した。

①休眠期（12～2月）

粗皮削りによりヒメコスカシバ、カイガラムシ類、ハダニ類など越冬害虫の密度を低下させる。また、落葉病やうどんこ病による落

表3-56　カキの殺菌剤

商品名	一般名	FRACコード	うどんこ病	すす点病	灰色かび病	疑似炭疽病	黒星病	黒星落葉病	黒点病	炭疽病	落葉病	予防効果	治療効果	浸透移行性	残効性
トップジンM水和剤	チオファネートメチル水和剤	1	○	○			○			○	○	○	○	○	○
ベンレート水和剤	ベノミル水和剤	1	○	○	○					○		○	○	○	○
ホーマイコート	チウラム・チオファネートメチル水和剤	M3/1	○							○		○	○	○	○
ゲッター水和剤	ジエトフェンカルブ・チオファネートメチル水和剤	10/1			○					○	○	○	○	○	○
スコア顆粒水和剤	ジフェノコナゾール水和剤	3	○							○		○	○	○	○
オンリーワンフロアブル	デブコナゾール水和剤	3	○							○		○	○	○	○
トリフミン水和剤	トリフルミゾール水和剤	3	○					○				○	○	○	○
ルビゲン水和剤	フェナリモル水和剤	3	○									○	○	○	○
インダーフロアブル	フェンブコナゾール水和剤	3	○									○	○	○	○
アンビルフロアブル	ヘキサコナゾール水和剤	3	○									○	○	○	○
ラリー水和剤	ミクロブタニル水和剤	3	○									○	○	○	○
テーク水和剤	シメコナゾール・マンゼブ水和剤	3/M3	○							○		○	○	○	○
ネクスターフロアブル	イソピラザム水和剤	7	○									○	○	○	○
フルーツセイバー	ベンチオピラド水和剤	7	○	○								○	○	○	○
フルピカフロアブル	メパニピリム水和剤	9	○									○	○	○	○
アミスター10フロアブル	アゾキシストロビン水和剤	11	○				○			○		○	○	○	○
ストロビードライフロアブル	クレソキシムメチル水和剤	11	○							○		○	○	○	○
フリントフロアブル25	トリフロキシストロビン水和剤	11	○							○		○	○	○	○
スクレアフロアブル	マンデストロビン水和剤	11	○									○	○	○	○
ナリアWDG	ピラクロストロビン・ボスカリド水和剤	11/7	○									○	○	○	○
ポリベリン水和剤	イミノクタジン酢酸塩・ポリオキシン水和剤	M7/19	○	○						○		○	○		○
フロンサイドSC	フルアジナム水和剤	29		○		○		○				○			○
パンチョ顆粒水和剤	シフルフェナミド水和剤	U6	○									○	○		○
ビオネクト	脂肪酸グリセリド・有機銅水和剤	M1	○	○						○		○			○
オキシンドー水和剤80	有機銅水和剤（オキシンドー水和剤80）	M1	○							○		○			○
キノンドーフロアブル	有機銅水和剤（キノンドーフロアブル）	M1	○							○		○			○
シトラーノフロアブル	有機銅・TPN水和剤	M1/M5	○							○		○			○
イオウフロアブル	水和硫黄剤	M2	○									○			○
石灰硫黄合剤	石灰硫黄合剤	M2	○			○						○			○
チオノックフロアブル	チウラム水和剤	M3								○		○			○
ジマンダイセン水和剤	マンゼブ水和剤	M3						○		○		○			○
オーソサイド水和剤80	キャプタン水和剤	M4		○								○			○
ベルクート水和剤	イミノクタジンアルベシル酸塩水和剤	M7	○							○		○	○		○
デランフロアブル（劇）	ジチアノン水和剤	M9	○							○		○	○		○

表3-57 カキの殺虫剤

商品名	一般名	IRACコード	アザミウマ類	チャノキイロアザミウマ	カメムシ類	カイガラムシ類	コナカイガラムシ類	ハマキムシ類	カキノヘタムシガ	イラガ類	ケムシ類	ハダニ類	接触効果	食毒効果	浸透性	速効性	残効性
アーデントフロアブル	アクリナトリン水和剤	3A		○	○				○			○	○	○		○	○
モスピラン水溶剤/顆粒水溶剤（劇）	アセタミプリド水溶剤	4A	○		○	○			○				○	○	○		○
アドマイヤー顆粒水和剤（劇）	イミダクロプリド水和剤	4A	○		○		○						○	○	○		○
パダン SG 水溶剤（劇）	カルタップ水溶剤	14		○				○	○				○	○	○		○
ダントツ水溶剤	クロチアニジン水溶剤	4A	○		○								○	○	○		○
サムコルフロアブル 10	クロラントラニリプロール水和剤	28						○	○					○	○		○
スターマイトフロアブル	シエノピラフェン水和剤	25A										○	○				○
スタークル/アルバリン顆粒水溶剤	ジノテフラン水溶剤	4A	○		○								○	○	○		○
ディアナ WDG	スピネトラム水和剤	5	○					○	○	○				○	○		○
石灰硫黄合剤 *,**	石灰硫黄合剤	UN				○						○	○				
アクタラ顆粒水溶剤	チアメトキサム水溶剤	4A	○		○								○	○	○		○
マイトコーネフロアブル	ビフェナゼート水和剤	20D										○	○				○
コルト顆粒水和剤	ピリフルキナゾン水和剤	9B		○		○								○	○		○
フェニックスフロアブル	フルベンジアミド水和剤	28						○	○	○	○			○	○		○
アディオン乳剤	ペルメトリン乳剤	3A		○	○								○	○		○	○
マシン油乳剤**/機械油乳剤など**	マシン油乳剤	−				○						○	○				
エスマルク DF***/デルフィン顆粒水和剤***	BT 水和剤	11A						○			○			○			
スプラサイド水和剤（劇）	DMTP 水和剤	1B		○	○	○							○	○		○	
スミチオン乳剤	MEP 乳剤	1B		○				○	○	○			○	○		○	

＊果樹類で登録、＊＊落葉果樹で登録、＊＊＊生物農薬、果樹類で登録

葉は園外へ持ち出し処分する。

②発芽前（3月上中旬）

発芽前にカイガラムシ類、ハダニ類に対して石灰硫黄合剤を散布する。うどんこ病、黒点病、炭疽病の発生が多い園でも石灰硫黄合剤を用いると発生が軽減される。

③展葉初期（4月中旬）

炭疽病の発生する園では予防としてデランフロアブルを散布する。

④開花前（5月上中旬）

5月上旬には炭疽病、うどんこ病の予防としてデランフロアブルを散布する。うどんこ病の発生が多い園ではこの時期の薬剤散布が有効で、ナリア WDG またはトリフミン水和剤を用いてもよい。5月中旬には落葉病、炭そ病の予防としてジマンダイセン水和剤を散布する。

カキクダアザミウマが発生する地域では5月上中旬にネオニコチノイド系のモスピラン顆粒水溶剤またはアドマイヤー顆粒水和剤で対応する。ヒメコスカシバの発生が毎年多い園では性フェロモン剤（表3-30参照）のスカシバコンLを5月上旬に設置する。

⑤幼果期（6月上旬）

この時期には炭疽病、落葉病、灰色かび病、うどんこ病の発生が増加するので、オンリーワンフロアブル、ストロビードライフロアブルなどを散布する。うどんこ病ではトリフミン水和剤、アフェットフロアブル、フルピカフロアブルなども利用できる。カキノヘタムシガの第1回幼虫、チャノキイロアザミウマの発生が始まるので、ネライストキシン類縁体のパダン SG 水溶剤などを散布する。

⑥幼果期（6月中下旬）

炭疽病および落葉病の防除にベルクート水和剤を散布する。フジコナカイガラムシなど

表3-58 カキの防除暦

散布時期	対象病害虫	商品名	一般名	FRAC/IRACコード	希釈倍数	使用時期	備考
3月上中旬(発芽前)	カイガラムシ類、ハダニ類	石灰硫黄合剤	石灰硫黄合剤	—	7～10倍	発芽前/—	カイガラムシ類、ハダニ類、サビダニ類に対してマシン油95%乳剤(16～24倍)を散布してもよい。うどんこ病、黒点病、炭疽病の多い圃場についても、発芽直前に石灰硫黄合剤を散布する
4月中旬(展葉初期)	炭疽病、うどんこ病、落葉病	デランフロアブル	ジチアノン水和剤	M9	2000倍	90日前まで/5回	炭疽病発生の多い場合に散布する
5月上旬	炭疽病、うどんこ病、落葉病	デランフロアブル	ジチアノン水和剤	M9	2000倍	90日前まで/5回	
	カキクダアザミウマ	モスピラン顆粒水溶剤	アセタミプリド水溶剤	4A	2000～4000倍	前日まで/3回	発生が認められる場合に散布する
	ヒメコスカシバ	スカシバコンL	シナンセルア剤	—	40～100本/10a	成虫発生初期～終期	毎年発生が多い園ではフェロモンディスペンサーを枝に巻き付けて設置する
5月中旬(開花前)	落葉病、炭疽病、黒点病、	ジマンダイセン水和剤	マンゼブ水和剤	M3	400倍	45日前まで/2回	
6月上旬(幼果期)	炭疽病、落葉病、灰色かび病	オンリーワンフロアブル	テブコナゾール水和剤	3	2000倍	前日まで/3回	うどんこ病多発の場合はトリフミン水和剤2000倍(前日まで/3回)も有効である
	カキノヘタムシガ、チャノキイロアザミウマ	パダンSG水溶剤	カルタップ水溶剤	14	1500倍	45日前まで/4回	
6月中下旬	炭疽病、落葉病、灰色かび病、うどんこ病	ベルクート水和剤	イミノクタジンアルベシル酸塩水和剤	M7	1000～1500倍	14日前まで/3回	
	カイガラムシ類	スプラサイド水和剤	DMTP水和剤	1B	1500倍	30日前まで/3回	カキノヘタムシガが多発する場合はアディオン乳剤2000～3000倍(7日前まで/5回)を散布する
7月中旬(果実肥大期)	炭疽病、落葉病	トップジンM水和剤	チオファネートメチル水和剤	1	1000～1500倍	前日まで/6回	
	カメムシ類、コナカイガラムシ類、チャノキイロアザミウマ	スタークル/アルバリン顆粒水溶剤	ジノテフラン水溶剤	4A	2000倍	前日まで/3回	
7月下旬～8月上旬	カキノヘタムシガ、イラガ類、ケムシ類	フェニックスフロアブル	フルベンジアミド水和剤	28	4000倍	7日前まで/2回	カメムシ類の発生が多い場合はアディオン乳剤2000～3000倍(7日前まで/5回)、アドマイヤー顆粒水和剤5000～10000倍(7日前まで/3回)などを散布する
8月中下旬	炭疽病、落葉病	ストロビードライフロアブル(オーソサイド水和剤80)	クレソキシムメチル水和剤(キャプタン水和剤)	11	3000倍(1000倍)	14日前まで/3回(7日前まで/5回)	
9月上中旬(果実着色期)	落葉病、うどんこ病、炭疽病	スコア顆粒水和剤(ベルクート水和剤)	ジフェノコナゾール水和剤(イミノクタジンアルベシル酸塩水和剤)	3(M7)	3000倍(1000～1500倍)	前日まで/3回(14日前まで/3回)	
12月～2月(休眠期)	枝幹害虫、カイガラムシ類、ハダニ類、落葉病、うどんこ病						粗皮削りを行ない越冬害虫の密度を低下させる。罹病葉や落ち葉を園外へ持ち出し処分する

カイガラムシ類に対して有機リン系のスプラサイド水和剤またはピリジン・アゾメチン誘導体のコルト顆粒水和剤など、カキノヘタムシガが多発する場合はピレスロイド系のアディオン乳剤またはアーデントフロアブルなどを散布する。

⑦果実肥大期(7月中旬)

炭疽病、落葉病に対してトップジンM水和剤、ジマンダイセン水和剤など、カメムシ類、コナカイガラムシ類、チャノキイロアザミウマに対してネオニコチノイド系のスタークル/アルバリン顆粒水溶剤またはダントツ水溶剤などを散布する。

⑧ **果実肥大期（7月下旬～8月下旬）**

炭疽病、落葉病の被害の多い園ではジマンダイセン水和剤、オーソサイド水和剤80などを散布する。また、ストロビードライフロアブルも有効である。7月下旬～8月上旬のカキノヘタムシガの第2回幼虫、イラガ類、ケムシ類に対してジアミド系のフェニックスフロアブルまたはサムコルフロアブル10などを、カメムシ類の発生が多い場合はピレスロイド系のアディオン乳剤、ネオニコチノイド系のアドマイヤー顆粒水和剤またはアクタラ顆粒水溶剤などを散布する。

⑨ **果実着色期（9月上中旬）**

富有柿などで炭疽病、落葉病、うどんこ病の発生が続く場合、オーソサイド水和剤80、ストロビードライフロアブル、オンリーワンフロアブルなどを散布する。

果樹
f. ミカン（温州ミカン）

カンキツの病害虫防除に使用される殺菌剤を表3-59、殺虫剤を表3-60に示した。なお、登録薬剤については、中作物群「カンキツ」のものを示した。ミカン（温州ミカン）はこの中に含まれる。使用方法については、「カンキツ」と「ミカン」で異なるものがあるので注意する。また、ミカンの防除暦を表3-61に示した。

① **休眠期～発芽前（12月下旬～3月上旬）**

12月下旬～1月上旬の休眠期にハダニ類の越冬卵、サビダニ、ヤノネカイガラムシ、その他カイガラムシ類の防除を目的にマシン油95％乳剤を散布する。この時期に散布できなかった場合は3月中旬にマシン油97％乳剤（トモノールSなど）を散布してもよい。かいよう病菌は風により果実の傷口から感染するので、風から樹体を守るために防風垣を整備する。被害葉は除去し、発芽前の3月上旬にICボルドー66D、コサイドDF（炭酸カルシウムを添加）を散布して予防する。なお、マシン油乳剤との散布は2週間以上あける。

② **春梢伸長初期（4月中旬）**

そうか病に対してベルクート水和剤、ゲッター水和剤、マネージM水和剤などを予防的に散布する。かいよう病ではベルクートフロアブルの他、マイコシールド、カスミンボルドーなどの抗生物質を含む薬剤、キンセット水和剤、コサイドDFなどの予防的散布が有効である。

③ **開花期（5月中下旬）**

そうか病、灰色かび病、黒点病の発生が多くなるので、ナリアWDG、オキシラン水和剤、マネージM水和剤、ストロビードライフロアブル、ナティーボフロアブルなどを散布する。耐性菌が発生している場合には、デランT、デランフロアブル、フロンサイドSCなどを用いる。温州ミカンは、そうか病がレモンや三宝柑などカンキツ類より発病しやすく、かいよう病ではグレープフルーツ、ネーブルより強いものの、大発生する場合もあるので注意する。アブラムシ類、訪花昆虫のコアオハナムグリやケシキスイ類に対してネオニコチノイド系のスタークル／アルバリン顆粒水溶剤またはアドマイヤーフロアブルなどを散布する。

④ **幼果期（6月中旬）**

降水量の増加にともない黒点病の発生が増加するので、ジマンダイセン水和剤、デランTなどを予防的に散布する。使用時期はジマンダイセン水和剤がカンキツでは収穫90日前まで、ミカンでは収穫30日前まで、デランTはミカンのみで使用可能で、収穫30日前までである。耐性菌の発生を考慮し、同一作用機作薬剤の散布は避ける。ハダニ類に対してマシン油97％乳剤（トモノールS、アタックオイル、ハーベストオイルなど）、アブラムシ類、カイガラムシ類、ゴマダラカミキリ成虫、アザミウマ類、ミカンハモグリガなどの発生が多くなるので、ネオニコチノイド系

表3-59 カンキツの殺菌剤

商品名	一般名	FRACコード	かいよう病	そうか病	そばかす症	黄斑病	黄斑症	灰色かび病	褐色腐敗病	幹腐病	黒点病	黒腐病	炭疽病	貯蔵病害（さび果）	貯蔵病害（青かび病）	貯蔵病害（緑かび病）	苗疫病	予防効果	治療効果	浸透移行性	残効性
トップジンMペースト	チオファネートメチルペースト剤	1								○								○	○	○	○
ロブラール水和剤	イプロジオン水和剤	2						○	○		○							○	○		○
マネージ水和剤	イミベンコナゾール水和剤	3		○														○	○	○	
ナティーボフロアブル	テブコナゾール・トリフロキシストロビン水和剤	3/11		○				○		○				○	○			○			
フルーツセイバー	ペンチオピラド水和剤1	7		○				○		○								○			
カンタスドライフロアブル	ボスカリド水和剤	7						○										○	○		○
フルピカフロアブル	メパニピリム水和剤	9						○										○	○		
ストロビードライフロアブル	クレソキシムメチル水和剤	11		○	○			○		○								○			○
ファンタジスタ顆粒水和剤	ピリベンカルブ水和剤	11		○				○										○	○		○
ピクシオDF	フェンピラザミン水和剤	17						○										○	○		
パスワード顆粒水和剤	フェンヘキサミド水和剤	17						○										○	○		
ライメイフロアブル	アミスルブロム水和剤	21							○									○			○
ランマンフロアブル	シアゾファミド水和剤	21							○									○			○
フロンサイド水和剤	フルアジナム水和剤1	29		○												○		○			○
アリエッティ水和剤	ホセチル水和剤	33							○									○	○	○	
レーバスフロアブル	マンジプロパミド水和剤	40							○									○			○
ジャストフィットフロアブル	フルオピコリド・ベンチアバリカルブイソプロピル水和剤	43/40							○									○		○	○
ボトキラー水和剤	バチルス ズブチリス水和剤3	44						○										○			
バリダシン液剤5	バリダマイシン液剤	U18	○															○	○		
ICボルドー66D	銅水和剤1	M1	○	○							○		○					○			○
コサイドボルドー	銅水和剤3	M1	○	○		○	○				○							○			○
Zボルドー	銅水和剤4	M1	○	○		○	○				○							○			○
コサイド3000	銅水和剤5	M1	○	○							○							○			○
ドイツボルドーA	銅水和剤6	M1	○	○														○			○
デランフロアブル	ジチアノン水和剤	M9		○							○		○					○			○
ジーファイン	炭酸水素ナトリウム・銅水和剤	NC/M1	○															○			
マスタピース水和剤	シュードモナスロデシア水和剤			○														○			
アグロケア水和剤	バチルス ズブチリス水和剤							○										○			
バッチレート	有機銅塗布剤										○							○			○

のモスピラン顆粒水溶剤、有機リン系のエルサン乳剤などを散布する。

⑤果実肥大期（7月上中旬）

黒点病に対してジマンダイセン水和剤を散布する。ヤノネカイガラムシ、ナシマルカイガラムシ、ミカンコナカイガラムシなどカイガラムシ類の発生が多い園では、有機リン系のスプラサイド乳剤40などを散布する。アザミウマ類、ミカンサビダニ、チャノホコリダニにはコテツフロアブル、ハチハチフロアブルなどが有効である。

⑥果実肥大期（8月下旬～9月上旬）

黒点病に対してナティーボフロアブル、フルーツセイバー（収穫前日まで）、ストロビードライフロアブル、ファンタジスタ顆粒水和剤（収穫14日前まで）、ジマンダイセン水和剤（カンキツ：収穫90日前まで、ミカン：収穫30日前まで）などを散布する。ミカンハダニ、ミカンサビダニ、チャノホコリダニの発生が見られる場合は、コロマイト水和剤、ダニエモンフロアブル、カネマイトフロアブルなど殺ダニ剤を丁寧に散布する。カメムシ

表3-60 カンキツの殺虫剤

商品名	一般名	IRACコード	アザミウマ類	カメムシ類	コナジラミ類	アブラムシ類	カイガラムシ類	コナカイガラムシ類	ハマキムシ類	ミカンハモグリガ	アゲハ類	ケムシ類	コアオハナムグリ	ケシキスイ類	ゴマダラカミキリ	チャノホコリダニ	ミカンハダニ	ミカンサビダニ	接触効果	食毒効果	浸透性	速効性	残効性
カネマイトフロアブル	アセキノシル水和剤	20B														○	○	○	○	○		○	○
モスピラン水溶剤／顆粒水溶剤（劇）	アセタミプリド水溶剤	4A	○	○	○	○	○		○	○			○	○	○				○	○	○	○	○
アドマイヤーフロアブル（劇）	イミダクロプリド水和剤	4A	○	○		○		○					○						○	○	○	○	○
バロックフロアブル	エトキサゾール水和剤	10B															○		○			○	○
ダントツ水溶剤	クロチアニジン水溶剤	4A	○	○	○	○	○												○	○	○	○	○
コテツフロアブル（劇）	クロルフェナピル水和剤	13														○			○	○			○
エクシレル SE	シアントラニリプロール水和剤	28	○				○		○										○	○	○		○
スターマイトフロアブル	シエノピラフェン水和剤	25A															○	○	○			○	○
スタークル／アルバリン顆粒水溶剤	ジノテフラン水溶剤	4A		○	○	○	○												○	○	○	○	○
ディアナ WDG	スピネトラム水和剤	5	○						○	○									○	○	○	○	○
ダニエモンフロアブル	スピロジクロフェン水和剤	23														○	○		○				○
石灰硫黄合剤 *	石灰硫黄合剤	UN															○	○	○				○
アクタラ顆粒水溶剤	チアメトキサム水溶剤	4A	○	○	○	○	○												○	○	○	○	○
ハチハチフロアブル（劇）	トルフェンピラド水和剤	21A	○		○	○										○	○		○	○			○
マイトコーネフロアブル	ビフェナゼート水和剤	20D															○		○				○
コルト顆粒水和剤	ピリフルキナゾン水和剤	9B			○	○	○												○	○	○		○
フェニックスフロアブル	フルベンジアミド水和剤	28							○			○							○	○			○
ウララ 50DF	フロニカミド水和剤	29	○			○													○	○	○		○
アディオン乳剤	ペルメトリン乳剤	3A		○		○			○										○	○		○	○
マシン油乳剤／機械油乳剤／トモノールS など	マシン油乳剤	－					○									○	○		○			○	
コロマイト水和剤	ミルベメクチン水和剤	6														○	○	○	○		○		○
エスマルク DF**／デルフィン顆粒水和剤**	BT水和剤	11A							○			○								○			○
スプラサイド乳剤40（劇）	DMTP乳剤	1B				○								○					○	○			
エルサン乳剤（劇）	PAP乳剤	1B		○	○		○		○			○							○	○			

＊果樹類で登録、＊＊生物農薬、果樹類で登録

類の発生が多い場合はネオニコチノイド系のスタークル／アルバリン顆粒水溶剤、ピレスロイド系のアディオン乳剤などで対処する。

⑦収穫前

緑かび病、青かび病など収穫後に発生する病害に対してベフラン液剤25、トップジンM水和剤などを散布する。

表3-61 ミカン（温州ミカン）の防除暦

散布時期	対象病害虫	商品名	農薬名	FRAC/IRACコード	希釈倍数	使用時期	備考
12月下旬～1月上旬（休眠期）	ハダニ類の越冬卵、サビダニ、ヤノネカイガラムシ、その他カイガラムシ類	マシン油乳剤95、機械油乳剤95など	マシン油95%乳剤	―	30～45倍	冬季	この時期に散布できなかった園では3月中旬にマシン油97%乳剤（トモノールS60～80倍）を散布する
3月上旬（発芽前）	かいよう病、そうか病	ICボルドー66D	銅水和剤	M1	80倍	―	マシン油乳剤を散布する場合はICボルドー66D散布前後に2週間以上あける
4月中旬（春梢伸長初期）	そうか病	ベルクート水和剤	イミノクタジンアルベシル酸塩水和剤	M7	1000倍	前日まで/3回	ベルクート水和剤はミカンそうか病のみ登録。カンキツそうか病にはフロンサイドSC（2000～4000倍、30日前まで/1回）またはファンタジスタ粒水和剤（2000～4000倍、14日前まで/3回）
5月中下旬（開花期）	そうか病、灰色かび病、黒点病	ストロビードライフロアブル	クレソキシムメチル水和剤	11	2000～3000倍	14日前まで/3回	
	アブラムシ類、コアオハナムグリ、ケシキスイ類、ミカンハモグリガ	スタークル/アルバリン顆粒水溶剤	ジノテフラン水溶剤	4A	2000倍	前日まで/3回	
6月中旬（幼果期）	黒点病	ジマンダイセン水和剤	マンゼブ水和剤	M3	600倍	30日前まで/4回	皮膚のかぶれに注意する。カンキツ（ミカンを除く）では90日前まで/4回なので注意する
	ハダニ類	トモノールS、アタックオイルなど	マシン油97%乳剤	―	100～200倍	夏季	
	アブラムシ類、カイガラムシ類、ゴマダラカミキリ成虫、アザミウマ類、ミカンハモグリガ	モスピラン顆粒水溶剤（エルサン乳剤）	アセタミプリド水溶剤（PAP乳剤）	4A（1B）	2000～4000倍（1000倍）	14日前まで/3回（14日前まで/2回）	エルサン乳剤やスプラサイド乳剤40など有機リン系薬剤の使用はハダニ類の発生を助長することがあるので注意する
7月上旬（果実肥大期）	黒点病	ジマンダイセン水和剤	マンゼブ水和剤	M3	600倍	30日前まで/4回	皮膚のかぶれに注意する。カンキツ（ミカンを除く）では90日前まで/4回なので注意する
	カイガラムシ類	スプラサイド乳剤40	DMTP乳剤	1B	1000～1500倍	14日前まで/4回	カンキツ（ミカンを除く）では90日前まで/4回なので注意する
7月中旬（果実肥大期）	アザミウマ類、ミカンサビダニ、チャノホコリダニ	コテツフロアブル	クロルフェナピル水和剤	13	4000～6000倍	前日まで/2回	
8月下旬～9月上旬（果実肥大期）	黒点病	ジマンダイセン水和剤	マンゼブ水和剤	M3	600倍	30日前まで/4回	皮膚のかぶれに注意する。カンキツ（ミカンを除く）では90日前まで/4回なので注意する
	ミカンハダニ、ミカンサビダニ、チャノホコリダニ	コロマイト水和剤	ミルベメクチン水和剤	6	2000～3000倍	7日前まで/2回	
	カメムシ類	スタークル/アルバリン顆粒水溶剤	ジノテフラン水溶剤	4A	2000倍	前日まで/3回	
収穫前	貯蔵病害	ベフラン液剤25	イミノクタジン酢酸塩液剤	M7	2000倍	前日まで/3回	収穫1～3週間前に散布する。カンキツ（ミカン、ユズを除く）は前日まで/2回
		トップジンM水和剤	チオファネートメチル水和剤	1A	2000倍	前日まで/5回	

第4編

農薬の上手な使い方

文
米山伸吾
草刈眞一

1 剤型の選び方

　農薬は表4-1のような剤型に製剤化されている。

　水に希釈して散布するものには、水和剤、フロアブル剤、顆粒水和剤、ドライフロアブル剤、水溶剤、顆粒水溶剤、乳剤、EW剤、液剤、ME液剤、マイクロカプセル剤があり、そのまま使用するものに、粉剤、DL粉剤、FD剤、粒剤、ジャンボ剤、粉粒剤、微粒剤F、細粒剤F、油剤、サーフ剤、ペースト剤、くん煙剤、くん蒸剤、塗布剤が、このほか家庭園芸で使いやすいものとして、すでに一定の濃度に希釈して小型の噴霧器に詰めてあって、そのまま散布できる液剤、またはエアゾル剤がある。

　しかし、家庭園芸などで薬剤に手指が触れることを嫌う向きには、薬剤が高くつくがエアゾル剤や液剤は、使用法が簡便で、通常の薬剤と防除効果に差がない。

　薬剤の価格は一般的に水和剤、乳剤が比較的安価であり、粉剤、粒剤やカプセル化した剤は価格が少々高くなる。

　乳剤は殺虫剤で多く製剤化されていて、体表のクチクラが水を跳ねるような害虫に有効であるが、自動車などの塗装に付着すると、塗装を溶かすので使用には注意する。

　水和剤、フロアブル剤、液剤、乳剤は、水で所定の倍数に希釈する。使用濃度に希釈する手間とわずらわしさから適当に、いい加減の目分量で希釈しないようにする。収穫物への残留性、病気、害虫に対する防除効果や薬害などを考え、適用のある希釈倍数で使用しなければならない。

　最近、フロアブル剤、顆粒水和剤（ドライフロアブル）の製剤が多いが、これは薬剤の原体を非常に微細（径：数ミクロン）に細かくしているので、散布されたとき、病原菌や害虫への付着面積が広くなって効果が出やすくなっている。薬剤費が少し高くつくが、これらを使用するのも賢明な選択である。

　粉剤は水の便の悪い畑での使用が簡便であるが、まわりに飛散（ドリフト）して、環境汚染やほかの作物、ヒトの体へ付着しやすいので、無風のときに散布する。粉剤は簡便で有効性が高いが、効果を出すまでに日数を要するし、果樹類などの木本植物では効果が出にくく、相対的に高価である。

　イネは処理面積が広いので粉剤が使用される場合が多い。とくにDL粉剤や微粒剤はドリフトが出にくいか少なく、イネに散布すると葉鞘や株元へよく付着するので、ウンカ類やヨコバイ類、紋枯病に効果が出る。

　いもち病は通常の散布で十分に防除できるし、紋枯病も株元や葉鞘に十分に散布すれば十分に防除される。

　しかし野菜類、果樹には、粉剤はあまり有効でない。これは、イネの葉が細く縦にほぼ真っすぐに伸びているので、散布時の圧力で葉に十分に薬剤が付着するのに対し、野菜や果樹では一般に葉が大きく、方向もバラバラなので散布むらが大きくなるためである。野菜や果樹への粉剤の使用は不適である。

　水溶剤は、水溶性の農薬成分を粉体や顆粒状に加工した製剤、顆粒水溶剤は、成分を加工して水に分散させて使う薬剤である。水溶性製剤は、有機溶剤をベースにした薬剤に比べ、植物への障害も少なく、引火性がなく、環境への負荷も少ないことから、近年増加している。製剤化の進化によって添加する薬剤成分濃度も少なくでき、粒子が細かくなり、作物体への汚染も少なくなっている。

　農薬には、水和剤、フロアブル剤、顆粒水和剤と、同じ薬剤でも複数の製剤が販売されている。薬剤散布では、作物体の汚染が心配されるが、水和剤に比較してフロアブル剤、顆粒水和剤は粒径細かく、また農薬成分量も

少ないものもあり、防除効果が高くて、作物への汚れも少ない。収穫物への汚染が心配な場合、フロアブル剤、顆粒水和剤、水溶剤などの利用が有効である。

しかし、同じ薬剤成分であっても従来からの水和剤とフロアブル剤、顆粒水和剤では登録が異なることがあり、注意が必要である。

例えば、ベルクートフロアブルと同水和剤とでは、適用病害が異なることがある。またペンコゼブ水和剤は、ミニトマトに登録はないが、同フロアブルはミニトマトにも登録がある（ジマンダイセンは水和剤、フロアブル剤ともミニトマトに登録はない）。

パック剤、ジャンボ剤、豆粒剤は、水田中への薬剤処理の省力化を図った製剤で、水田水中に投げ入れるだけで防除効果が達成できる。また、マイクロカプセル剤は、薬剤成分を樹脂などで被覆し、徐放性をもたせた製剤で、薬効の持続性が保持されている。

2　展着剤の使い方

(1) 作物によって違う薬剤の付着度

作物には、以下のように散布薬液の付着が悪いものと、反対によいものとに分かれる。
薬液が付着しにくい作物：イネ、ムギ、ダイズ、ネギ類、キャベツ、サトイモなど
付着が中程度の作物：トマト、ナス、イチゴ、メロン、ブドウなど
付着しやすい作物：キュウリ、インゲン、サツマイモ、モモ、ナシ、チャなど

とくにネギ類などのように濡れ性の悪い場合には、展着剤の加用により均一な付着効果が認められ、薬剤の効果の向上が期待される。

(2) 展着剤の種類

薬剤が付着しやすくても作物の表面に細かい毛が生えていたりすると、薬剤が付着しにくくなる。そこで乳剤以外の薬剤には展着剤を加用して散布する。

現在の展着剤の機能を大まかに分けると、濡れ性（展着効果）を改善する「展着剤」と、浸透性を高める「機能性展着剤」、および対象作物の表面への固着性を高める「固着性展着剤」などがある。

展着剤はいずれも作物に薬剤をよく付着させる作用があるので、どれを使用しても大きな違いはない。パラフィン系は薬剤を長く付着させられる。また、乳剤に加用すると薬害を生じることがある。展着剤は天候に関係なく、表示された濃度の範囲で加用する。また、作物体への浸透性を助ける作用もあるので、浸透性をもたない薬剤に加用するとよい。

3　混合剤の使い方

104ページの第3編1、イネ／6 混合剤の使い方を参照。

4　薬剤の希釈濃度

農薬の袋やビンのラベルに使用する倍数（濃度）が「1000倍」とか「1000〜2000倍」のように決められている。このうちたとえば「1000〜2000倍」は、この範囲であれば実用的な防除効果に大きな差がなく、しかも1000倍で薬害もおこらないことを示している。

表4-1 農薬の製剤の種類と性質など

剤型	製剤の種類	略称	製剤法と性質・使用法	商品事例
粉剤 ＊46μm以下の粒径粒子で構成された製剤	粉剤	F	農薬原体をタルク、クレーなどの鉱物質微粉で薄め、45μm以下の微粉に製剤化したもので、そのまま使用する剤型を「粉剤」という	モンカット粉剤など
	DL剤	DL	粉剤の1種で漂流飛散（ドリフト）を少なくするために10μm以下の微粉を20％以下にし、さらに凝集剤を加えて微粉を大きな粒子に凝集させたもの	バリダシン粉剤DLなど
	FD剤	FD	平均粒径2μm以下の超微粉の製剤で、浮遊性がよく、空気中に漂う時間を長くしたもので、ハウス内で均一に飛散させることができる。	PAP粉剤FDなど
粒剤 ＊300〜1700μmの粒径の製剤	粒剤	G	農薬原体を鉱物質で希釈し、細粒状（300〜1700μm）にしたもので、そのまま使用する。使用が簡便で浸透性の薬剤の土壌施用で根から吸収させたり、地上部に散粒して茎葉から浸透させることができる	ダイアジノン粒剤5、フジワン粒剤、カスミン粒剤
粉粒剤 ＊微粉（45μm以下）、粗粉（45〜106μm）、微粒（106〜300μm）、細粒（300〜1700μm）の粒子の混合された製剤	微粒剤	—	106〜300μmの微粒の粒径の農薬製剤で、粉剤と粒剤の中間に位置付けられる	バスアミド微粒剤
	微粒剤F	MGF	粒径が63〜212μmの粗粉と微粒の混合した製剤。ドリフトが非常に少ないことから、主に空中散布で使用されてきたが、ポジティブリスト制定以降一般防除剤としても注目されている	アミスター微粒剤F
	細粒剤F	—	粒径180〜710μmの粒子が95％を占める、そのまま使用する製剤	ゴーゴーサン細粒剤F（除草剤）
水和剤	水和剤	WP	粉状で水和性を有するが成分は水に溶けないで、水に懸濁させて使用する製剤。有機溶媒を含まないので薬害は出にくく、効果が早い	オルトラン水和剤、ハクサップ水和剤、ベルクート水和剤など
	フロアブル剤	FL	微粉化した農薬原体に分散剤や界面活性剤を加えて、水で懸濁させ液体状に製剤したもの。水に希釈して用いる。粒子が細かく、防除効果は高く、作物体の汚染も少ない	イオウフロアブル、ジマンダイセンフロアブル、テルスターフロアブル
	顆粒水和剤（ドライフロアブル）	WG	農薬原体を微粉化し、湿潤時、分散剤を混合してスラリー状として乾燥顆粒化したもので、水に溶かすとき薬剤の粉が生じない（粉立ちがない）。微粒子なので、防除効果、作物体の汚染が改良される	ミニタンWG
	水和性顆粒製剤	WDG		ロディーWDG、ナリアWDG
	サスポエマルション	SE	不溶性の薬剤成分を水溶性の膜でコーティングし、水溶液中に有効成分が固体微粒子および液体の微細な球体として分散した製剤	エクシレルSE、スポルタックスターナSE
乳剤	乳剤	EC	水に溶けにくい成分を界面活性剤、乳化剤を加えて、有機溶媒に均一分散させた製剤	スミチオン乳剤、トリフミン乳剤
	濃厚エマルション剤（EW剤）	EW	水に不溶な農薬原体に乳化剤などを添加し、水中に微粒子として乳化分散させた濃厚な水中油型（O/W型）エマルション製剤である	ピラニカEW、MRジョーカーEW、マブリックEW
水溶剤	水溶剤	SP	水溶性の成分を粉末あるいは粒状にした固形剤。水に希釈すると容易に水溶液となる	ハーモメイト水溶剤、ポリオキシンAL水溶剤
	顆粒水溶剤	SG	水に溶解後は、有効成分の水溶液として使用する顆粒状の剤型	パダンSG水溶剤、アクタラ顆粒水溶剤
液剤	液剤	L	水に希釈し、水溶液として散布する	カスミン液剤、タチガレン液剤、バリダシン液剤
	マイクロエマルション剤	ME	水に希釈して使う有機溶媒、水を含む液体。透明で、乳濁液の希釈液体	ペイオフME液剤、サルバトーレME、ペイオフME
	原液剤	—	そのまま散布する形状の製剤	カダンセーフ原液など
油剤	油剤	—	水に不要な液体製剤、そのまま、または有機溶媒で希釈して使う	トラペックサイド油剤など
	サーフ剤	—	水の表面に層を形成するように製剤された薬剤	モンカットサーフ、トレボンサーフ

剤型	製剤の種類	略称	製剤法と性質・使用法	商品事例
くん蒸剤		—	気化しやすい農薬原体を密閉した条件下で気化させ、殺菌、殺虫、除草する目的で使用する製剤。気化成分でいぶすことからくん蒸という。圧力管などにガスを密閉した製剤、活性物質を気化させて使用する製剤などがある	クロールピクリン
くん煙剤		SM	発熱剤、助燃剤を含んだ製剤で、加熱によって薬剤成分を気化させて使う	ウララくん煙剤、ダコニールジェットなど
マイクロカプセル剤		MC	薬剤成分を高分子膜などで被覆し、微粒子状に加工したもので、液状タイプの薬剤。膜質や厚さの調整により薬剤の放出を制御する機能（徐放性）を有する	アチーブMC、スミチオンMC、トレボンMC、アチーブMCなど
エアゾール剤		—	缶入りのスプレー剤。ガス圧で薬剤を微粒化して噴霧する。使用法が簡便なため、家庭園芸用に使用される	カイガラムシエアゾール、ガーデンアースB
ペースト剤、塗布剤		—	のり状の製剤で、水を基剤としたものと、油または油脂を基剤としてものがある。そのまま塗布するものと（ペースト剤）、希釈して塗布する製剤（塗布剤）がある	ベフラン塗布剤3、テクタジン塗布剤、トップジンMオイルペースト、デナポンペースト
豆粒剤		—	水田中に、10aあたり250gを投げ込むと、水中で剤型が溶解分散し、速やかに拡散する。粒の大きさは直径が約5mm、長さ6～10mmで、粒剤、フロアブル剤、ジャンボ剤の特長を兼ね備えながら軽量、省力型の製剤である	コラトップ豆つぶ、スタークル豆つぶ
その他の剤型	パック剤		薬剤をひと塊りとして施用する製剤で、塊状のジャンボ剤と粒剤を水溶性の袋に梱包したパック剤がある。水田水中に投げ入れることで、塊状ジャンボ剤は溶解拡散し、パック剤は、梱包剤が溶解し、内部の剤が水中拡散して溶解する（内部の薬剤は顆粒状であることから粒剤に分類されることもある）。両剤とも、分散する製剤が浮上する製剤と水中に沈降する製剤がある	シクロパック、オリゼメートパック、
	ジャンボ剤			

5 農薬の薄め方、溶かし方

　水和剤を水で薄める場合は、まず所定の薬剤を容器に入れ、それにごく少量の水を入れてココアを練る容量でよく練ってから、水を加えて攪拌する。さらにこれを適正な希釈倍数になる量の水を入れて溶かす。いきなり所定量の水を入れると、薬剤が小さな粒になって溶けにくい。水和剤は水に溶かした後も沈澱しやすいので、大量につくったときは散布中にもよく攪拌する。乳剤やフロアブル剤の場合は、所定の水に所定量の薬剤を入れてよく攪拌する。

　薬剤を薄める倍数の薬剤量と水量を表4-2に示した。薬剤の量を測るには秤、計量スプーン、スポイト、カップなどを用意する。

表4-2　薬液1ℓをつくる場合の薬剤の希釈表

倍数	濃度（％）	薬剤量
7	14.0	142.8
30	3.3	33.3
60	1.7	16.7
80	1.25	12.5
100	1.0	10.0
120	0.83	8.3
200	0.5	5.0
300	0.33	3.3
350	0.29	2.86
400	0.25	2.5
500	0.2	2.0
600	0.17	1.67
700	0.14	1.43
800	0.13	1.25
1000	0.1	1.0
1500	0.067	0.67
2000	0.05	0.5
2500	0.04	0.4
3000	0.033	0.33
4000	0.025	0.25
5000	0.02	0.2

注）薬剤量は水和剤、フロアブルはg、
　　乳剤・液剤はmℓ

1　上手な薬剤の混合法

　水和剤、乳剤、フロアブル剤などを調整するには、水に薬剤を所定量計量して混合するが、このとき展着剤を加えたり、殺虫剤と殺菌剤を混合する問題が出てくる。

〔例〕
〈殺菌剤1000倍（水和剤）と殺虫剤1000倍（乳剤）の混合剤を調整する場合〉

　図にあるように、バケツに水10ℓを準備する。できれば水道水、井水がよい。河川水、池の水などでは汚染のないものを使用する。

　まず、バケツの水に展着剤を加えてよく撹拌する。次に、殺虫剤の乳剤を10mℓ（1000倍）加えてよく撹拌する。次いで殺菌剤の水和剤を10g加えるが、剤によってはうまく溶けないことがあるので、殺虫剤を溶かして液を少量とってよく練り、それを、殺虫剤を溶かしたバケツに戻してよく撹拌する。

　混合剤をつくる場合の、薬剤を混合する順番は、まず展着剤、次に液剤、乳剤、水溶剤、ドライフロアブル、フロアブル、水和剤の順になる。

　また乳剤やフロアブル剤では、展着剤は不要とされるが、製剤に混合されている界面活性剤と展着の作用性が異なり、一般には展着剤を添加するのがよい。しかし、薬剤によってはアミスター20フロアブルのように展着剤で薬害が発生する剤もあり、注意書きを参

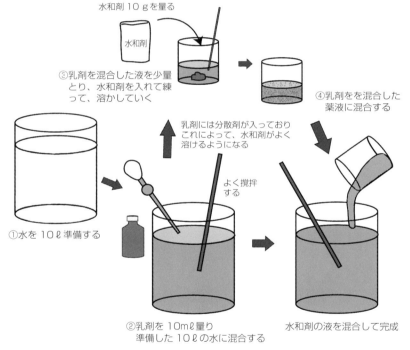

乳剤1000倍液、水和剤1000倍液を混合する場合の薬液の調整方法。
①乳剤10mℓ、水和剤10g、バケツに水10ℓを準備する。
②バケツの水10ℓに乳剤10mℓを入れ、よく撹拌して溶解する。
③乳剤を溶かした液を少量とり、水和剤10gを混合して、練ってよく溶かす。
④水和剤を溶かした液を、乳剤の液に混合する。
　展着剤を入れる場合には、最初に入れ、乳剤、水和剤の順で溶かす。
　薬剤を溶かす順序は、展着剤→液剤→乳剤→水溶剤→ドライフロアブル→フロアブル→水和剤の順序（溶けやすいものから、溶けにくいものの順に混合する）になる。

図4-1　乳剤と水和剤の混合液をつくる

考にする。

なお、混合順では展着剤を最初に加えるとしているが、最初に入れることが推奨されないものもある（たとえばK.Kステッカー）。

(2) 混合する場合の注意点

防除では、省力化のために殺虫剤と殺菌剤を混合して散布することが多いが、薬害防止の点ではできるだけ現地混用を避け、混合剤を使うのが望ましい。どうしても必要であれば、薬剤の混用表を参考にする。

薬剤の混合での注意点は、石灰ボルドーや石灰硫黄合剤などアルカリ性の薬剤との混用は避ける。有機殺菌剤、殺虫剤はほぼ中性または酸性の剤が多く、混用可能であるが、アミスターやモレスタン、フロンサイドなどのように混用すると薬害の出る薬剤があり、混用表や薬剤容器の注意書きをよく確認する。

6 農薬散布の基本

(1) 病気は全面、害虫は部分に

病害の防除は発生初期に畑全面に散布する。いくら小面積に発生していても、病原菌はすでに畑全面に飛散している。病気の防除は予防防除が基本であるから、病斑が拡大してからの防除効果は低い。

これに対して害虫は、部分的な小発生であればその部分のみに散布してもよい。あちらこちらに少しずつ発生しているようであれば、畑全面に散布しなければならない。

(2) 散布のタイミング

散布作業は、作業性を考慮し、なるべく早朝や夕方の気温の低い時間帯に散布する。日が高いうちは散布しない。また風が強いと薬

図4-2　薬剤の散布法

液がほかに飛び散るので、散布は避ける。

天気予報を参考にして、雨が降りそうな日の散布は避ける。なお、散布後に多少雨が降ろうと、散布された薬液がいったん乾きさえすれば、再散布の必要はない。

(3) 噴口は上向きに、上下左右に動かす

病原菌は葉の表面からも裏面からも侵入し、害虫は葉の裏面に発生していることが多い。薬剤散布は葉の裏側に薬液がよくかかるように、噴口を上向きにして、下から吹き上げるようにする（図4-2）。なるべく細かな霧状にすると、よく付着してむらなく散布され、効果も高くなる。また散布の際には、噴口を一カ所に集中せず、上下左右に動かしながら、葉から薬液が滴り落ちるくらいにたっぷりと、しかもかけむらのないように散布すれば、葉の両面に十分な薬液がついている。

散布中に噴口が詰まらないよう、薬液を噴霧器に入れるときには、ゴミを除去するか網で濾過する。散布後は噴口内部やタンク内部

の金属板に付着した薬液やゴミは洗い流しておく。

なお、害虫が葉から落下するまで殺虫剤の散布を続ける必要はない。どんなに速効的な殺虫剤でも、有効成分が体内に取り込まれて、害虫が死ぬまでに、1～3日間かかる。すぐに殺虫効果が現われない薬剤もあるので、散布7日後頃に害虫の発生の有無を確認し、効果を判断する。

(4) 散布時の注意

散布前に隣近所に、薬剤を散布すること、薬剤名などをあらかじめ知らせておきたい。そしてできるだけまわりに薬液飛散しないよう注意し、心配なときは自動車、遊具、洗濯物、鳥カゴなどは別の場所に移しておく。また薬液が池や川、海あるいは養魚池、養魚場などに飛散、流入しないように注意する。

もちろん散布作業者自身も薬液を被らないようにしなければならない。薬液の付着で皮膚がかぶれるアレルギー体質、薬剤を吸い込んで体に異常をおこすような体質の人もいる。

散布作業の際には雨合羽を着用し、眼にはゴーグルのようなメガネをかけて皮膚や目を守り、また薬液を直接吸い込まないようにマスクをする。雨合羽、防護服やマスクなどに欠陥がないかなど、あらかじめ確認することも忘れないようにする。

実際に散布作業にあたっては、できるだけ風上からの散布や、後ずさりしながら散布する。散布した畑や樹の下に子どもが入らないよう注意する。

(5) 農薬の飛散による周辺作物への影響防止対策

平成18年5月29日から食品衛生法に基づく残留農薬のポジティブリスト制度が施行された。病気・害虫を防除しようとする対象の作物に薬剤を散布したとき、その薬剤が飛散してまわりの作物にかかった場合、まわりの作物には、その薬剤が0.01ppmを超えた場合は食品衛生法違反になるので出荷できなくなる。したがって、散布にあたっては周辺の作物に薬剤が飛散しないように十分注意しなければならない。

7 薬剤のローテーション

耐性菌と抵抗性害虫の防除対策については、50ページ「8-耐性菌と抵抗性害虫」などを参照。

IRACコード表(2017年12月改訂)

出典:農薬工業界ホームページ　http://www.jcpa.or.jp/labo/mechanism.html より。掲載のRACコード表は工業界に連絡すれば提供してもらえる。

主要グループと一次作用部位	サブグループ あるいは代表的有効成分	有効成分	農薬名（例） （剤型省略）
1 アセチルコリンエステラーゼ(AChE)阻害剤 神経作用	1 A カーバメート系	アラニカルブ	オリオン
		ベンフラカルブ	オンコル
		NAC（カルバリル）	デナポン
		カルボスルファン	アドバンテージ、ガゼット
		BPMC（フェノブカルブ）	バッサ
		メソミル	ランネート
		オキサミル	バイデートL
		チオジカルブ	ラービン
	1 B 有機リン系	アセフェート	オルトラン、ジェイエース、ジェネレート、スミフェート
		カズサホス	ラグビー
		クロルピリホス	ダーズバン
		CYAP（シアノホス）	サイアノックス
		ダイアジノン	ダイアジノン
		ジメトエート	ジメトエート
		エチルチオメトン（ジスルホトン）	エチメトンの成分
		EPN	EPN
		MEP（フェニトロチオン）	スミチオン
		MPP（フェンチオン）	バイジット
		ホスチアゼート	ネマトリン、ガードホープ
		イミシアホス	ネマキック
		イソキサチオン	カルホス、カルモック、ネキリエースK
		マラソン（マラチオン）	マラソン
		DMTP（メチダチオン）	スプラサイド
		PAP（フェントエート）	エルサン
		ピリミホスメチル	アクテリック
		プロフェノホス	エンセダン
		プロチオホス	トクチオン
2 GABA作動性塩化物イオン（塩素イオン）チャネルブロッカー 神経作用	2 A　環状ジエン有機塩素系		
	2 B フェニルピラゾール系（フィプロール系）	エチプロール	キラップ
		フィプロニル	プリンス
3 ナトリウムチャネルモジュレーター 神経作用	3 A ピレスロイド系 ピレトリン系	アクリナトリン	アーデント
		ビフェントリン	テルスター
		シクロプロトリン	シクロサール
		シフルトリン	バイスロイド
		シハロトリン	サイハロン
		シペルメトリン	アグロスリン、ゲットアウト
		エトフェンプロックス	トレボン
		フェンプロパトリン	ロディー
		フェンバレレート	ハクサップ、パーマチオン、ベジホン等の成分
		フルシトリネート	ペイオフ
		フルバリネート（τ-フルバリネート）	マブリック
		ペルメトリン	アディオン
		シラフルオフェン	MR.ジョーカー
		テフルトリン	フォース
		トラロメトリン	スカウト
		ピレトリン	除虫菊
	3 B　DDT　メトキシクロル		
4 ニコチン性アセチルコリン受容体(nAChR)競合的モジュレーター 神経作用	4 A ネオニコチノイド系	アセタミプリド	モスピラン
		クロチアニジン	ダントツ、ワンリード
		ジノテフラン	スタークル、アルバリン
		イミダクロプリド	アドマイヤー
		ニテンピラム	ベストガード
		チアクロプリド	バリアード
		チアメトキサム	アクタラ、クルーザー

農薬の作用機構分類（国内農薬・概要）

185

農薬の作用機構分類　1　IRACコード表

主要グループと一次作用部位	サブグループ あるいは代表的有効成分	有効成分	農薬名（例）（剤型省略）
4 ニコチン性アセチルコリン受容体 (nAChR) 競合的モジュレーター 神経作用	4 B　ニコチン	ニコチン	
	4 C　スルホキシミン系	スルホキサフロル	エクシード、トランスフォーム
	4 D　ブテノライド系	フルピラジフロン	シバント
	4 E　メソイオン系	トリフルメゾピリム	2017年12月現在未登録
5 ニコチン性アセチルコリン受容体 (nAChR) アロステリックモジュレーター	5 スピノシン系	スピネトラム	ディアナ
		スピノサド	スピノエース
6 グルタミン酸作動性塩化物イオン（塩素イオン）チャネル (GluCl) アロステリックモジュレーター 神経および筋肉作用	6 アベルメクチン系 ミルベマイシン系	アバメクチン	アグリメック
		エマメクチン安息香酸塩	アファーム
		レピメクチン	アニキ
		ミルベメクチン	ミルベノック、コロマイト
7 幼若ホルモン類似剤 成長調節	7 A　幼若ホルモン類縁体		
	7 B　フェノキシカルブ		
	7 C　ピリプロキシフェン	ピリプロキシフェン	ラノー、ブルート
8* その他の非特異的（マルチサイト）阻害剤	8 A　ハロゲン化アルキル		
	8 B　クロルピクリン	クロルピクリン	クロルピクリン、ドロクロール、クロピクドジョウピクリン、クロピクフロー
	8 C　フルオライド系		
	8 D　ホウ砂		
	8 E　吐酒石		
	8 F　メチルイソチオシアネートジェネレーター	ダゾメット	バスアミド、ガスタード
		カーバム	ＮＣＳ、キルパー
9 弦音器官 TRPV チャネルモジュレーター 神経作用	9 B　ピリジンアゾメチン誘導体	ピメトロジン	チェス
		ピリフルキナゾン	コルト
10 ダニ類成長阻害剤 成長調節	10 A クロフェンテジン ヘキシチアゾクス ジフロビダジン	クロフェンテジン	カーラ
		ヘキシチアゾクス	ニッソラン
	10 B　エトキサゾール	エトキサゾール	バロック
11 微生物由来昆虫中腸内膜破壊剤	11 A Bacillus thuringiensis と殺虫タンパク質生産物	B.t. subsp. aizawai B.t. subsp. kurstaki	アイザワイ系統：フローバック、ゼンターリ、クオーク、サブリナ、エコマスター、ジャックポット、チューレックス クルスターキ系統：トアローCT、チューリサイド、チューンアップ、エスマルク、デルフィン、ファイブスター、バイオマックス アイザワイ＋クルスターキ系統：バシレックス
	11 B Bacillus sphaericus		
12 ミトコンドリア ATP 合成酵素阻害剤 エネルギー代謝	12 A　ジアフェンチウロン	ジアフェンチウロン	ガンバ
	12 B　有機スズ系殺ダニ	酸化フェンブタスズ	オサダン
	12 C　プロパルギット	BPPS (プロパルギット)	オマイト
	12 D　テトラジホン	テトラジホン	テデオン
13* プロトン勾配を撹乱する酸化的リン酸化脱共役剤 エネルギー代謝	13　ピロール ジニトロフェノール スルフルラミド	クロルフェナピル	コテツ
14 ニコチン性アセチルコリン受容体 (nAChR) チャネルブロッカー 神経作用	14 ネライストキシン類縁体	ベンスルタップ	ルーバン
		カルタップ	パダン
		チオシクラム	エビセクト、リーフガード、スクミハンター
15 キチン生合成阻害剤、タイプ0 成長調節	15 ベンゾイル尿素系	クロルフルアズロン	アタブロン
		ジフルベンズロン	デミリン
		フルフェノクスロン	カスケード
		ルフェヌロン	マッチ
		ノバルロン	カウンター
		テフルベンズロン	ノーモルト

農薬の作用機構分類　1　IRAC コード表

主要グループと一次作用部位	サブグループ あるいは代表的有効成分	有効成分	農薬名（例）（剤型省略）
16 キチン生合成阻害剤、タイプ0 成長調節	16　ブプロフェジン	ブプロフェジン	アプロード
17 脱皮阻害剤　ハエ目昆虫 成長調節	17　シロマジン	シロマジン	トリガード
18 脱皮ホルモン（エクダイソン）受容体アゴニスト 成長調節	18 ジアシル-ヒドラジン系	クロマフェノジド	マトリック
		メトキシフェノジド	ファルコン、ランナー
		テブフェノジド	ロムダン
19 オクトパミン受容体アゴニスト 神経作用	19　アミトラズ	アミトラズ	ダニカット
20 ミトコンドリア電子伝達系複合体III阻害剤 エネルギー代謝	20 A　ヒドラメチルノン		
	20 B　アセキノシル	アセキノシル	カネマイト
	20 C　フルアクリピリム	フルアクリピリム	タイタロン
	20 D　ビフェナゼート	ビフェナゼート	マイトコーネ
21 ミトコンドリア電子伝達系複合体I阻害剤（METI） エネルギー代謝	21 A　METI 剤	フェンピロキシメート	ダニトロン
		ピリミジフェン	マイトクリーン
		ピリダベン	サンマイト
		テブフェンピラド	ピラニカ
		トルフェンピラド	ハチハチ
	21 B　ロテノン		
22 電位依存性ナトリウムチャネルブロッカー 神経作用	22 A　オキサジアジン	インドキサカルブ	トルネードエース
	22 B　セミカルバゾン	メタフルミゾン	アクセル
23 アセチル CoA カルボキシラーゼ阻害剤 脂質合成、成長調節	23 テトロン酸および テトラミン酸誘導	スピロジクロフェン	ニエモン
		スピロメシフェン	ダニゲッター、クリアザール
		スピロテトラマト	モベント
24 ミトコンドリア電子伝達系複合体IV阻害剤 エネルギー代謝	24 A　ホスフィン系		
	24 B　シアニド		
25 ミトコンドリア電子伝達系複合体II阻害剤 エネルギー代謝	25 A β-ケトニトリル誘導体	シエノピラフェン	スターマイト
		シフルメトフェン	ダニサラバ
	25 B カルボキサニリド系	ピフルブミド	ダニコング
28 リアノジン受容体モジュレーター 神経および筋肉作用	28　ジアミド系	クロラントラニリプロール	プレバソン、サムコル、フェルテラ
		シアントラニリプロール	ベネビア、ベリマーク、エクシレル、パディート、プリロッソ
		フルベンジアミド	フェニックス
29 弦音器官モジュレーター　標的部位未決定 神経作用	29　フロニカミド	フロニカミド	ウララ
UN * 作用機構が不明あるいは不明確な剤	アザジラクチン		
	ベンゾキシメート		
	ブロモプロピレート		
	キノメチオナート	キノキサリン系（キノメチオナート）	モレスタン
	ジコホル		
	ピリダリル	ピリダリル	プレオ
	硫黄	硫黄	硫黄
	石灰硫黄合剤	石灰硫黄合剤	石灰硫黄合剤

◎ IRAC 殺虫剤作用機構分類 (ver.8.3) を引用・改変 (国内の食用作物登録剤、一部未登録農薬有)。

2　FRAC コード表 (2018年3月)

作用機構	作用点とコード	有効成分名	農薬名（例）	耐性リスク備考	FRACコード
A：核酸合成	A1：RNA ポリメラーゼ I	メタラキシル	リドミル	高 複数の耐性卵菌が発生	4
		メタラキシル M	サブデューマックス		
	A3：DNA / RNA 生合成（提案中）	ヒドロキシイソキサゾール	タチガレン	耐性菌未発生	32
	A4：DNA トポイソメラーゼタイプ II（ジャイレース）	オキソリニック酸	スターナ	不明 耐性菌発生	31
B：有糸核分裂と細胞分裂	B1：β-チューブリン重合阻害	ベノミル	ベンレート	高 広範囲の耐性菌が発生 グループ内で交差耐性がある。 N-フェニルカーバメートと負相関交差耐性がある	1
		チオファネートメチル	トップジン M		
	B2：β-チューブリン重合阻害	ジエトフェンカルブ	スミブレンド，ゲッター，ブライアの成分	高 耐性菌発生。ベンズイミダゾールと負相関交差耐性がある	10
	B3：β-チューブリン重合阻害	エタボキサム	エトフィン	低～中	22
	B4：細胞分裂（提案中）	ペンシクロン	モンセレン	耐性菌未発生	20
	B5：スペクトリン様蛋白質の非局在化	フルオピコリド	リライアブル等の成分	耐性菌未発生	43
C：呼吸	C1：複合体 I NADH 酸化還元酵素	ジフルメトリム	ピリカット	耐性菌未発生	39
		トルフェンピラド	ハチハチ		
	C2：複合体 II コハク酸脱水素酵素	フルトラニル	モンカット	中～高 複数の耐性菌が発生	7
		メプロニル	バシタック		
		イソフェタミド	2017年4月現在未登録		
		フルオピラム	オルフィン		
		チフルザミド	グレータム		
		フルキサピロキサド	セルカディス		
		フラメトピル	リンバー		
		イソピラザム	ネクスター		
		ペンフルフェン	エバーゴル，エメストプライム		
		ペンチオピラド	アフェット，フルーツセイバー		
		ボスカリド	カンタス		
	C3：複合体 III ユビキノール酸化酵素 Qo 部位	アゾキシストロビン	アミスター	高 複数の耐性菌が発生。グループ内で交差耐性がある	11
		ピコキシストロビン	メジャー		
		マンデストロビン	スクレア		
		ピラクロストロビン	ナリア，シグナムの成分		
		クレソキシムメチル	ストロビー		
		トリフロキシストロビン	フリント		
		メトミノストロビン	オリブライト，イモチエース		
		オリサストロビン	嵐		
		ファモキサドン	ホライズンの成分		
		フルオキサストロビン	ディスアーム		
		フェンアミドン	ビトリーン		
		ピリベンカルブ	ファンタジスタ		
	C4：複合体 III ユビキノン還元酵素 Qi 部位	シアゾファミド	ランマン	不明であるが中～高と推測	21
		アミスルブロム	ライメイ，オラクル		
	C5：酸化的りん酸化の脱共役	フルアジナム	フロンサイド	低 耐性灰色かび病菌が発生	29
	C8：複合体 III ユビキノン還元酵素 Qo 部位スチグマテリン結合サブサイト	アメトクトラジン	ザンプロ	QoI とは交差しない。耐性リスクは中～高と推測	45
D：アミノ酸および蛋白質生合成	D1：メチオニン生合成（提案中）	シプロジニル	ユニックス	中 耐性灰色かび病菌と黒星病菌が発生	9
		メパニピリム	フルピカ		
	D3：蛋白質生合成	カスガマイシン	カスミン	中 耐性糸状菌、細菌が発生	24
	D4：蛋白質生合成	ストレプトマイシン	アグレプト，ストマイ，ヒトマイシン，マイシン	高 細菌病防除剤。耐性菌が発生	25
	D5：蛋白質生合成	オキシテトラサイクリン	マイコシールド	高 細菌病防除剤。耐性菌が発生	41

農薬の作用機構分類 2 FRACコード表

作用機構	作用点とコード	有効成分名	農薬名（例）	耐性リスク備考	FRACコード
E：シグナル伝達	E2：浸透圧シグナル伝達におけるMAP・ヒスチジンキナーゼ(os-2, HOG1)	フルジオキソニル	セイビアー	低～中	12
	E3：浸透圧シグナル伝達におけるMAP・ヒスチジンキナーゼ(os-1, Daf1)	イプロジオン	ロブラール	中～高	2
		プロシミドン	スミレックス		
F：脂質生合成または輸送/細胞膜の構造または機能	F2：りん脂質生合成、メチルトランスフェラーゼ阻害	IBP（イプロベンホス）	キタジンP	低～中 グループ内で交差耐性あり	6
		イソプロチオラン	フジワン		
	F3：脂質の過酸化(提案中)	トルクロホスメチル	リゾレックス	低～中 複数の耐性菌が発生	14
	F4：細胞膜透過性、脂肪酸(提案中)	プロパモカルブ塩酸塩	プレビクールN	低～中	28
	F6：病原菌細胞膜の微生物撹乱	バチルス・ズブチリスQST713株	インプレッション、セレナーデ	低	44
	F9：脂質恒常性および輸送/貯蔵	オキサチアピプロリン	ゾーベックエニケード	中～高と推測（旧：U15）	49
G：細胞膜のステロール生合成	G1：ステロール生合成におけるC14位の脱メチル化酵素	トリホリン	サプロール	中 グループ内で耐性差が大きい。複数の病原菌において耐性が発生している。DMI間で交差耐性が発生しているとみなしたほうがよい。DMIと他のSBIは交差しない	3
		フェナリモル	ルビゲン		
		オキスポコナゾールフマル酸塩	オーシャイン		
		ペフラゾエート	ヘルシード		
		プロクロラズ	スポルタック		
		トリフルミゾール	トリフミン		
		シプロコナゾール	アルト		
		ジフェノコナゾール	スコア		
		フェンブコナゾール	インダー、デビュー		
		ヘキサコナゾール	アンビル		
		イミベンコナゾール	マネージ		
		イプコナゾール	テクリード		
		メトコナゾール	リベロ、ワークアップ		
		ミクロブタニル	ラリー		
		プロピコナゾール	チルト		
		シメコナゾール	サンリット、モンガリット		
		テブコナゾール	シルバキュア、オンリーワン		
		テトラコナゾール	サルバトーレ、ホクガード		
	G3：ステロール生合成のC4位脱メチル化における3-ケト還元酵素	フェンヘキサミド	パスワード	低～中	17
		フェンピラザミン			
	G4：ステロール生合成のスクワレンエポキシダーゼ	ピリブチカルブ	エイゲン	耐性菌未発生	18
H：細胞壁生合成	H4：キチン生成酵素	ポリオキシン	ポリオキシン	中	19
	H5：セルロース生合成酵素	ジメトモルフ	フェスティバル	低～中 欧州においてブドウベと病の耐性菌が発生。グループ内で交差耐性がある	40
		ベンチアバリカルブイソプロピル	プロポーズ、ベトファイター等の成分		
		マンジプロパミド	レーバス		
I：細胞壁のメラニン生合成	I1：メラニン生合成の還元酵素	フサライド	ラブサイド	耐性菌未発生	16.1
		ピロキロン	コラトップ		
		トリシクラゾール	ビーム		
	I2：メラニン生合成の脱水酵素	カルプロパミド	ウィン	中 耐性菌が発生	16.2
		ジクロシメット	デラウス		
		フェノキサニル	アチーブ		
	I3：メラニン生合成のポリケタイド合成酵素	トルプロカルブ	サンブラス、ゴウケツ	耐性菌未発生	16.3
P：宿主植物の抵抗性誘導	サリチル酸シグナル伝達	プロベナゾール	オリゼメート	耐性菌未発生	P2
	サリチル酸シグナル伝達	チアジニル	ブイゲット		P3
		イソチアニル	スタウト、ルーチン		
	ホスホナート	ホセチル	アリエッティ	低 耐性菌報告事例がわずかにある	P7

農薬の作用機構分類　2　FRACコード表

作用機構	作用点とコード	有効成分名	農薬名（例）	耐性リスク備考	FRACコード
U：作用機構不明	不明	シモキサニル	カーゼート，ブリザード等の成分	低～中	27
	不明	フルスルファミド	ネビジン，ネビリュウ	耐性菌未発生	36
	不明	シフルフェナミド	パンチョ	耐性うどんこ病菌発生	U6
	アクチン崩壊(提案中)	ピリオフェノン	プロパティ	中　欧州において低感受性のコムギうどんこ病が発生	U8
	不明	フルチアニル	ガッテン	耐性菌未発生	U13
	不明	フェリムゾン	ブラシンの成分	耐性菌未発生	U14
	複合体Ⅲ結合部位不明	テブフロキン	トライ	QoIとは交差しない。耐性リスク不明。中と推測	U16
	不明	ピカルブトラゾクス	クインテクト	耐性菌未発生	U17
	不明（トレハラーゼ阻害）	ピカルブトラゾクス	バリダシン	耐性菌未発生　トレハロースによる抵抗性誘導提案中	U18
未分類	不明	炭酸水素カリウム，炭酸水素ナトリウム，天然物起源	カリグリーン，ハーモメイト	耐性菌未発生	NC
M：多作用点接触活性化合物	多作用点接触活性	銅	Zボルドー，コサイド3000など	全般的に低リスクとみなしている	M1
		硫黄	サルファー，イオウなど		M2
		マンゼブ	ジマンダイセン，ペンコゼブ		M3
		マンゼブ	エムダイファー		
		プロピネブ	アントラコール		
		チウラム	チウラム，チオノック，トレノックス		
		ジラム	モノドクター		
		キャプタン	オーソサイド		M4
		TPN	ダコニール，パスポート		M5
		イミノクタジン酢酸塩	ベフラン		M7
		イミノクタジンアルベシル酸塩	ベルクート		
		ジチアノン	デラン		M9
		キノキサリン系	モレスタン		M10
		フルオルイミド	ストライド		M11

◎最新版はJ FRACホームページ (http://www.jcpa.or.jp/labo/jfrac/) に掲載。
FRAC CODE LISTより，国内で使用されている殺菌剤を抜粋（一部改変）しました

【著者紹介】

米山 伸吾（よねやま しんご）

東京生まれ。千葉大学園芸学部卒業（植物病理学）。農学博士。
茨城県園芸試験場環境部長、同農業試験場病虫部長などを経て、退職。
この間、国際協力事業団（JICA）の専門家として、1992～1994年と2000年にブラジル、1988年および1998年にスリランカへ派遣される。
日本植物病理学会永年会員（平成19年）
著書に『農業総覧 病害虫防除・資材編』農文協（共著）、『農業総覧 花卉病害虫診断防除編』農文協（共著）、『日本植物病害大事典』全国農村教育協会（分担執筆）、『芝草病害虫・雑草防除の手引き』日本植物防疫協会（共著）、『原色野菜・草花の病害虫図鑑』保育社（共著）、『農薬便覧第10版』農文協（共著）、『野菜・ハーブの病害虫防除』家の光協会（共著）、『図説 野菜の病気と害虫－伝染環・生活環と防除法』農文協（共著）、『新版家庭菜園の病気と害虫』農文協（共著）ほか多数

草刈 眞一（くさかり しんいち）

1948年 京都府生まれ。大阪府立大学大学院農学研究科修了。農学博士。
大阪府立食とみどりの総合技術センター（現・大阪府立環境農林水産総合研究所）食の安全研究部長を経て、現・大阪府植物防疫協会。
平成17年度 農業技術功労賞、著書に『養液栽培の病害と対策』農文協（2009年）、『病害防除の新戦略』農村教育協会（共著、1992年）、『原色 野菜の病害虫診断事典』農文協（共著、2015年）、『養液栽培のすべて』誠文堂新光社（共著、2012年）ほか

柴尾 学（しばお まなぶ）

1965年 福岡県生まれ。岡山大学農学部卒業。農学博士。
1990年から大阪府農林技術センター（現・地方独立行政法人大阪府立環境農林水産総合研究所）に勤務。アザミウマの生態と防除、各種農作物の総合的害虫管理（IPM）を中心に研究。現在、日本応用動物昆虫学会代議員・編集委員、関西病虫害研究会評議員を務める。
著書に『アザミウマ防除ハンドブック－診断フローチャート付－』農文協（2016年）、『天敵利用で農薬半減』農文協（共著、2003年）、『原色 野菜・果樹の病害虫診断事典』農文協（共著、2015年）ほか

仕組みを知って上手に防除
新版 病気・害虫の出方と農薬選び

2018年6月25日　　第1刷発行

著者　米山伸吾・草刈眞一・柴尾 学

発行所　一般社団法人　農山漁村文化協会
　　〒107-8668　東京都港区赤坂7-6-1
電話　03（3585）1141（営業）　　03（3585）1147（編集）
FAX　03（3585）3668
URL:http://www.ruralnet.or.jp/

ISBN 978-4-540-15177-4　　　　　製作／條　克己
〈検印廃止〉　　　　　　　　　　　印刷／㈱光陽メディア
Ⓒ米山伸吾・草刈眞一・柴尾 学 2018　製本／根本製本（株）
Printed in Japan　　　　　　　　　定価はカバーに表示

乱丁・落丁本はお取り替えいたします。